"十二五"职业教育国家规划教材

经全国职业教育教材审定委员会审定

老年服务与管理专业

LAONIAN FUWU YU GUANLI ZHUANYE

U0102328

老年服务

LAONIAN
FUWU LUNLI
YU LIYI

伦理与礼仪

主　编◎周淑英　化长河

副主编◎于　璐　寇莎莎　张　晨

参　编◎陈　露　徐晓芳　赵　昭

　　　　梁炳磊　吴一敏　许　存

　　　　张家强　左　娟　赵瑞华

北京师范大学出版集团

BEIJING NORMAL UNIVERSITY PUBLISHING GROUP

北京师范大学出版社

图书在版编目(CIP)数据

老年服务伦理与礼仪/周淑英,化长河主编. —北京:北京师范大学出版社,2015.8(2024.7重印)

"十二五"职业教育国家规划教材

ISBN 978-7-303-19200-7

Ⅰ.①老… Ⅱ.①周… ②化… Ⅲ.①老年人-社会服务-伦理学-中国-职业教育-教材②老年人-社会服务-礼仪-中国-职业教育-教材 Ⅳ.①TS976.34

中国版本图书馆 CIP 数据核字(2015)第 153124 号

图 书 意 见 反 馈	gaozhifk@bnupg.com	010-58805079
营 销 中 心 电 话	010-58807651	
编 辑 部 电 话	010-58808077	

出版发行:北京师范大学出版社 www.bnupg.com

北京市西城区新街口外大街 12-3 号

邮政编码:100088

印　　刷:保定市中画美凯印刷有限公司

经　　销:全国新华书店

开　　本:787 mm×1092 mm　1/16

印　　张:18.75

字　　数:425 千字

版　　次:2015 年 8 月第 1 版

印　　次:2024 年 7 月第 12 次印刷

定　　价:39.80 元

策划编辑:易　新　　　　　责任编辑:周光明
美术编辑:高　霞　　　　　装帧设计:高　霞
责任校对:陈　民　　　　　责任印制:马　洁　赵　龙

《老年服务与管理专业系列教材》
编 委 会

赵　康（北京社会管理职业学院老年福祉学院老年服务与管理专业教研部主任、副教授、博士）

余运英（北京社会管理职业学院老年福祉学院护理专业教研部教授）

刘利君（北京社会管理职业学院老年福祉学院老年服务与管理专业教研部博士）

段　木（北京社会管理职业学院老年福祉学院老年服务与管理专业教研部博士）

柴瑞章（民政部职业技能鉴定指导中心副主任兼办公室主任）

孙钰林（民政部职业技能鉴定指导中心办公室副主任）

刘思岑（北京天思国际养老产业公司董事长）

王玉霞（赤峰市社会福利院院长、主任护师）

陈冀英（河北省优抚医院副院长、主任护师）

武卫东（河北仁爱养老服务集团公司董事长）

贾德利（河北石家庄银隆养老院院长、养老护理员技师）

田素斋（河北医科大学附属第二医院主任护师、博士）

索建新（东北师范大学人文学院福祉学院社会福祉系主任、教授）

任光圆（宁波卫生职业技术学院院长）

谭美青（山东颐合华龄养老产业有限责任公司、青岛市养老服务协会副会长）

张兆杰（山东省滨州市民政局局长）

周淑英（河南省荣军服务中心主任、高级讲师）

朱小红（河南省民政学校高级讲师）

袁云犁（湖南康乐年华养老投资连锁集团董事长）

黄岩松（长沙民政职业技术学院医学院院长、教授）

唐　莹（长沙民政职业技术学院教授）

蒋玉芝（长沙民政职业技术学院副教授）

张雪英（广东社会福利服务中心副主任护师、民政部养老技能大师获得者）

刘洪光（广西社会福利服务中心主任、广西社会福利院院长副主任医师）

刘洁俐（广西社会福利服务中心副主任、广西社会福利院副院长）

余小平（成都医学院院长）

肖洪松（成都市老年康疗院总经理）

张沙骆（长沙民政职业技术学院讲师）

倪红刚（成都市第一社会福利院院长）

彭　琼（成都市第一社会福利院主管护师）

总　序

自 1999 年进入老龄化社会以来，老年人口数量快速增长，2014 年底，我国 60 岁及以上老年人总数达到 2.12 亿，占总人口比重达到 15.5％。据预测，至 2025 年，老年人口数量将超过 3 亿；2030 年，中国 65 岁以上的人口占比将超过日本，成为全球人口老龄化程度最高的国家；2033 年，将超过 4 亿，达到峰值，一直持续到 2050 年。随着经济社会的发展变化，我国人口老龄化面临新形势。当前和今后一个时期，我国人口老龄化发展将呈现出老年人口增长快，规模大；高龄、失能老人增长快，社会负担重；农村老龄问题突出；老年人家庭空巢化、独居化加速；未富先老矛盾凸显等五个鲜明特点。

人口老龄化是我国的基本国情，老龄化加速发展是我国经济社会发展新常态的重要特征。人口老龄化问题涉及政治、经济、文化和社会生活各个方面，是关系国计民生和国家长治久安的重大社会问题，已经并将进一步成为我国改革发展中不容忽视的全局性、战略性问题。

"大力发展老龄服务事业和产业"是党的十八大积极应对人口老龄化作出的重大战略部署。"加快建立社会养老服务体系和发展老年服务产业"，是十八届三中全体会议积极应对人口老龄化作出的战略决策。新修订的《中华人民共和国老年人权益保障法》明确规定，"积极应对人口老龄化是国家的一项长期战略任务"。

新一代老年群体思想观念更解放，经济实力更强，文化程度更高，对养老保障措施、优待制度、服务水平等也有着更高的要求。为应对这种新的变化趋势，我国提出积极应对老龄化的对策——社会化养老服务。社会化养老服务一方面带来全社会共同参与养老服务的良好局面，另一方面也面临着老年服务与管理人才数量和质量短缺的困境。老年服务与管理是一项专业性强的技术工作，它既需要从业者具有专业护理、心理沟通、精神慰藉等方面的专业知识，更需要从业者具备尊老、爱老、敬老和甘于奉献的职业美德。老年服务管理者的管理理念、管理方法、管理水平在很大程度上决定了养老服务机构的发展方向和服务水平。

"行业发展、教育先行"，大力培养老年服务与管理专业人才不仅成为解决我国人口老龄化的基本支点，而且是"加快建立社会养老服务体系和发展老年服务产业"战略要求。然而，由于我国老年服务与管理专业起步晚，开设养老服务与管理专业院校少，前期发展缓慢，老年服务与管理专业教材和参考资料相对较少。本次编写的老年服务与管理专业系列教材是教育部"十二五"职业教育国家规划教材，旨在以教材推进课程建设和专业建设，进而提高老年服务与管理人才培养质量。在内容选取上，系列教材立足老年服务与管理岗位需求，内容涵盖老年服务与管理岗位人才需要掌握的多项技能，包括老年人生理结构与机能、老年人心理与行为、老年服务伦理与礼仪、老年人服务与管理政策法规、老年人生活照料、老年人心理护理、老年人康复护理、养老机构文书拟写与处理、老年人沟通技巧、老年人活动策划与组织、老年社会工作方法与实务等 11 个方面的内容。本教材是在北京师范大学出版社的积极推动之下，由全国民政行指委及其老年服务与管理专业指导委员会、中国养老产业与教育联盟（中国现代养老职业教育集团）联合全国各地在老年服务与管理专业建设优秀的职业院校、研究机构和实务机构一线人员联合编写的专业教材，并向全国职业院校和相关机构推荐使用。

"十年树木，百年树人"，人才队伍建设非一朝一夕可实现。在此，我要感谢参与编写系列教材的所有编写人员和出版社，是你们的全心投入和努力，让我们看到这样一系列优秀教材的出版。我要感谢各院校以及扎根于一线老年服务与管理人才教育的广大教师，是你们的默默奉献，为养老服务行业输送了大量的高素质人才。当然，我还要感谢有志于投身养老服务事业的青年学子们，是你们的奉献让养老服务事业的发展有更加美好的明天。

我相信，在教育机构和行业机构的共同努力下，我国的养老服务人才必定会数量充足且质量优秀，进而推动养老服务业走上规范化、专业化、职业化、可持续发展的健康道路。

前　言

知之深，才能爱之切；爱之切，才能行之笃。从事老年服务工作的人员，只有具备较深的老年服务伦理修养，拥有较高的老年服务礼仪水平，才能更加自觉地尊重、关爱老人，更加有礼地照护、服务老人，才能真正将老年服务职业当作事业，有效提升老年服务工作的质量，使老人享有高品位、有尊严的晚年生活，为社会和谐发展做出贡献。《老年服务伦理与礼仪》一书正是基于这一目的而编写的。本书既可作为老年服务类专业学生的教材，也可供从事老年服务工作的管理人员、护理人员学习、参考之用。

本书深入贯彻党的二十大报告精神，坚持立德树人的根本任务，立足教学改革前沿，力求做到理论性、实用性、适宜性和激励性相统一，以丰富的形式、新颖的体例展现内容、激发兴趣。全书采用项目教学、任务驱动的"项目任务式"编写体例，共设 13 个项目，53 个任务。项目中的"项目情景聚焦"是对该项目的意义作用、主要内容、适用条件的概括说明。任务下面设有"学习目标""工作任务描述""工作任务分解与实施""拓展阅读""拓展训练"等模块，传授核心知识，增强互动效果，拓展学生视野，锻炼学生能力。另有"小贴士"补充知识，提醒要点。

本书包括密切相连的两个部分：老年服务伦理和老年服务礼仪。前者侧重于理论性、认知性，主要解决老年服务人员所应具有的伦理修养和道德要求问题，后者侧重于操作性、实用性，主要解决老年服务人员所应具有的礼仪规范和言行方式问题。项目一探讨的是老年服务伦理与礼仪的基本认知问题。项目二至项目五集中研究了老年服务伦理问题，分别探讨了老年服务伦理的历史渊源与现代发展、老年服务伦理的主要范畴、老年服务伦理的基本要求以及老年服务伦理的修养途径。项目六至项目十三则是对老年服务礼仪的探讨，分别对老年服务中的仪表礼仪、仪态礼仪、沟通礼仪、拜访与接待礼仪、寿庆与探病礼仪、老年婚恋服务礼仪、老年心理健康服务礼仪、老年用品营销礼仪等进行了探讨。

本书为基金项目《面向特殊群体民生服务的专业群综合改革》〔2013 年北京高等学校教育教学改革立项项目（BJGXJG2013013）〕的研究成果。

本书由周淑英、化长河任主编，于璐、寇莎莎、张晨任副主编，陈露、徐晓芳、梁炳磊、赵昭、吴一敏、许存、张家强、左娟、赵瑞华任编委。主编提出总体策划，拟定提纲，并最后修改定稿。以上同志分别参加了相关项目任务的编写工作。

老年服务是一项新的事业，老年服务伦理与礼仪是一个新的课题，可资借鉴的资料较少，不足之处在所难免，恳请读者提出宝贵意见。

在本书编写过程中，参考了不少有价值的书刊和专家学者的论著，难以一一注明，在此一并表示谢意！

编　者

目　录

项目一 认知老年服务伦理与礼仪

 项目情景聚焦

　　老年服务伦理与礼仪是老年服务工作人员必须具备的基本素养。知之深，才能爱之切；爱之切，才能行之笃。只有对老年服务伦理与礼仪有了深刻的认知，才能更加热爱老年服务工作，才会尽心竭力做好老年服务工作。把握老年服务伦理与礼仪的基本内涵、主要特点和重要作用，弄清老年服务伦理与老年服务礼仪的区别和联系，对于形成正确的老年服务伦理观，掌握老年服务的基本礼仪，都具有重要意义。

任务一

认知老年服务伦理

 学习目标

> **知识目标**：了解老年服务伦理的基本内涵；
> 　　　　　　掌握老年服务伦理的主要特点；
> 　　　　　　领会老年服务伦理的重要作用。
> **能力目标**：能说出老年服务伦理对老年服务工作的意义。

 工作任务描述

> 　　小张在一家公立社会福利院从事老年服务工作。入职五年来，工作始终认真仔细，任劳任怨，踏实肯干，得到了福利院老年人的广泛赞赏，福利院领导也看在眼里，决定提拔其做部门管理人员。在考评述职时，一评委要求其结合工作经历和感觉谈谈对老年服务伦理的看法。
> 　　**问题思考：**
> 　　1. 如何理解老年服务伦理的内涵？
> 　　2. 老年服务伦理的特征是什么？
> 　　3. 如何理解老年服务伦理的地位和作用？

工作任务分解与实施

一、了解老年服务伦理的基本内涵

老年服务伦理是由老年服务和伦理组成的合成词，是从伦理学的角度来探讨老年服务这一现象的主体价值、客体价值及社会价值的要求，是从服务理念的制定、决策到具体服务实践等全部老年服务活动所应遵循的伦理观念、伦理原则和规范。因此，要想正确理解其内涵，就需要分别从伦理和老年服务说起。

（一）伦理

"伦理"二字最早出现在《礼记·乐记》中："乐者，通伦理者也。""伦"的本意含有等、类和顺序等意思，指宇宙万物类属间参差错综的条理；"理"原本含有义理、道理、分理、条理、事理等意思，指一切事物都有其类属，类属与类属间必有分别，彼此间并不讲求相互关系处理的道理。用"伦理"二字来指涉人类社会生活关系，则首推孟子和荀子二人。

从影响中国两千多年的儒家视角来看，"伦理"的意思是人伦之理，强调的是人们之间的尊卑长幼次序。从实质上看，伦理是指人类和谐相处、和谐发展所应遵循的原理和规则。伦理最初产生于调整个人利益与集体利益关系的行为规范，是在人们的社会生活中形成的各种行为规范的总和。这种规范、约束功能主要通过社会舆论和内心的信念，借助人们内心的道德良知、道德责任，实现社会控制和自我控制的目标。

(二)老年服务

在"老年服务伦理"这一概念中，"老年服务"是限定词，含有产业、行业和职业的意味。老年服务职业化，是社会发展的必然现象，是应对人口老龄化问题的有效举措，是提高老年人晚年生活质量的有力举措。作为一种行业，老年服务是指为解决老年产业供求不均，市场规划缺失的矛盾，扶植老年产品企业和服务机构的发展，带动老年公益事业的长足进步，为老年人提供供养和生活照料服务、医疗保健和康复服务、教育服务、社会参与服务和文化娱乐服务的行业。根据《中国老年健康服务行业发展前景与投资机会分析报告前瞻》统计分析，老年服务主要包括供养和生活料理服务、医疗保健和康复服务、教育服务、社会参与服务、文体娱乐服务及其他方面的服务。

(三)老年服务伦理

老年服务伦理的出现，是老龄化社会的呼唤，是老年服务行业发展的必然产物。那么，什么是老年服务伦理呢？所谓老年服务伦理，是指老年服务人员在履行自己职责的过程中，必须遵守的、正确处理个人与他人、个人与集体、个人与社会之间关系的行为准则和规范的总和。它以善恶为评价标准。它调整的关系主要是老年服务人员与其服务的老年人之间、老年服务人员与老年服务人员之间、老年服务人员与养老机构之间以及老年服务人员与社会之间的相互关系。它调整的手段主要是社会舆论、内心信念、道德良知和风俗习惯，具有一定的强制性。

由此可见，老年服务行业的持续发展，内在地要求老年服务工作者在开展老年服务工作的过程中努力践行老年服务伦理。这不仅有利于提高老年服务工作者的能力和素质，也有益于规范老年服务行业的发展秩序，进而使老年人享受到更周到、更全面、更贴心的高品质服务。

二、了解老年服务伦理的主要特征

学习和研究老年服务伦理，不仅要了解其概念和基本内涵，还要在此基础上来进一步探讨老年服务伦理的特征。对此，我们可以从以下几点来认识。

> **小贴士：老龄化社会**
>
> 是指老年人口占总人口达到或超过一定的比例的人口结构模型。按照联合国的传统标准是一个地区 60 岁以上老人达到总人口的 10%，新标准是 65 岁老人占总人口的 7%，即该地区视为进入老龄化社会。

(一)鲜明的服务性

服务老年人是老年服务伦理最鲜明的特色。老年服务伦理是与老年服务活动、职业和行业紧密联系在一起的。尊老、敬老、养老是中华民族传统美德。老年人是社会的财富，他们阅历深、经验丰富、事业有成。老年人为社会奉献了几十年，在退出职业舞台、步入晚年生活之后，理应得到家人和社会的反哺，安度晚年。为老年人提供优质高效的服务是包括老年服务职业和老年服务行业在内的所有老年服务活动的根本目的。

(二)特殊的价值性

老年服务伦理涉及老年服务行为的道德问题，可以为开展老年服务活动提供正确的价值指向，有着特殊的价值性。老年服务伦理的价值性突出反映在六个"老有"上，即"老有所养、老有所医、老有所为、老有所教、老有所学、老有所乐"。其中，"老有所养、老有所医"，就是要解决老年人的生存保障问题，使老年人在退出职业生活之后，仍然能够有稳定的收入来源，吃穿不愁，生了病能够得到治疗护理，保障其生活无忧；"老有所为"就是要为老年人发挥其潜能创造条件，提供机会；"老有所教、老有所学"体现了老年人对更新知识和更新观念的追求；"老有所乐"体现了老年人对不断丰富的精神文化生活的渴望，是老年服务伦理的归宿点。

(三)相对的稳定性

老年服务伦理是对老年服务人员道德上的要求，与其他层面的要求（比如行为要求）相比，老年服务伦理深入到人的内心深处，根深蒂固地影响着老年服务人员的一言一行和举手投足，具有相对的稳定性。老年服务伦理的稳定性，不仅在于其对老年服务工作者的根深蒂固的影响，还在于这种影响，可以跨越老年服务工作者的个体差异，对广大的老年服务工作者、管理者、经营者有着广泛、普遍的影响作用。除此之外，老年服务伦理的稳定性还表表现为老年服务伦理还会跨越时间界限进行纵向传承。比如，我国古代文化中尊老、敬老、爱老、孝老的伦理道德就在世代相传的历史进程中巩固和发展起来，成为现代老年服务伦理关系的重要因子。

三、认识老年服务伦理的重要意义

之所以学习老年服务伦理，从根本上说是因为老年服务伦理有特殊的价值。老年服务伦理的价值性，集中体现在其对于老年服务人员自我提升、老年服务各种关系调节和老年服务行业规范化发展的巨大作用。

> **小贴士：**
> 学伦理，可以知廉耻，懂荣辱，辨是非。

(一)是调整老年服务关系的基本准则

老年人与老年服务工作者之间的关系，老年服务工作者与老年服务工作者之间的关系，老年人与老年人之间的关系，老年服务工作者与老年服务管理者的关系。不同主体之间关系如何，事关老年服务工作的质量，也关系着老年服务事业的发展，更决定着老年人的晚年生活质量。伦理是人们认可的社会行为规范，其本质是对人与人的关系进行调整。老年服务伦理是对老年服务工作中各种社会关系的应然性认识，是人们认可的职业与行业规范，可以对老年服务工作中的各种关系进行调整。因此，老年服务伦理是开展老年服务工作的重要支撑，也是调整老年服务职业内部关系所遵循的基本准则。

(二)是老年服务人员自我提升的内驱动力

伦理的一个基本特征就是被人们所认可。老年服务伦理可以帮助老年服务工作者正确认识自己在服务老年人的实践活动中对他人、对集体以及对社会应尽的义务，并在此基础上形成一定的道德观念和道德判断能力，对于增强老年服务工作者的职业和社会责任，丰富其人文情怀中修养具有重要作用。老年服务伦理对老年服务人员的影响与作用，是在老年服务人员对其应尽的道德义务的情感认知、认同的基础上产生，主要靠社会舆论、传统习惯以及老年服务人员的内心信念来维系。经过系统的专业学习和实践训练，多数老年服务人员都能够改进个人的工作观和服务观，许多人已经把热爱老人、服务老人当作自己个人生活的主导信念。这种非强制性的约束机制，体现了老年服务伦理对老年服务人员影响的内生性特征，是老年服务人才自身完美人格塑造的内驱动力。

(三)是实现老年服务业规范化发展的有力支撑

从我国老年服务业发展的现状来看，虽然我国老年服务业发展势头很迅猛，也有很大的发展空间，但是，当前我国老年服务业、尤其是老年服务业职业发展还处于起步阶段，这突出表现在老年服务业的规范化程度还比较低。提高老年服务行业的规范化程度，推动老年服务业制度化发展，是老年服务业向职业化发展的必经阶段，也是破解起步阶段老年服务行业领域突出问题和难点问题的有效手段。老年服务行业的规范化发展，最终依赖于各种制度的完善，但是制定和出台老年服务规则的内在依据是老年服务伦理。因此，实现老年服务业规范化发展离不开老年服务伦理，老年服务伦理是实现老年服务业规范化发展的有力支撑。

拓展阅读

我国老龄化增速快于世界

到 2020 年我国 65 岁以上老龄人口达 1.67 亿人，约占全世界老龄人口 6.98 亿人的 24%，全世界四个老年人中就有一个是中国老年人。

发达国家老龄化进程长达几十年至 100 多年，如法国用了 115 年，瑞士用了 85 年，英国用了 80 年，美国用了 60 年，而我国只用了 18 年(1981～1999 年)就进入了老龄化社会，而且老龄化的速度还在加快。

根据第六次人口普查数据显示，2012 年底我国 60 周岁及以上老年人口已达 1.94 亿，2020 年将达到 2.43 亿，2025 年将突破 3 亿。2010 年我国 60 岁及以上人口占总人口的比例为 13.26%，截至 2012 年底，我国 60 岁及以上老年人占总人口的 14.3%，预计到 2015 年，我国老年人口将占总人口的 16%，2020 年将占总人口的 18%。

拓展训练

1. 查阅有关资料，分析我国与西方发达国家在老年服务伦理方面的异同。

2. 选取一家老年服务机构，请那里的老年服务人员谈谈老年服务伦理在工作中的作用。

任务二
认知老年服务礼仪

学习目标

知识目标：了解老年服务礼仪的基本内涵；
　　　　　掌握老年服务礼仪的基本原则；
　　　　　领会老年服务礼仪的重要作用。
能力目标：能说出老年服务礼仪对老年服务工作的意义。

工作任务描述

　　小王从某高校老年服务与管理专业毕业，到一家社会养老机构应聘，面试时，领导要求他结合所学专业和应聘的岗位，谈谈作为一名老年服务工作者，应当树立怎么样的礼仪观念。

　　问题思考：
　　1. 如何理解老年服务礼仪？
　　2. 老年服务礼仪的原则有哪些？
　　3. 老年服务礼仪的作用是什么？

工作任务分解与实施

一、了解老年服务礼仪的基本内涵

　　与老年服务伦理一样，老年服务礼仪也是一个复合词，其中，"礼仪"是中心词，"老年服务"是限定词。因此，准确理解老年服务礼仪的基本内涵，需要以正确理解礼仪为前提。

（一）礼仪

　　礼仪是人类文明的产物，伴随人类的产生而产生，随着人类的发展而不断走向成熟。我国是世界闻名的"礼仪之邦"。"礼仪"一词出自《诗经》："献酬交错，礼仪卒度。"《辞源》明确将礼仪概括为："礼仪，行礼之仪式"。其中，"礼"指"事神致福的形式"。《辞源》将其解释为规定社会行为的法则、规范、仪式的总称。"仪"指"法度标准"。由此看来，礼是抽象的，由一系列的制度、规定及社会共识构成，既作为人际交往时应遵守的伦理道德标准，又作为社会的一种观念和意识，约束着人们的言谈举止。仪则是礼的具体、有形的表现形式，严格遵循和依据礼的规定及内容，形成了一套系统且完整的程序和形式。

按照现代的概念，可以将礼仪概括为：礼仪是指人们在社会交往中形成的、以建立和谐关系为目标的、符合"礼"的精神的行为规范、准则和仪式的总和，是人们约定俗成的并共同遵守的行为准则和道德规范，包括仪容、仪表、言谈、举止等外在形象和学识、沟通、谈吐、情操、交往等内在修养。礼仪强调"尊重为本"。"礼"的意思是尊重，"仪"的意思是表达。

礼仪的内容涵盖着社会生活的各个方面，从内容上看有仪容、举止、表情、服饰、谈吐、待人接物等；从对象上看有个人礼仪、公共场所礼仪、待客与作客礼仪、餐桌礼仪、馈赠礼仪、文明交往等。作为沟通人类感情的传导器、调节人际关系的黏合剂和规范、约束人们行为的红绿灯，礼仪是一个人乃至一个民族、一个国家文化修养和道德修养的外在表现形式，是做人的基本要求。

(二)老年服务礼仪

所谓老年服务礼仪，是指老年服务工作者在为老年人提供服务的过程中，为表达对被服务老年人的关注、关心与尊重而采取的律己敬人的方式与方法，是指老年服务工作者在工作过程中所应遵守的职业服务规范和原则。老年服务礼仪要求老年服务工作者要以老年服务伦理为根本指导原则，并将其灵活运用于老年服务礼仪的制定和老年服务实践活动中。作为一个组织，老年服务机构需要在其内部制定各种规章制度来规范工作人员的行为，提高老年服务从业者开展老年服务的质量和效率。

二、了解老年服务礼仪的基本原则

在开展老年服务的过程中，人与人交流感情，事与事维持秩序，都需要老年服务礼仪的协调和约束。按照老年服务礼仪开展工作，就要在老年服务活动中体现出以下基本原则。

(一)尊重原则

孔子说："礼者，敬人也"，这既是对礼仪核心思想的高度概括，也是对老年服务礼仪的内在要求。老年人是社会的宝贵财富，他们曾经为国家、社会和家庭做出过贡献。其晚年生活不仅应当得到切实保障，更应该得到社会各界尤其是老年服务工作人员的尊重。所谓尊重原则，就是要求老年服务人员在服务过程中，要将对老年人的重视、恭敬和友好放在第一位，这是老年服务礼仪的重点与核心。掌握了这一点，就等于掌握了老年服务礼仪的灵魂。因此，在老年服务过程中，就要敬人之心常存。在老年服务工作中，只要不失敬人之意，哪怕具体做法一时失当，也容易获得被服务老人的谅解。

尊重原则的另一层要求是自尊。自尊表现在言谈举止、待人接物上的自尊自爱，也表现在对自己所从事的老年服务职业的热爱和敬重，还表现在自觉维护自己单位的尊严和良好形象。

尊重上级是一种天职，
尊重同事是一种本分，
尊重下级是一种美德，
尊重客户是一种常识，

尊重所有人是一种教养。

(二)真诚原则

为老年人提供服务，不仅要对服务对象充分尊重，还要体现真诚原则。老年服务礼仪所讲的真诚原则，就是要求在服务过程中必须诚心诚意、以诚待人，不逢场作戏、言行不一。老年服务礼仪要以真诚为基本原则，将"真心尊重老年人，真诚服务老年人"作为开展老年服务活动的座右铭，作为老年服务工作中认识、分析、处理和解决问题的出发点和落脚点。当遇到老年人痛苦和烦恼时，不但要表示同情，还要真诚地帮助他们化解困难。只有如此，才能表达出对老人的尊敬与友好，才会更好地被对方所理解，所接受。与此相反，倘若仅把礼仪作为一种道具和伪装，在具体操作礼仪规范时口是心非、言行不一，这不仅有悖于老年服务礼仪的基本宗旨，也是失礼甚至是失职的表现。

(三)宽容原则

由于老年人随着年龄增大，身体机能会慢慢衰退，生理心理也会发生一些明显的变化，因此，老年人的思想和行为方式不可能像年轻人那样迅捷，出现差错在所难免。对此，老年服务人员在开展老年服务的过程中，要按照宽容原则的要求，表现出适当的老年服务礼仪。老年服务礼仪中宽容原则的基本涵义是要求在服务过程中，既要严于律己，更要宽以待人，多理解他人，学会与被服务的老人进行心理换位，而不要求全责备，咄咄逼人。对老年人的宽容，实际上也是尊重老年人的一个主要表现。

(四)从俗原则

随着老年人年龄的不断增大和生理心理的不断变化，老年人对家乡的感情会越来越浓。家乡的礼仪文化、礼仪风俗以及宗教禁忌，都会在其感情中占有重要位置。只有这种需求得到满足，他们才会感到幸福。由于我国幅员辽阔，乡土风情会随着地域的不同而出现"十里不同风、百里不同俗"的情况。因此，为老年人晚年生活提供保障的老年服务行业和人员，在行使老年服务礼仪的过程中还要遵循从俗原则。这就要求老年服务工作者在老年服务工作中对本国或各地的礼仪文化、礼仪风俗以及宗教禁忌要有全面准确的了解，才能在服务过程中得心应手，避免出现差错。

(五)适度原则

老年服务礼仪还要坚持适度原则。适度原则的含义是适度得体，掌握分寸。要求在应用礼仪时，为了保证取得成效，必须注意技巧，合乎规范，特别要注意把握分寸，认真得体。这是因为凡事过犹不及，假如做得过了头，或者做得不到位，都不能正确地表达自己的自律、敬人之意。

三、认知老年服务礼仪的重要作用

孔子说："不学礼，无以立。"荀子说："人无礼则不生，事无礼则不成，国无礼则不宁。"由此可见，礼仪在社会生活和人际交往中的重要作用。老年服务礼仪是根据老年服务工作中的实践总结出来的，无论是对于老年服务人员的素质提升，还是对于老年服务活动的秩序规范，都具有普遍的指导意义和针对性较强的实践价值。

(一)促进沟通

老年服务礼仪有助于促进老年服务人员与老年人之间的相互沟通。在工作中以礼相待，在向对方表示尊重、敬意的过程中，获得对方的理解和尊重，增进双方的感情，建立良好的关系。这可以缓和或者避免不必要的矛盾和冲突。

(二)规范行为

老年服务礼仪是老年服务人员最起码的言行标准和规范。没有规矩不成方圆。在老年服务工作中，老年服务礼仪约束着老年服务人员的态度和动机，规范着他们的行为方式，维护着正常的工作秩序。从仪表仪态到沟通礼仪，从接待来访到现代通信礼仪，从老年心理健康服务礼仪到老年产品营销礼仪，都是老年服务人员在实际工作中应该遵守的行为规范。按照规范而行，一定会在老年服务工作中更上一层楼。

(三)协调关系

在为老年人服务的过程中，老年服务礼仪协调着人与人之间的关系。由于年龄差异，阅历不同，背景各异，老年服务人员与老年人之间难免会发生冲突。老年服务礼仪有利于促使冲突各方保持冷静，缓解已经激化的矛盾，使相互之间的感情得以沟通，建立相互尊重、彼此信任、友好合作的关系，进而有利于工作的开展。

(四)塑造形象

老年服务礼仪是老年服务人员内在修养和素质的外在表现。老年服务礼仪有助于树立和提升老年服务工作者的个人形象和单位形象。老年服务人员规范的着装、诚信大方的工作作风和职业风采，能够充分展现自身的教养和风度，向社会展示了老年服务人员严谨、自信、优雅、庄重的职业形象；对于养老机构而言，拥有具备良好礼仪素养的老年服务人员，可以塑造整个机构的良好形象。

老年服务礼仪是老年服务过程中约定俗成的示人以尊重、友好的习惯做法，也是老年服务人员在进行人际交往中适用的一种交往艺术和沟通方式。老年服务人员在开展工作时注重礼仪，使用得当，可以帮助人们增强内心的道德信念，掌握正确的行为准则，不仅能培养良好道德品质，展示自身良好的道德修养，还可以通过对标准化操作的强化，规范老年服务行业、市场和活动的秩序，保证老年服务伦理原则的实施。否则，如果服务人员不懂礼仪，就无法处理好老年服务实践中的各种关系也就不能很好地完成老年服务工作。

拓展训练

1. 如何理解老年服务伦理是老年服务人员实现自我提升的内驱动力？
2. 请结合自身经历谈谈在工作中如何践行老年服务礼仪的宽容原则？

任务三
认知老年服务伦理与礼仪关系

学习目标

> **知识目标：** 了解老年服务伦理与礼仪的区别；
> 　　　　　　掌握老年服务伦理与礼仪的联系。
> **能力目标：** 能做到老年服务伦理与礼仪相互促进。

工作任务描述

> 　　小张从老年服务与管理专业毕业后，在一家养老机构工作 5 年后，报考了某高校的社会工作专业的硕士研究生。进入复试环节时，主考的教授向他提出这样一个问题："请结合工作实际谈谈你对老年服务伦理和老年服务礼仪的关系。"
> **问题思考：**
> 1. 老年服务伦理与老年服务礼仪有哪些共同点？
> 2. 老年服务伦理与老年服务礼仪有哪些区别？
> 3. 老年服务伦理与老年服务礼仪的内在联系是什么？

工作任务分解与实施

　　老年服务伦理和老年服务礼仪涉及老年服务工作的方方面面，就像身边的空气一样，无处不在，又不可或缺。正确认识二者之间的关系，是对于科学认知老年服务伦理与礼仪内涵的内在要求，也是充分发挥老年服务伦理与老年服务礼仪对于老年服务行业规范作用，促进老年服务事业健康、持续和快速发展的关键着力点。

一、了解老年服务伦理与老年服务礼仪的相同之处

　　了解老年服务伦理与老年服务礼仪的共同点是正确认识二者关系的重要方面。老年服务伦理与老年服务礼仪，因老年服务而聚焦在一起，其围绕老年服务的一致性决定了二者具有共性之处。

　　一方面，老年服务伦理和老年服务礼仪都是对老年服务从业者的职业规范。我国养老服务机构投资和运营主体多元化，包括养老院、敬老院、福利院、老年公寓、托老所和老年康复医院等多种形式，在服务功能、服务质量、服务内容上差别很大。目前我国

养老服务业还处在快速发展、数量扩张阶段，养老服务制度规范相对滞后。对于老年服务而言，无论是老年服务伦理，还是老年服务礼仪，都是老年服务组织者、参与者和老年服务对象之间在服务与被服务以及竞争与合作过程中形成的，以建立良好的老年服务工作和发展秩序，丰富老年人晚年生活，提高老年人晚年生活质量，实现老有所养、老有所乐为目标。老年服务伦理和老年服务礼仪对于提升老年服务从业者的能力和素质，推动老年服务产业的专业化发展，提高老年服务工作者的工作针对性，提升老年服务工作的质量和效益等具有重要作用。

另一方面，老年服务伦理与老年服务礼仪都是我国老年服务道德建设的重要组成部分。作为一种由诸多社会因素构成的老年服务伦理与老年服务礼仪，同样反映着老年服务工作和职业发展过程中某些古今相似或相同的道德生活、道德关系，有着某些类似或共同的道德观念、道德和礼仪规范，其中蕴涵着具有现代价值的老年服务美德。

二、了解老年服务伦理与老年服务礼仪的不同之处

尽管都是对老年服务从业者的职业规范，但是由于伦理与礼仪的内涵与范围不同以及伦理与礼仪的规范作用机理不同，老年服务伦理与老年服务礼仪对老年服务从业者影响作用的形式、内容、方式和效果也各不相同。

(一)老年服务伦理是价值要求，而老年服务礼仪是行为规范

思想和行为是构成人类活动的两大主体。因此，对人的活动进行规范，存在两个方面，其一是思想规范，其二是行为规范。老年服务伦理是抽象的，表现为老年服务人员调整各种关系的价值准则，是一种道德标准。老年服务礼仪主要用于规范、约束人们的行为，是一种行为道德，主要表现为老年服务人员的礼仪行为和礼仪活动。如果老年服务人员选择了符合老年服务伦理原则的老年服务礼仪，就可以把老年服务伦理要求按照礼仪的方式组织起来，在老年服务工作过程中落实到行为举止、仪态容貌、语言表达上，按照老年服务伦理的精神做符合老年服务礼仪的事情。

(二)老年服务伦理是内在影响，而老年服务礼仪是外在影响

虽然老年服务伦理和老年服务礼仪都能够对老年服务行业进行规范和约束，但是从对老年服务工作人员的影响方式来看，二者有很大差别：主要表现为老年服务伦理具有内在性，而老年服务礼仪则是外在影响。就老年服务伦理而言，其内在性主要源于老年服务伦理属于精神和意识层面，主要表现为它对老年服务人员的影响是建立在良心、情感的高度自觉之上，对老年服务工作人员的影响是潜移默化的，不容易被识别，但对老年服务工作人员和行业具有广泛深刻的影响。与老年服务伦理的内在影响不同，老年服务礼仪面向现实生活、工作和社会秩序，蕴涵着经世致用之精神，是一个可践履的、可实行的实践性活动。老年服务礼仪是老年服务伦理的具体、有形的表现形式，是在严格遵循和依据老年服务伦理的规定及内容的基础上形成的一套系统且完整的程序和形式。它对老年服务人员活动的影响具有外在性，对人的活动具有直接影响且容易被识别。

(三)老年服务伦理是柔性约束，而老年服务礼仪是刚性约束

在调整老年服务人员与老年人之间的关系时，老年服务伦理主要靠社会舆论、传统习惯和内心信念起作用，体现了自觉性和内在性，对于老年服务的约束是柔性约束。而

老年服务礼仪注重外在行为形式，是老年服务伦理制度化的产物。和老年服务伦理只能靠道德上的自觉自省而无法由他人监督所不同，老年服务礼仪在实践过程中表现出来的明晰性、确定性、可操作性以及对人的社会行为裁切的齐一性等特点，既可以统一标准，也可以他人监督，是对老年服务人员职业行为的刚性规定。

三、认识老年服务伦理与老年服务礼仪的内在联系

正确认知老年服务伦理与礼仪的关系，不仅要了解表现为二者的共性与各自的个性，还要在此基础上继续探讨二者之间的内在联系，了解其相互间的影响与作用。

(一)老年服务伦理是老年服务礼仪的内在要求

虽然老年服务礼仪面向现实的老年服务工作秩序，但是这种、可实行的实践性活动，与内在的老年服务伦理密不可分。老年服务礼仪是老年服务伦理约束下的行为规范，是建立在老年服务伦理的基础之上的活动方式。一方面，伦理是指导行为的观念，是评价标准、依据；老年服务礼仪这种刚性规定的制定必须以老年服务伦理这种柔性约束的精神原则为前提和基础。另一方面，由于老年服务伦理的影响具有广泛性和深刻性，为老年服务礼仪发挥行为规范功能提供巨大的精神力量。

(二)老年服务礼仪是老年服务伦理的有效表达

尽管老年服务伦理对老年服务人员和行业发展具有广泛深远影响，但由于伦理具有抽象性，需要借助一定的载体才能表现出来。在这方面，老年服务礼仪为其提供了良好的平台，为老年服务伦理社会功能的发挥提供了有效的实现方式。一方面，通过对老年服务礼仪的规范，可以将老年服务人员的内在价值转化为身体力行的职业实践；另一方面，老年服务礼仪也为提升老年服务伦理水平提供了有效途径。由此看来，老年服务礼仪是老年服务伦理的有效表达。

(三)老年服务伦理与老年服务礼仪统一于老年服务的社会实践

无论是老年服务伦理，还是老年服务礼仪，都是老年服务实践发展到一定程度的结果，都是对老年服务秩序的规定。离开了老年服务实践，无论是老年服务伦理还是老年服务礼仪，都将变成无源之水，无本之木，失去其存在的价值。老年服务伦理与老年服务礼仪统一于老年服务的社会实践。

 拓展训练

老年服务伦理与老年服务礼仪的内在联系是什么？

项目二　了解老年服务伦理的渊源与发展

 项目情景聚焦

　　老年服务伦理是在我国社会长期的发展过程中逐渐形成的，有其深远的历史渊源。传统孝道不仅影响着中国历朝历代人们的思想观念，同时也成为支配人们行动的准则和评判标准。随着生产力的发展和社会形态的变迁，城镇化和社会流动浪潮汹涌而来，传统的家庭养老模式被打破，社区养老和机构养老成为新的养老方式，老年服务伦理必然要发生新的变化，出现新的发展。了解老年服务伦理的历史渊源和现代发展，对老年服务工作者弘扬优良的伦理传统，适应现代社会的养老形势，具有重要意义。

任务一
追溯老年服务伦理的历史渊源

学习目标

知识目标：掌握传统孝道的基本内涵；
　　　　　掌握传统孝道的主要特点；
　　　　　领会传统孝道的重要作用。
能力目标：能解释传统孝道的主要含义；
　　　　　能分析传统孝道对老年服务工作的启示。

工作任务描述

　　小王在某养老机构上班。工作勤勤恳恳，对待服务的老人像自己的亲生父母一样。老人们都很感动。张奶奶对他说："我与你非亲非故，你却像对待亲人一样尽心尽力，周到细致，不厌其烦。真是不是亲人，胜似亲人。"面对这样的夸赞，小王像拉家常一样，与老人进行了关于传统孝道的交流。

　　问题思考：
　　1. 传统孝道的感人故事有哪些？
　　2. 传统孝道的基本内涵有哪些？

工作任务分解与实施

　　老年服务伦理的历史渊源主要是中国古代流传下来的传统孝道。两千多年来，传统孝道极大地影响着中国历朝历代人们的思想和行为。传统孝道是中国儒家文化的基石，是中华民族尊奉的传统美德。

一、了解"孝"字的含义

　　"孝"字最早出现于甲骨文，上部为"老"，下部为"子"。《说文解字》中说："孝，善事父母者；从老者，从子；子，承孝也。"而金文的"孝"字更有意思，是一子扶持着一个驼背老人。这两种造型的"孝"字意味深长，按其象形会意，传递出来的信息都是年轻人对老年人的尊重与扶持，是后代子嗣对传统的遵从"敬畏"，是一种人类对于自身命运的感怀。

图 2-1　甲骨文和金文的"孝"字

二、了解传统孝道的主要内涵

国学大师任继愈认为："孝道是中华民族的两大基本传统道德行为准则之一，另一个基本传统道德行为准则是忠。"中国传统孝道是一个内容丰富、涉及面广的复合概念，既有文化理念，也有制度礼仪。如果从敬养的角度来看，其内涵主要有以下几个方面。

(一)敬亲

中国传统孝道的精髓在于，对父母的孝最重要的不是物质供养，而是要敬爱他们。如果没有敬爱，就根本谈不上孝。孔子曰："今之孝者，是谓能养。至于犬马，皆能有养。不敬，何以别乎？"这就是说，对待父母不仅仅要有物质方面的供养，关键在于要在感情上对父母有爱，而且这种爱是发自内心的真挚的爱。没有这种爱，不仅谈不上对父母孝敬，甚至和饲养犬马没有什么区别。同时，孔子认为，子女履行孝道最困难的就是要时刻保持这种"爱"，即自始至终心情愉悦地对待父母。

(二)奉养

这是中国传统孝道的物质基础。奉养就是要从物质上供养父母，即赡养父母。鸦有反哺之义，羊有跪乳之恩。父母养育子女含辛茹苦，子女成人后当思反哺之情，尽心竭力供养和照料双亲，保障父母物质生活的需要，以使其安度晚年。"生则养"，这是孝敬父母的最低要求。儒家提倡在物质生活上要首先保障父母，这一点非常重要。古代孝道强调老年父母在物质生活上的优先性。古代二十四孝中的郭巨"为母埋儿"可以为证。

(三)侍疾

孔子曾说："父母之年，不可不知也，一则以喜，一则以惧。"要记住父母的年龄，一方面为长寿的父母高兴，一方面也要为父母的高龄而担忧。老年人年老体弱，抵抗力差，容易得病，因此，中国传统孝道把"侍疾"作为重要内容。侍疾就是老年父母生病，要及时诊治，精心照料，多给父母生活和精神上的关怀。父母在临终前，总想见到自己所有儿孙，有的甚至在弥留之际，不停地喊着自己儿女的名字。儿女们守候在父母的身旁，多给一些临终关怀，让其平和、带着微笑地走完生命的最后时刻。

图 2-2　郭巨埋儿奉母

（四）立身

《孝经》云："安身行道，扬名于世，孝之终也。"这就是说，做子女的要"立身"并成就一番事业。儿女事业上有了成就，父母就会感到高兴，感到光荣，感到自豪。这就为个人奋斗提供了坚强而厚重的动力源泉，不仅仅为自身的幸福，而且也为家庭的幸福而终其一生。因此，终日无所事事，一生庸庸碌碌，这是对父母的不孝。奉行孝道，就应积极进取、自强不息。绝不能因纵情声色而使父母痛心，因逞凶好斗而连累父母，因作奸犯科而辱没父母。在这一过程中既伴随着品行的提高，也蕴含着个人能力的潜在提升。

（五）谏诤

《孝经》谏诤章第十五中指出："父有争子，则身不陷于不义。故当不义，则子不可以不争于父。"也就是说，在父母有不义的时候，不仅不能顺从，而应谏诤父母，使其改正不义。这样可以防止父母陷于不义。

（六）善终

《孝经》指出："孝子之事亲也，居则致其敬，养则致其乐，病则致其忧，丧则致其哀，祭则致其严。五者备矣，然后能事亲。"儒家的孝道把送葬看得很重，在丧礼时要尽各种礼仪，而且要守孝三年。

三、认识传统孝道的积极作用

传统孝道是中国传统文化的核心，在中国历史发展过程中的作用是多方面的。其积极作用主要有以下几方面。

(一)修身养性

孝道是个人修身养性的基础。通过践行孝道，每一个人的道德都可以得到完善。失去孝道，就失去做人的最起码的德性。因此，中国历来以修身为基础。儒家的人生"三纲八目"中以"明德""修身"为起点。在今天，倡导孝道，并以此作为培育下一代道德修养的重要内容仍然具有重要的现实意义。

> **小贴士：人生三纲八目**
> 语出《大学》。三纲：明德，亲民，止于至善。八目：格物、致知、诚意、正心、修身、齐家、治国、平天下。

(二)融合家庭

在古代，孝被视为一种家庭道德。孟子说："天下之本在国，国之本在家"，家庭和睦是社会和谐的基础。在家庭中实行孝道，可以做到长幼有序，规范人伦秩序，协调各种家庭关系，实现家庭和睦。家庭是社会的细胞，家庭稳定则社会稳定，家庭不稳定则社会不稳定。在新时代，强调子女尊敬和赡养老年人及父母具有同样重要的作用。

(三)报国敬业

孝道把尊亲与忠君联系，推崇忠君思想，倡导报国敬业。在封建时代，君与国是一体的，家与国是同构的。因此，儒家认为，实行孝道，就必须在家敬父母，在外事公卿，达于至高无上的国君。虽然其对国君有愚忠的糟粕，但蕴藏其中的报效国家和爱国敬业的思想则是积极进步的。

(四)凝聚社会

孝道的思想可以规范社会的行为，调节人际关系，从而凝聚社会，达到天下一统，由乱达治。客观地讲，孝道思想为封建社会维持其社会稳定提供了作用巨大的意识形态，为中国的长期统一起到了积极的作用。

四、了解传统孝道的消极作用

传统孝道作为中国历史上形成的思想文化，经历了孔子、孟子以及后来历代儒家特别是统治阶级及其文人的诠释修改，已经成为一个极为复杂的思想理论体系，其消极作用也十分突出。

(一)愚民性

中国历史上的孝道强调"三纲五常"等愚弄人民的思想，其目的是为了实行愚民政策。孔子说："民可使由之，不可使知之。"历代统治者正是在孝道思想的掩盖下，实行封建愚民政策，利用孝道思想的外衣为其封建统治服务。孝道被封建统治阶级所利用，父子关系从家庭中的亲情关系演变为政治上的上下等级关系。"三纲"的被奉为至高无上的规则："天下无不是的父母""君命臣死，臣不得不死；父让子亡，子不得不亡"等口号，被视为当然的真理，走向极端的孝成为维护封建统治的工具。

> **小贴士：三纲五常**
> 三纲：君为臣纲，父为子纲，夫为妻纲。
> 五常：仁、义、礼、智、信。

(二)不平等性

儒家孝道思想中的"君臣、父子"关系以及"礼制"中的等级观念都渗透着人与人之间的不平等。这种不平等的关系表现为下对上、卑对尊的单向性服从，虽然也有尊老爱幼的思想，但长永远在上，幼永远在下。无论是家庭生活、政治生活还是社会生活，都充斥着不平等的价值观念。

(三)神秘性

传统孝道具有神秘色彩。从众多的"孝感"故事可以明显看到这一点。无论是感天得食、感天愈疾，还是感天得金、感天偿债的故事，都使人类无法解决的问题归结于得到了上天的眷顾，从而得到很好的解决。古人相信天人感应。强调孝为天意所钟，行孝天必佑之，天必福之。将孝道和天意结合起来，旨在宣扬天意对孝道的肯定和表彰。

 ## 拓展阅读

一、古代二十四孝故事选

亲尝汤药

汉文帝刘恒，汉高祖第三子，为薄太后所生。高后八年(前180)即帝位。他以仁孝之名，闻于天下，侍奉母亲从不懈怠。母亲卧病三年，他常常目不交睫，衣不解带；母亲所服的汤药，他亲口尝过后才放心让母亲服用。他在位24年，重德治，兴礼仪，注意发展农业，使西汉社会稳定，人丁兴旺，经济得到恢复和发展，他与汉景帝的统治时期被誉为"文景之治"。

芦衣顺母

闵损，字子骞，春秋时期鲁国人，孔子的弟子，在孔门中以德行与颜渊并称。孔子曾赞扬他说："孝哉，闵子骞！"(《论语·先进》)。他生母早死，父亲娶了后妻，又生了两个儿子。继母经常虐待他，冬天，两个弟弟穿着用棉花做的冬衣，却给他穿用芦花做的"棉衣"。一天，父亲出门，闵损牵车时因寒冷打战，将绳子掉落地上，遭到父亲的斥责和鞭打，芦花随着打破的衣缝飞了出来，父亲方知闵损受到虐待。父亲返回家，要休逐后妻。闵损跪求父亲饶恕继母，说："留下母亲只是我一个人受冷，休了母亲三个孩子都要挨冻。"父亲十分感动，就依了他。继母听说，悔恨知错，从此对待他如亲子。

卖身葬父

董永，相传为东汉时期千乘(今山东高青县北)人，少年丧母，因避兵乱迁居安陆(今属湖北)。其后父亲亡故，董永卖身至一富家为奴，换取丧葬费用。上工路上，于槐荫下遇一女子，自言无家可归，二人结为夫妇。女子以一月时间织成三百匹锦缎，为董永抵债赎身，返家途中，行至槐荫，女子告诉董永：自己是天帝之女，奉命帮助董永还债。言毕凌空而去。因此，槐荫改名为孝感。

埋儿奉母

郭巨，晋代隆虑(今河南林县)人，一说河南温县(今河南温县西南)人，原本家道殷实。父亲死后，他把家产分作两份，给了两个弟弟，自己独取母亲供养，对母极孝。后家境逐渐贫困，妻子生一男孩，郭巨担心，养这个孩子，必然影响供养母亲，遂和妻子商议："儿子可以再有，母亲死了不能复活，不如埋掉儿子，节省些粮食供养母亲。"当他们挖坑时，在地下二尺处忽见一坛黄金，上书"天赐郭巨，官不得取，民不得夺"。夫妻得到黄金，回家孝敬母亲，并得以兼养孩子。

扇枕温衾

黄香，东汉江夏安陆人，九岁丧母，事父极孝。酷夏时为父亲扇凉枕席；寒冬时用身体为父亲温暖被褥。少年时即博通经典，文采飞扬，京师广泛流传"天下无双，江夏黄童"。安帝(107—125年)时任魏郡(今属河北)太守，魏郡遭受水灾，黄香尽其所有赈济灾民。著有《九宫赋》、《天子颂》等。

卧冰求鲤

王祥，琅琊人，生母早丧，继母朱氏多次在他父亲面前说他的坏话，使他失去父爱。父母患病，他衣不解带侍候，继母想吃活鲤鱼，适值天寒地冻，他解开衣服卧在冰上，冰忽然自行融化，跃出两条鲤鱼。继母食后，果然病愈。王祥隐居二十余年，后从温县县令做到大司农、司空、太尉。

哭竹生笋

孟宗，三国时江夏人，少年时父亡，母亲年老病重，医生嘱用鲜竹笋做汤。适值严冬，没有鲜笋，孟宗无计可施，独自一人跑到竹林里，扶竹哭泣。少顷，他忽然听到地裂声，只见地上长出数茎嫩笋。孟宗大喜，采回做汤，母亲喝了后果然病愈。后来他官至司空。

二、以"孝"命名的城市——孝感

孝感是全国唯一一个以"孝"命名又以"孝"传名的中等城市，在它的辖区内，还有两个以"孝"冠名的县级城市——孝南区和孝昌县。

史料记载，公元454年，南朝宋孝武帝刘骏因有感于当时安陆县东部一带孝风昌行，孝子甚多，将此地单独建县，取名为孝昌。后唐同光年间，为避皇帝讳，而将"孝昌"改为"孝感"，孝感因此而得名并沿用至今。

元代郭居敬辑录的中华《二十四孝》中，孝感有三孝：即卖身葬父的董永、扇枕温衾的黄香和哭竹生笋的孟宗，他们孝行感天的故事，在民间广为流传，成为中国孝文化的典范。其中董永与七仙女的爱情故事，经民间艺人加工创作，衍化成一个凄美的神话故事，流传甚广。根据黄梅戏拍成的电影《天仙配》，更是将之推向全国乃至世界。

孝感，除发生孝行感天的动人故事和历代孝子辈出外，还积淀着宝贵的孝行人文景观和承载孝道的物质资源，衍生着以孝为行为取向的思想观念、文化现象，成为中华孝文化的发源地之一。

　　1996年，孝感市在全国首次开展"十大孝子"评选表彰活动。并宣布每隔5年评选一届，评出的孝子享受市级劳模待遇。

拓展训练

　　1. 如何理解"百善孝为先"？

　　2."老吾老以及人之老"的含义是什么？

任务二
感知老年服务伦理的现代发展

学习目标

知识目标：了解传统孝道向现代老年服务伦理转化的背景；
掌握现代老年服务伦理的基本含义；
认识现代老年服务伦理的主要特点。

能力目标：能区分传统孝道与现代老年服务伦理的异同。

工作任务描述

我国正处在由传统走向现代化的转型期，伴随改革开放的步伐，旧的道德规范与社会主义市场经济不相适应的矛盾正日益碰撞、磨合，重塑与重建具有中国特色的现代道德文化体系和体现时代精神的伦理精神，是每一个中国人所面临的道德选择。传统孝道必须走出家庭，扩展到社会。传统孝道已经演化为适应现代社会需要的老年服务伦理，有了新的发展。

问题思考：
1. 传统孝道在现代社会应该实现哪些转型？
2. 传统孝道对老年服务伦理有哪些启示？

工作任务分解与实施

进入21世纪的中国，传统孝道文化应有新的演进、新的变化。从整体面貌和全局走势看，它表现的是一种新型的家庭伦理、社会道德的时代调整与历史确立。从根本上说，这是中国社会为适应时代的进步而进行的一种内在的道德伦理文化的调整与重构。

一、了解传统孝道现代转型的社会背景

随着生产力的不断发展，社会形态的不断演进，植根于农业文明的传统孝道必然要发生相应的变化，向现代转型。其转型的社会背景主要有以下几方面。

（一）农业文明向工业文明发展

孝道的性质从本质上说是由社会的性质决定的。具体地说，是由社会生产方式的性质决定的。传统孝道是在农业文明的社会条件下产生的。在封建社会，人们依附在土地上，人们的活动范围有限，"父母在，不远游，游必有方"。这种生产方式决定了人们可以在家庭对老人尽孝。但随着生产力的发展，人们由农业文明迈向了工业文明甚至信息

文明。有了现代交通工具，人们的活动空间大大扩展，而信息工具的广泛使用，又使人们的交际速度和方式得到提升。人们不再囿于家庭这个狭小的圈子，而是走向更广阔的世界。在家中行孝的传统孝道必然发生转型，以适应新的社会文明形态。

(二)自然经济向市场经济过渡

封建社会是自给自足的自然经济。"养儿防老，积谷防饥"是人们共同的信条。社会正在从以血缘关系为基础的宗法社会向以法治为基础的公民社会转变。社会关系逐渐变得复杂，以至于现代社会中原有的生活方式被彻底打破。在社会主义市场经济条件下，以"家庭养老为主"的观念受到挑战。养老方式也演变为一种社会分工，需要合理化、集约化，由专门机构更有效地担负起社会责任。

(三)家庭养老功能向社会转化

当今社会流动与城市化，使很多人远离家庭，一半以上的家庭进入了空巢期。"丁克家庭""周末家庭"、同性家庭出现，使家庭的抚养、赡养功能逐渐弱化。许多年轻人忙于工作，没有时间照顾老人。面对社会转型中的社会流动与城市化，传统的养老模式面临挑战，父母晚年对儿女在身边尽孝面临重重困难，所以血缘关系的孝必须转变为公共的孝和社会的孝。由"事亲之孝"转变为"事民之道"，从而建立一种新的、符合时代需求的孝道文化。

二、认识传统孝道向现代转型的特点

站在新的时代，我们必须重新审视传统孝道，赋予"孝"以新的意义，建立符合社会发展的现代家庭伦理。这对于进入老龄化社会的中国有着非常积极的现实意义。传统孝道向现代转型具有以下特点。

(一)范围扩大化

孝道的范围由家庭扩展到社会。传统孝道虽然也讲"老吾老以及人之老"，但更多的是一种小我的、家庭的人伦道德，主要讲的是"事亲之孝"，只管孝敬自己的父母以及有血缘关系的长辈。而新孝道已经扩大为一种社会性行为，除了敬重自己的亲人之外，也包括敬重和照顾全社会的老年人，变成了一种社会的孝道。社会的孝道有两层含义：一种是广义的社会孝，即把对双亲的孝扩展推延出去，在社会上尊老敬老助老。另一种是狭义的社会孝，即为社会老人服务或为社会老人做慈善事业。比如自办敬老院，为料理社会老人尽心服务，犹如子女对待双亲；一些慈善人士为老年事业募捐义款，为社会老人安度晚年献爱心。这种孝超越了血缘关系，是一种大孝。社会的孝以家庭的孝为基础，在家是孝子，到社会才能为众多社会老人尽孝，从而形成全社会尊老、敬老的社会风气。

对于政府而言，对老人尽孝则首先是一种政治责任。政府最主要的尽孝行为是提供覆盖面广泛的养老保障体系。对社会其他成员而言，对老人尽孝是一种社会责任。社会成员要为老人营造良好的社会氛围。

作为老年服务工作人员，像对待自己的父母一样对待自己服务的老人，就是这种肩负社会责任的"孝"。

(二)伦理法制化

传统孝道从伦理规范上升为法律规定。孝道本来是一种伦理规范，主要依靠人们的内在信念、良心和社会舆论等发生作用的。孝道观念属于意识形态范畴，它不是只靠个人的自觉及道德说教就能实现的，必须依靠法律制度等强制力量作保障。而现代社会的孝道继承了传统孝文化中符合现代发展的那一部分，并且赋予新的涵义，特别注重通过法律规定在孝上形成自觉，变为自觉履行的义务。我国《宪法》第49条规定："父母有抚养教育未成年子女的义务，成年子女有赡养和扶助父母的义务。"因此抚养子女和赡养父母都是家庭父母和子女应尽的法律义务。我国《婚姻法》规定："子女对父母有赡养扶助的义务，子女不履行赡养义务时，无劳动能力的或生活困难的父母，有要求子女给付赡养费的权利。"

现代社会的孝道需要国家法律做后盾去保证它的强有力实施。美国等发达国家的有益经验，将老年人的收入、健康、服务、居住、学习、娱乐等均纳入法制管理范围，为老人构建起一张较为完善的社会安全网。国家在立法上加重对不孝行为的惩罚。通过这样的方式，使得孝道逐步走上法制化轨道，让人们在约束自己行为的同时，宣扬一种和谐、向上的孝道观，进而进一步促进和谐社会的建设。

在一个变革的社会，孝道的变迁是不可避免的，表达"孝心"的方式可以多种多样，但是"孝"的本质不会改变——在现代社会，"孝"在法理意义上就是应尽的责任和义务；而在情感的层面上，"孝"又是关心、体贴、尊敬等的代名词。所以说，"孝"实质上是一种态度取向和行为取向，但应当是符合特定时代的法理和道德规范的。

（三）地位平等化

传统孝道崇尚等级制度和老年本位，没有构建起平等的社会和家庭伦理关系。在家庭内部，父母对子女享有绝对的支配权，家庭内部始终没有建立起平等的伦理关系。"尊老抑少"价值观的形成，剥夺子女的人格独立与意志自由，禁锢他们的思想，妨碍他们的创新与个性发展，加剧了家庭内部的代际冲突，对后代的社会地位、人格塑造等方面都产生了消极的影响，从而阻碍了整个社会的向前发展。

在现代社会里，人人平等成为一种基本理念，讲究社会平等、家庭平等，父子关系是平等的亲情关系。家庭成员在法律上人格平等，在生活中和睦相处，形成互爱互助互养、互相尊重的新型关系。父母承认子女独立自主、自尊的人格，同时子女也了解父母整体的心境而给予父母以精神的依傍。从联合国提出的"不分年龄人人共享"的要求和目标来说，年龄平等也是孝道文化的必然的内在要求。

（四）需求精神化

所谓需求精神化，是指随着物质生活水平的不断提高，老年人的需求也在不断发生变化，一些老年人在追求物质生活需要的同时，更加注重追求精神生活需要。

传统孝道由于物质资料还不是十分丰富，因此，对老人的物质供养就成为首先考虑的问题。无论从老年需求看，还是从社会发展看，新孝道文化在重视物质供养的同时，更注重其精神化的发展趋势。在老年人的各项需求中，精神赡养需求要大大高于其他需求。精神赡养的实质是满足老年人的精神需求，不仅仅是满足老年人对家的亲情的需求，而且包括了三个维度的"需求"，即自尊的需求、期待的需求和亲情的需求；与此对应的"满足"是人格的尊重、成就的安心和情感的慰藉。

曾经有人做过一个小调查，结果显示：100位老人见到后辈儿孙时，有91人表情愉悦，面带微笑；有5人显得很平静；有4人面带期待与希冀。而100位儿孙遇见长辈时，有46人板着面孔，显得冷淡，脸色难看；有41人平淡无情，无动于衷；只有13人笑脸相迎，问寒问暖，情意融融。由此可见，老年人的精神上对孝的需求远远大于儿孙们的表现。因此，在当代社会，要做到"孝亲"，不仅要养亲，更需要敬亲。

> **小贴士：《中华人民共和国老年人权益保障法》规定**
> 赡养人应当履行对老年人经济上供养、生活上照料和精神上慰藉的义务，照顾老年人的特殊需要。

拓展阅读

一、国外鼓励孝道的举措

在一些儒家文化圈的国家，其所采取的鼓励孝道的举措，很值得称道和借鉴。下面给大家介绍一些。

韩国

近30年来，韩国也经历了人口老龄化和经济、社会、家庭结构转型的变迁，家庭关系从以家长制和男尊女卑为特征向现代的平等家庭的转化。韩国政府强调传统的家庭照顾老人和孝顺老人的儒家文化价值观，坚持"家庭照顾第一，公共照顾第二"的社会政策。政府对与老年人同住的子女实行了遗产税和收入税部分减免的措施，并提供家庭津贴。政府期望通过这些政策，来保持家庭照顾老年人的传统。

新加坡

新加坡国家领导人把"孝道"上升为国家意识，在孝道教育的组织实施上把社会孝道建设的大量内容纳入法治的轨道，构建全民参与体系，来提高孝道教育的长效性。为了保持三代同堂的家庭结构，新加坡于1994年制定了"奉养父母法律"，成为世界上第一个将"赡养父母"立法的国家。1995年11月，新加坡颁布的《赡养父母法》规定：凡拒绝赡养或资助贫困的年迈父母者，其父母可以向法院起诉，如调查情况属实，法院将判决该子女罚款1万新加坡元或判处1年有期徒刑。

在分配政府组屋（类似于中国的经济适用房）时，对三代同堂的家庭给予价格上的优惠和优先安排，同时规定单身男女青年不可租赁或购买组屋，但如愿意与父母或四五十岁以上的老人同住，可优先照顾。另外，政府还推出"三代同堂花红"，即如与年迈父母同住的纳税人所享有的扣税额增加到5000元，而为祖父母填补公积金退休户头的人，也可扣除税额。国民在购买政府组屋时，如果选择与父母同住，或是住在距离父母家一公里以内的地方，会得到1万新元的奖励，还会获得优先选择房屋的机会。如果一个家庭赡养了父母，可以获得退税5000新元的奖励。如果申请者是三代同堂家庭，将被优先安排居住。新加坡建屋发展局还设计了一大一小且相邻而居的组房。数十年来，这些政策都被严格地执行。新加坡前总理李光耀就多次强调，"我们必须不惜任何代价加以避免的，就是决不能让三代同堂的家庭分裂。"

日本

在日本，社会步入老龄化社会的时期，政府采取了多项措施来积极应对人口老龄化带来的社会问题。其中一项就是提倡居家养老，发挥家庭的养老功能，具体就是除了给予老年人经济保障外，还要给予其心理慰藉和生活护理，并提倡三代同堂和子女尽扶养老人的义务，开展孝敬的儿媳妇活动等。

二、新"24孝"行动标准

1. 经常带着爱人、子女回家。
2. 节假日尽量与父母共度。
3. 为父母举办生日宴会。
4. 亲自给父母做饭。
5. 每周给父母打个电话。
6. 父母的零花钱不能少。
7. 为父母建立"关爱卡"。
8. 仔细聆听父母的往事。
9. 教父母学会上网。
10. 经常为父母拍照。
11. 对父母的爱要说出口。
12. 打开父母的心结。
13. 支持父母的业余爱好。
14. 支持单身父母再婚。
15. 定期带父母做体检。
16. 为父母购买合适的保险。
17. 常跟父母做交心的沟通。
18. 带父母一起出席重要的活动。
19. 带父母参观你工作的地方。
20. 带父母去旅行或故地重游。
21. 和父母一起锻炼身体。
22. 适当参与父母的活动。
23. 陪父母拜访他们的老朋友。
24. 陪父母看一场老电影。

（由全国妇联老龄工作协调办、全国老龄办、全国心系老年系列活动组委会于2012年8月13日共同发布。）

拓展训练

1. 如何看待"常回家看看"入法？
2. 作为老年服务工作人员，如何更好地适应老人需求精神化的趋势？
请同学们分组讨论、分析，并以小组为单位展示讨论结果，或角色扮演评估过程。

项目三　了解老年服务伦理范畴

 项目情景聚焦

　　从事老年服务工作需要遵守老年服务伦理的基本范畴。这些范畴反映了老年服务职业伦理的主要内容，体现了老年服务伦理的根本要求。老年服务伦理范畴主要包括义务、良心、幸福、荣誉等。明确这些规范的内涵及特征，理解它们在规范自己行为方面的作用，有利于提高老年服务伦理水平，增强老年服务工作的自觉性，形成合乎老年服务伦理的内心信念和言语行为。

任务一
认知义务

学习目标

知识目标：了解义务范畴的基本内涵及其特征。
能力目标：能正确界定老年服务的具体义务；
　　　　　能正确履行老年服务的具体义务。

工作任务描述

　　2007年12月，曹女士在儿女安排下住进了某养老院。按照养老院规定，服务分为自理、半自理、不能自理三种，收费标准不一，由双方协商确定。双方协议约定"对老人实行流动服务，老人身体状况为'自理'，没有专人护理。"入住一年后，老人在养老院的楼道内突然摔倒，造成急性闭合性颅脑损伤，并于当日死亡。

　　老人的四个儿女将养老院告到一审法院，要求养老院赔偿各种损失共计14万余元。养老院辩称，曹女士选择的是"自理"服务，没有专人护理，养老院已从各方面履行了相应的义务，对曹女士摔伤致死没有任何责任，且老人入院时亦签有安全同意《承诺书》："老人因年老及身体不断老化，造成健康问题和行动不便，在屋内院内活动，而发生跌倒（导致骨折）等意外事故，使该老人人身安全难以得到保障，受托方积极为老人宣传防患工作劝其活动要注意安全，但若该老人仍没注意，由于行动不便自己造成的跌倒（导致骨折）等意外事故受托方不负任何经济与法律责任。"故不同意赔偿。

　　一审法院经审理判决养老院胜诉后，老人的儿女不服，上诉到二中院。二中院经审理认为，承诺书内容系"造成对方人身伤害的"免责条款，依法无效。同时，该养老院作为专业从事养老服务的营利机构，不仅在其经营活动范围内具有法定的安全保障义务，而且对于老年人的活动特性及身体条件等应比常人具有更多的了解，在提供服务中更应尽到审慎注意义务。尽管养老院已经根据入院协议书履行了相应级别的护理义务，老人系自行在院内活动中不慎摔伤，其作为完全民事行为能力对自身损失应承担主要责任。但是，老人系在养老院的楼道内摔倒，而养老院对于该场所更了解实际情况、预见可能发生的危险，并应采取必要的措施防止损害的发生或者使之减轻，故养老院对于老人的损失应在其未尽到安全保障义务的范围内承担一定的赔偿责任。

　　问题思考：

　　1. 案例中养老院在托养期间需要承担哪些义务？

　　2. 依据案例，说说你在生活中对于履行老年服务义务有哪些具体措施？

工作任务分解与实施

义务是老年服务伦理的一个重要规范。作为老年服务人员，要明确义务这一规范的内涵及特征，具有履行义务的使命感和责任感。

一、认识义务的内涵

义务，简单地说，就是个体对他人或者社会应该承担的一种伦理责任。它有两个方面的基本内涵：一是个体应该遵守哪些要求，履行哪些职责；二是个体做好本职工作的内心需要和高度自觉性。在社会交往中，人们之间存在着各种各样的义务关系。义务从本质上来看，是由社会生产发展水平，以及个体在社会关系中所处的不同地位来衡量的。

二、了解伦理义务的特征

不同时代、不同阶层、不同职业会履行不同的义务。但伦理义务具有以下共性特征。

(一)伦理义务具有历史性

伦理义务具有历史属性，即在不同的历史阶段，需要匹配不同的伦理义务。比如在原始社会，对于所获取的猎物是按照人口分配的，并且非常均匀，这说明每个人履行的道德义务是同等的。当社会向前发展时，比如资本主义社会或者社会主义社会，社会分化为不同的阶级和阶层。每一个阶层都会用一定的伦理义务来固化自己的利益诉求，彼此所承担的伦理义务也就不尽相同了，这说明义务诉求与社会发展状况是密切关联的，所以说道德义务具有历史性、时代性。

(二)道德义务具有自觉性

伦理义务是一种自觉行为。对于个体来讲，履行义务不需要附加任何条件，可以看作是一种强制行为。但对于伦理义务来讲，不仅仅是一种强制行为，还有内在的使命感、道德感在驱使着个体去履行相应的行为。直观地讲，这种履行行为是人们自己做出的选择。当然，这种义务的履行与人们的品格修养和个人素质密切相关，更多时候，履行这种伦理义务，同样可以实现履行行为主体自身的价值，得到他人的认可，当然，也就不会过度去追求外在的利益和偏好。

(三)伦理义务具有奉献性

伦理义务具有奉献性，是指履行伦理义务的个体不应以追求个人利益为根本目的。这是一种只讲付出不求回报的社会法则。同理，伦理义务与政治义务、法律义务具有很大区别，主要表现在客观的回报之上。比如政治义务，在维护国家统一的同时能够享受作为一名公民的合法权益。再比如教育义务，在履行教育义务的同时也享有受教育的权利，二者是互为前置条件的。而伦理义务则不然，个体对于义务的履行并没有相应的权利来作为前提条件，所以说道德义务具有奉献性。

三、掌握履行伦理义务的方法

伦理义务本质上是一种责任，这种责任体现在两个方面，一方面是对自己的亲朋好友、同事、邻里等应尽的责任，另一方面是指对国家、社会、民族、集体所应尽的责任。

对于老年服务人员来讲，如何更好地履行伦理义务呢？

（一）要有主动服务的意识

对于老年服务人员来讲，其所从事的是一项社会公益事业，本身并不能产生经济效益，更多的是产生社会效益，体现的是一个社会的价值取向，以及对老年人的人文关怀。所以，指望以这个行业致富是不现实的。相反，从事养老服务行业，更多地要求其有主动奉献的精神，在工作中坚持"老吾老，以及人之老"的服务理念，最大限度地设身处地为老人着想。想老人之所想，急老人之所急，不断增强服务工作的主动性、自觉性，拉近与老年人的心理距离，体现自身的工作价值。

（二）要具有一定的专业技能

老年服务工作作为一项专业性很强的公益性工作，不仅需要主动与热情，更需要一定的专业知识作为服务支撑。对于服务人员来讲，不仅要具备老年社会工作、老年护理保健、老年服务管理等方面的知识和技能，同时还要能够熟悉老年方面的政策法规，胜任老年人服务与管理的特殊工作岗位，对于老年病学、老年护理与老年保健等相关专业知识也应当了解、掌握。因此，对于老年服务从业人员而言，加强职业技能培训，既是做好老年服务工作基本要求，也是做好这方面工作的基础保证。

（三）需要加强自身道德修养

老年服务行业有其特殊性，更加考验服务人员的耐性和修养，对于从业人员来讲，开始容易坚持难是最常见的问题。不少人开始抱着满腔热情投身养老服务工作，但遇到一些困难或挑战后，就会打退堂鼓。所以，在服务过程中，要不断提高自身道德修养，不断培养爱心、耐心和细心，树立内在的崇高的使命感和责任感，树立正确的义务理念，把工作当作义务去履行。同时，这种义务观应该是一种出自纯真善良的行为动机，一种精神性和自觉性相结合的道德义务，只有每一名老年工作服务人员树立这样的道德义务理念，才能把老年服务工作做好。

拓展训练

新老观念冲突中老人"很受伤"

某地司法所曾调解过这样一起纠纷：老人有2个儿子4个女儿，平时老太太由儿子照顾，虽然户口不在一起，但老人住在儿子家，没有住在自己的房子里。女儿早年已嫁到城里，但户口却随母亲，母亲的养老金卡由女儿保管，女儿也常会回家看望。

但几年后，老人的房子轮到"两分两换"，这下儿子与女儿起了争执，进而与老人也有了纠纷。儿子觉得平时都是自己在照顾父母，而且农村传统"嫁出去的女儿泼出去的水"，没道理再来分一杯羹；但女儿提出，现在男女平等了，自己平时也并非对老人不闻不问，而且户口也与母亲在一起，应该也有权分得拆迁款和房产。

为了钱和房子的事儿，女儿甚至一度将病重的老母抬进村委会，村干部无奈报警。司法所参与调解，最后调解结果为母亲的赡养由儿子和女儿共同承担，母亲的养老金卡归母亲。在保障母亲居住的前提下，房屋为母亲及小女儿共同所有，至于其拆迁安置房屋的分配比例由母亲决定。

请你从义务的角度分析本案例。

任务二
认知良心

学习目标

知识目标：了解良心规范的基本内涵。

能力目标：能正确区分老年服务道德良心与法律的区别；

能树立履行老年服务的坚定信念。

工作任务描述

今年 26 岁的张天欢性情活泼开朗，热爱生活。2004 年，当时也只有 18 岁的张天欢不管父母反对，嫁给了家境不好的刘科。然而，其婆婆患有严重的类风湿性疾病，肢体行动不便，公公眼睛耳朵也不好，右脚略有残疾（两个老人都属于二级伤残）。张天欢心甘情愿地在家担负起了照顾婆婆的责任，每天坚持给生活不能自理的婆婆洗头、洗澡、按摩等。2008 年，刘科遭遇车祸，经抢救无效离开人世，在刘科去世后，娘家人劝说其改嫁，可她却告诉自己娘家的爸爸妈妈，你们身边还有哥哥弟弟，可是如果我走了，我把孩子带走了，这边的父母怎么办，不能让他们承受膝下无子女的打击，否则对不起自己的良心。

为减轻家庭经济负担，张天欢静下心来冷静地思考着以后的打算，决定外出打工。后来，她白天就到镇上一家照相馆打工，中午和晚上回来照顾公公婆婆。下班回家，张天欢要先给婆婆梳头，然后再为老人穿上鞋，扶着她在屋子里走动。这样的照顾她每天都要做，而且一做就是八年。每次提到改嫁的事，张天欢都拒绝了，并且表示照顾老人都是应该的，这是我应尽的义务！也不需要表扬！

邻居倪大娘认为，她这么多年从来没有见过对公公婆婆这么好的儿媳妇。2009 年，张天欢的公公也是因为出车祸，住进医院，她每天都要帮公公穿衣、刷牙、按摩、烫脚、接大小便，每天重复着这些细致烦琐、却对病人康复非常重要的护理步骤，这几乎成了她固定的生活模式。经过张天欢的精心照顾，不久后，老人终于康复出院。村里人都很尊敬张天欢，不仅是因为她尽心尽力孝敬老人，还因为她有文化、素质高，在刘家困难时候不离不弃。

问题思考：

1. 假如你是张天欢，身处此种环境下，你会怎么做？

2. 当道德要求和个人正当权益诉求发生冲突时，你认为该如何来平衡二者关系？

工作任务分解与实施

良心是老年服务伦理的又一个重要范畴，它与义务紧密联系在一起。做好事不求回报只求无愧于心是良心的体现，做错事而心生愧疚是良心在起作用。

一、了解良心的内涵

良心是一个古老的伦理范畴。古有《孟子·告子上》："虽存乎人者，岂无仁义之心哉？其所以放其良心者，亦犹斧斤之于木也。"西塞罗有一句名言："对于道德实践来说，最好的观众就是自己的良心。"

良心就是被现实社会普遍认可并被自己所认同的行为规范和价值标准。良心是道德情感的基本形式，是个人自律的突出体现。良心就是个人内心的是非感，是对自己行为、意图或性格好坏的认识，同时具有一种做好人好事的责任感，并常常被认为能引起对于做坏事的内疚和悔恨。

二、了解良心的特点

良心作为一种伦理范畴，具有如下特点。

(一)良心展现的是自我评价能力

良心是客观存在的一定社会或阶级的道德要求，这种要求是建立在人们对道德原则的理解与认同的基础之上的。良心作为一定的社会关系和道德关系的反映，是人们的各种道德情感、情绪在自我意识中的统一，是人们在履行对他人和社会的义务过程中形成的道德责任感和自我评价能力。这种评价所产生的是非感能够对个体的行为进行不断地修正，并对于个体行为进行判断、指导和监督。

(二)良心表现出一种强烈的道德责任感

道德意义上的良心是一种道德责任感，是指主体对自身道德责任和道德义务的一种自觉意识和情感体验，以及以此为基础而形成的对于道德自我、道德活动进行评价与调控的心理机制。这种责任感，是行为个体认识到了对社会所履行的义务、使命时，职责和任务才会产生对他人和社会应尽的道德义务和强烈的、持久的愿望，才会驱动个体做该做的事。

(三)良心的调节作用要受社会关系的制约

良心能够调节行为个体的行为，但这种调节不是无序的，而是与社会经济政治发展水平息息相关的，如果社会经济政治发展水平与行为个体道德责任感趋同，那么个体的良心准则对其就能发挥较好的调节作用，促使个体行为更加规范自觉，反之则不能较好地调节个体行为。同时，良心作为一种意识，对个体的行为评价更多是在道德层面，还需要实践来检验，其检验效果与道德评价初衷不一定完全一致，甚至相反，而这种实践效果也是受到社会发展水平制约的，所以对于良心驱使的个体行为，最终还要看社会评价和效果。

三、认识良心在老年服务工作中的作用

良心在老年服务工作中具有非常重要的作用，因为这是一种公益事业，也是一种慈善，更是一种良心活。这种道德情感在老年服务中主要体现在以下几个方面。

(一)良心对老年服务工作具有调节作用

对于老年服务工作人员来讲，除了具备必要的专业技能之外，还需要良心来进行相应的调节。这种调节作用不仅受社会道德水准的影响，也与社会经济政治发展水平息息相关，当经济政治发展到一定水平，社会道德与历史发展便能够相互促进、相互影响。同时，老年服务工作人员的敬业精神、工作状态与职业技能关联度不大，更多的是受到职业道德、社会义务的约束，所以说良心是一个人是否选择、坚持老年服务工作的一个调节因素。

(二)良心对老年服务从业人员的服务质量有监督和评价作用

在中国的道德观念中，自古讲究"做人要有良心""做人要问心无愧"，说的就是一个人无论品质高低，都要固守良心底线，如果底线失守，就会遭人唾骂。作为道德主体的个人是这样，企业组织也是这样。作为老年服务从业人员，其工作效果和服务质量更要接受社会的监督和评价，接受良心的检阅和洗礼。

(三)良心对老年服务从业人员的道德服务全程具有自律作用

行为个体在履行相应职能职责时，会受到良心的约束制约，在此基础上，良心也指引着行为主体做出正确的决策，并对行为主体开展有效的监督督促作用。在个体行为开展前期，良心会对其行为进行评价，以确定是否应该进行该项活动，当个体行为与良心准则趋同时，会驱使行为主体在道德感召下进一步做好相应工作。在个体行为开展中，良心会客串着监督作用，对个体行为是否符合道德规范进行有效监督。在个体行为后期，良心会对个体行为进行有效评价。所以说，良心对老年服务从业人员的道德生活起着自律作用。

拓展阅读

孝子之养也，乐其心，不违其志。——《礼记》

孝有三：大尊尊亲，其次弗辱，其下能养。——《礼记》

父母之年，不可不知也。一则以喜，一则以惧。——《论语》

孟武伯问孝，子曰："父母惟其疾之忧。"——《论语·为政》

父母之所爱亦爱之，父母之所敬亦敬之。——孔子

老吾老，以及人之老；幼吾幼，以及人之幼。天下可运于掌。——孟子

拓展训练

河南洛阳43岁男子何红涛骑摩托车带72岁父亲旅游，历时6年，行程6万公里，

足迹遍布省内外，近日其孝举经当地媒体报道后引发社会关注。7月11日，记者采访获悉，带着父亲游遍中国是何红涛的梦想，他坦言：父亲年龄大了，种一辈子地不容易，趁着还能走动，出去转转看看，尽孝没有标准，在于心，不在钱多少，但要趁早。"老人想去哪儿，我就带他上哪儿，不能留下遗憾！"

11日，记者在洛阳市洛龙区李楼镇向阳村一普通农家小院见到这对父子时，何红涛在修理摩托车，老人正在跟邻居们聊天，讲到外出旅游的情景，脸上溢满了自豪和幸福。见到记者来，老人起身招呼。记者跟随老人穿过陈设简陋的客厅，走进房间，眼前豁然一亮，只见房间三面墙上贴满了旅游纪念照片，大部分都是老人自己的，偶尔也有父子俩的合影，其中有不少还经过专门放大处理。

"你看，这是在西安照的，这是在天津，这是在黄山，这是在北京天安门……"老人指着照片一一介绍，表情十分沉醉。老人说，自己种了一辈子地，从来没想过会外出旅游，最近几年，托孩子的福，自己去了不少地方，看了不少好景。"活了大半辈子，哪出过远门啊，还到天安门，感觉远到天边了，呵呵！"

老人介绍，原来儿子何红涛做小生意，2008年进工厂，虽说只是普通工人，但假期稳定，从那时候起，每年都会带自己出去旅游。自己晕车厉害，出门不能坐车，儿子就买了一辆配置好的摩托车，带着他去。有时候是冬天去，天冷，他心里高兴，也不觉得冷。

"不冷，不冷，心里热乎。坐车不中，光晕，坐摩托车好点。走到哪儿，看到哪儿，喝点水吃点饭，歇歇再走，天黑了就住店。"说起旅游的日子，老人感觉十分得劲。

看到父亲高兴，何红涛脸上也乐开了花。他说，自己专门加固了摩托车座和靠背，一路上车速不快，跑半个小时，就停下来，让父亲走几步，活动活动筋骨，所以，出去玩7、8天，父亲也不会觉得累。还去了很多乘车不方便去的小景点，甚至连一些不是景点的地方，父亲有兴趣看他们就随时停下来，很自由。

"父亲已经70多岁了，他还能活几个70多岁？辛苦了一辈子，现在我们都大了，也没啥事，趁他腿脚还灵便，就想带他出去转转看看。年龄有限制，所以事不宜迟。"何红涛由衷地说："有的人嘴上说也想尽孝，想带老人出去旅游，但总是找理由，比如说等有时间了，或等有钱了，实际上带老人出去没有啥标准，钱多钱少都可以，不见得非得挣很多钱才行，尽孝在于心，不在钱多少，但要趁早。"

据了解，何红涛的孝顺，不仅仅体现在带着老父去旅游这件事上，而且也体现在日常生活中。平日他跟父亲没在一块住，但他每天下班，不管多晚都会去看看父亲，问寒问暖，聊聊天。这种生活上的关怀、心灵的陪伴，让老人十分受用，也让周围的邻居羡慕不已。

"恁孝顺的孩子，在向阳村估计就他一个，真是少见。没听说谁带着他爹去旅游的，他是真孝顺。"邻居何玉屏赞不绝口："这老头有福，有个恁孝顺的孩子，俺是真羡慕。"

何红涛说，他的梦想就是带着父亲游遍中国，目前除河南境内景点外，东、西、北几个方向已经去过不少地方，下一步他们准备去江南，同时，为了更方便更安全地带着父亲出游，他将尽快买一辆新摩托车。

"天天晚上伴着父亲的呼噜入眠，觉得那不但不是噪声，反而听起来很美妙……旅途很艰苦，但是我心里很踏实""希望用这种独特的方式陪父亲，留下刻骨铭心的记忆""老人想去哪儿，我就带他上哪儿，不能留下遗憾"……带着父亲旅游途中，只有小学四年级文化程度的何红涛在日记里写下了很多感受、想法。短短数语，是无声的诺言，更蕴含真情万千。

请问：

1. 在案例中，何红涛说："尽孝在于心，不在钱多少，但要趁早。"你对这种观点怎么看？

2. 人们常说"百善孝为先"，如果让你来宣传何红涛的故事，你会用哪几个词语，为什么？

3. 结合自己的生活，说说你将来想怎样对父母表达孝行？

请同学们分组讨论、分析，并以小组为单位展示讨论结果。

任务三
认知荣誉

学习目标

> 知识目标：了解荣誉的相关概念；
>
> 　　　　　具有正确的老年服务荣誉观。
>
> 能力目标：能掌握荣誉范畴的本质特征；
>
> 　　　　　能理解荣誉在老年服务中的主要作用。

工作任务描述

> 　　马鞍山市和县光荣院职工张吉厚，一个退伍军人，二十年如一日，精心照料光荣院革命老人，孜孜不倦，享受着尊老爱老的无限乐趣。张吉厚出生于1954年，1976年入伍，1989年退伍。退伍后的他放弃了工资待遇都好的单位，毅然选择了和县光荣院这个清水衙门。三十多年来，他不顾世俗不解的眼光，全心全意地干着又脏又累的"苦差事"，用一颗高贵的心在光荣院平凡的岗位上谱写动人的篇章。张吉厚多次被上级部门评为"先进工作者"等荣誉称号。
>
> **问题思考：**
>
> 1. 是什么因素促使张吉厚在平凡的岗位上坚持二十来年？
>
> 2. 你怎样看待张吉厚的付出与收获？
>
> 3. 你如何看待荣誉在老年服务中的作用？

工作任务分解与实施

　　荣誉是老年服务伦理的重要范畴之一。它与义务、良心、正义有着十分密切的联系，具有重要作用。

一、了解荣誉的内涵

　　一般认为，荣誉是特定人从社会或集团等特定组织获得的专门性和定性化的积极评价，是对道德行为的肯定和褒奖。分为个人荣誉与集体荣誉，个人荣誉是集体荣誉的体现与组成部分，集体荣誉是个人荣誉的基础与归宿。

　　荣辱观念自古有之。"荣辱观是德性的内核。"荣辱观是人们对荣与辱的根本观点和态度，受一定社会的风尚、习俗和传统的影响。

二、了解荣誉的特征

作为伦理范畴，荣誉具有其不同于名誉等概念的特征。

(一)特定性

作为社会评价，荣誉具有一定的特定性。

名誉是人权的基本内容，是人作为人与生俱来的属性，是不可剥夺的，名誉的来源于公众。而荣誉，荣誉是由政府、社团、所属单位或其他社会组织与集体授予特定人的，是对特定人强烈的肯定与褒奖。

(二)积极性

荣誉作为一种特定的社会评价，是对特定人的肯定与褒奖，是对特定人积极的评价。名誉与声誉却不同，是社会公众对特定人的品行、思想、能力、才华等的综合评价，既包括积极方面的评价，又包括消极方面的评价。因此，荣誉在具有特定性的基础上，还具有积极性。

(三)正式性

由于评价主体的不同，荣誉与名誉的正式程度也有很大的不同。名誉的评价主体是社会公众，而社会公众给予的评价，具有一定的自由性、随意性。荣誉则不同，其评价主体是特定的社会组织，它必须是特定组织对特定人某一方面的突出贡献或表现所做出的正式肯定与褒奖的评价。

(四)变化性

荣誉，是可以被剥夺的，也是随着时代的变迁而不断变化的。荣誉是特定组织颁发的，如果有相反的证据是可以剥夺的。

荣誉具有明显的时代性，受统治阶级影响较大，所以具有变化性。例如，在原始社会，诚实劳动、履行氏族义务、遵守氏族风俗习惯就是这个阶段荣誉范畴的主要内容。在奴隶社会，奴隶主阶级与奴隶阶级的荣誉观截然不同，奴隶主阶级把自己所拥有的奴隶多少、自己的身份与特权当作衡量荣誉高低的标准；而奴隶阶级则把反抗奴隶主统治当作拥有荣誉的基础。在社会主义社会，真正的荣誉应该是忠实地履行自己的道德义务，全心全意地为广大人民服务，以对人类做出贡献而得到内心的满足与欣慰。

三、认识荣誉在老年服务工作中的作用

同所有行业一样，给予老年服务工作人员相应的荣誉，是很有必要的。荣誉在老年服务工作中的作用主要有如下几方面。

(一)荣誉对老年服务行业发展有明确的导向作用

老年服务从业人员获得的荣誉，将会对整个老年服务行业的发展有明确的导向作用。人们在这个领域或这个方面获得了荣誉，就会引导从业者在这个方向上更加努力，从而引导整个老年服务行业的发展。

(二)荣誉对老年服务从业人员群体具有激励作用

荣誉的获得，会对老年服务从业人员群体起到很大的激励作用。在马斯诺的需求理论中，我们发现，人类的最高需求是自我实现的需求。在老年服务从业人员中，荣誉的激励是很有必要的。典型与模范的确立，会对老年服务从业人员群体的发展有很好的激励作用。

(三)荣誉对提高老年服务行业的整体质量和水平具有促进作用

荣誉的给予会提高老年服务行业人员的主人翁意识，促使他们将工作上升到一种道德的责任与重要的心理品质，就会全心投入、积极贡献，引导整个老年服务行业的整体质量与水平得到长足的发展与提高。

在前述工作任务描述中，作为一名光荣院的职工，张吉厚在平凡的岗位上任劳任怨，默默奉献。在他身上，我们看到了二十多年如一日的坚持，看到了强烈的事业心、责任感，看到了中国共产党党员的先进性，更看到了社会对他的肯定与褒奖。正是这种超越物质的荣誉促使他在平凡的岗位上做出不平凡的业绩，一心一意地为老人服务工作奉献力量。

 拓展训练

2006年到2013年8年间，由"好闺女"到"好儿媳"的转变使郭欣欣这个年轻的80后再次被更多的人传为佳话，成为新一代年轻人学习的楷模。不仅如此，郭欣欣还把孝亲敬老作为一种事业，她把这种精神和孝心由家庭延伸到社会。2012年1月，郭欣欣召集身边有孝心的亲朋好友组建了"欣欣孝亲敬老志愿者服务队"，先后为附近村庄100余名五保户、孤寡残疾老人和流浪人员提供了义务帮助和服务。郭欣欣说："社会用爱心温暖了我的家，我愿用我的一切温暖人间"。河南日报、河南电视台、焦作日报、焦作电视台等新闻媒体报道了她的感人事迹。郭欣欣也先后获得"河南省十大敬老楷模""河南省三八红旗手""第四届河南省道德模范"等荣誉。

1. 讨论在郭欣欣的身上拥有什么样的荣誉特征？
2. 思考郭欣欣事迹在社会上的影响？

 推荐阅读

1. 郑州文明网，http://zz.wenming.cn/wmzz_xwzx/201211/t20121102_403693.html
2. 上海市老龄科学研究，http://www.shrca.org.cn/en/4461.html
3. 中国文明网，http://gz.wenming.cn/zt/20140501_festival/

任务四
认知幸福

学习目标

> **知识目标：**了解幸福的相关概念；
> 　　　　　　掌握幸福的本质特征。
> **能力目标：**具有正确的老年服务幸福观理念。

工作任务描述

2012 年度东华大学"小故事 大精神"学生典型代表乔博。

乔博，男，甘肃灵台人，现就读于东华大学旭日工商管理学院信息系统与信息管理专业。他是一名平凡而渺小的东华大学学生，却拥有一颗炽热而善良的心灵，他用一双看似单薄却又无比有力的手臂撑起了一片爱的天空，义务支教、关爱留守、保护环境、扶贫助困、照顾孤残……哪里有志愿者活动，哪里就有他的身影，大学四年期间他已参加过上海世博会、上海国际电影节、上海科技馆等志愿者活动 100 多项，累计服务时间高达 900 多小时，以优质的服务为当代中国大学生赢得了国际声誉，并且在 2011 年 12 月 5 日（国际志愿者日）接受了中国中央广播电台的采访，他的志愿者事迹亦在新闻联播阶段播出。截至目前，他的志愿者事迹已被人民网、凤凰网、新浪网、腾讯网、中国新闻网、甘肃新闻网、解放日报、××青年报等多家国内主流媒体进行了报导。他以身作则，践行爱与责任，传播志愿者精神，在他的影响下，累计带动 4209 人次的同学投身志愿者服务，组织了大型志愿者活动 146 次，而且多次义务献血，用滴滴热血为患者撑起了一片生命的蓝天，被同学们亲切地称作"知名志愿者、党的好儿子、人民好公仆"。"赠人玫瑰，手有余香"，面对这一切，乔博觉得做志愿者很幸福。

问题思考：

1. 幸福是什么？
2. 幸福具有哪些基本特点？
3. 正确的幸福观在老年服务中的作用？

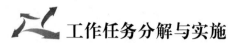

工作任务分解与实施

幸福是老年服务伦理的重要范畴之一。

一、了解幸福的内涵

幸福是相对而言的，不同的环境，不同的经历，不同的年龄层次，其对幸福的定义是不同的，对幸福的需求也是不同的。也就是说，幸福要因人而异，人的需求不同，幸福的指数也就不同。"积极心理学"之父马丁·塞利格曼把"幸福"划分为三个维度——快乐、投入、意义。每个维度的幸福都是好的，但是将浅层次的快乐转化为深远的满足感和持久的幸福感是一件益处更大的事情。

幸福是一种心理体验，既是对生活的客观条件和所处状态的一种事实判断，又是对生活的主观意义和满足程度的一种价值判断。

中西哲学家对"幸福说"有不同的意见，有的主张"精神的快乐为幸福"；有的主张"个人的快乐为幸福"；有的主张"全体的快乐为幸福"的感觉。杨格认为："真正的幸福，双目难见。真正的幸福存在于不可见事物之中。"在雷锋看来："我觉得人生在世，只有勤劳，发奋图强，用自己的双手创造财富，为人类的解放事业——共产主义贡献自己的一切，这才是最幸福的。"而马克思这样说道："如果我们选择了最能为人类福利而劳动的职业，那么，重担就不能把我们压倒，因为这是为大家而献身；那时我们所感到的就不是可怜的、有限的、自私的乐趣，我们的幸福将属于千百万人，我们的事业将默默地、但是永恒发挥作用地存在下去，而面对我们的骨灰，高尚的人们将洒下热泪。"

其实，生活中的幸福很简单，不是金钱，不是权力，而是一些小小的细节。家人能在一起吃饭是幸福，拥有一个完整的家就是幸福。每个人身边都有幸福。幸福有时候只是那一瞬间的感动，会让一个人一直痴迷于此，幸福就是满足，幸福就是知足！一句话，幸福是心灵的慰藉与满足，与金钱、权力、地位无关。

幸福是心灵深处的慰藉与满足。幸福是人类的共同追求。不同文化背景的人，其幸福观和幸福感是不一样的。追求幸福是每个人的权利。但任何人对幸福的追求，都不能以损害他人的幸福为前提。只有为更多的人带来幸福的人，才是伟大而高尚的人。

二、了解幸福的基本特征

幸福的问题是马克思主义哲学最为关注的问题之一，马克思主义哲学认为，幸福的基本特征分为四点：①主观性与客观性的统一，②物质生活与精神生活的统一，③享受与劳动的统一，④个人幸福与社会幸福的统一。此外，马克思主义哲学认为人类幸福的根基源自现实生活世界。马克思的幸福观理论对当代人树立正确的幸福观也有重要的指导作用。

幸福的实现要有社会经济关系做提供，每个人的幸福都深深扎根于当时的社会经济基础，并随着经济社会的发展而不断发展。

（一）物质生活与精神生活的统一

在马克思以前的幸福观，往往把物质生活和精神生活割裂或对立起来。这些幸福观尽管形形色色，但归结起来，最主要的有两大类：一种是把幸福归结为禁欲主义，认为人的物质欲望即为邪念，肉体的需要即为罪恶，必须加以压抑和禁止；另一种是把幸福归纳为享乐主义，强调个人的物质享受，否定健康的精神生活。

马克思主义幸福观认为人对其生存享受和发展的客观条件的依赖和需求，完全是正当的，满足正当需要是人不可剥夺的权利，一切压抑人的正当需要的行为，都是违背人性的。需要特别指出的是，马克思主义充分肯定人的正常需要，绝不仅仅是指满足人们物质生活的自然需要，还包括满足人们社会生活以及精神生活的社会需要和精神需要。人的自然需要主要指人的生理需要，如吃、穿、住等；人的社会需要包括人的政治的、经济的以及发展需要等；人的精神需要包括归属需要、认同需要、自尊需要等。

(二)主观性与客观性的统一

主观性与客观性的统一是幸福的基本特征之一。幸福的主观性强调的是不同时代、阶级以及不同生活目标和理想的人有着不同的幸福观，显示着幸福的个体性；幸福的客观性强调的是人们需求的满足，是整个历史发展的结果，不能脱离具体的物质生活条件和精神生活条件。这种主观性和客观性统一的基础是人的实践。

首先，幸福的客观性决定了幸福的主观性，幸福的主观性依存于幸福的客观性。

其二，幸福的实现，要通过主体与客体的双向运动。幸福离不开人的主观体验。但是，追求幸福的欲望本身并不是幸福，人们只有通过实践活动，使追求幸福的主体欲望与客体结合，即通过主体客体化与客体主体化的双向运动，使欲望得到满足，才能获得幸福。

其三，幸福的主观性和客观性会随着实践的发展而发生变化。一方面，随着社会发展和人类进步，享受需要和生存需要的对立将会逐步消失。另一方面，社会历史的发展，社会物质生活条件和精神生活条件的改善，将极大地充实和扩展人类幸福的内涵，并因此提升人类幸福的质量。

(三)享受与劳动的统一

幸福范畴不仅包含着对物质生活和精神生活的享受，更重要的还在于通过劳动对物质生活和精神生活的创造。人的需要不仅指向能够满足其需要的物质生活和精神生活条件，而且指向生产这些物质财富和精神财富的劳动本身。劳动是幸福的源泉。人们不仅通过劳动创造适合需要的对象物，从而满足自己的需要，而且通过劳动产生新的需要，引起新的需求，创造新的幸福。

(四)个人幸福与社会幸福的统一

"人始终是社会的人"是马克思主义历来认为的观点，人的本质同社会的本质始终是不可分割的。个人的幸福与社会幸福互相联系、互相依存。社会幸福决定个人幸福，个人幸福丰富社会幸福。个人幸福的真正实现，不仅有赖于彻底改造社会政治经济制度，而且有赖于社会物质和精神生产力的提高，有赖于社会物质文明、精神文明和政治文明的建设和发展。

三、了解正确的幸福观在老年服务中的主要作用

树立正确的幸福观是老年服务从业人员做好各项工作的前提。在服务中找寻幸福感

是老年服务从业人员做好本职工作，克服困难，提升自身素质和壮大老年服务产业的基础。

（一）树立正确的幸福观，是老年服务人员做好本职工作的重要前提

拥有马克思主义幸福观，老年从业人员就会将自己的个人幸福与社会幸福结合起来；将幸福的主观性与客观性结合起来。就会全心全意地投身于为老年服务的职业中，做好服务的本职工作，在为老年人创设更好的生存条件之余，实现自己的人生价值与幸福。相反，如果幸福观不正确，就会缺乏职业幸福感、荣誉感与责任感，就无法做好本职工作，也无法获得幸福。

（二）树立正确的幸福观，是老年服务从业人员克服困难的精神支撑

老年服务工作是一项非常特殊的工作，经常会遇到来自老人及其家庭的各方面带来的困难，加上自身的处境，可能会在日常的工作中感受到挫折与困惑。在这种情况下，正确的幸福观显得特别重要，保持良好的心态，在克服困难与服务中找到人生的航向。在挫折中锻炼从业人员的意志与胸襟，把正确的幸福观当做克服困难的强大精神支撑，在工作中找到自己，找到幸福。

（三）树立正确的幸福观，是老年服务从业人员提升自身素质与壮大老年服务产业的促进力量

老年服务从业人员自身素质的提高与老年服务产业的壮大与正确的幸福观有很大关系。目前，全世界的老龄化趋势日益加剧，中国也不例外。在这样的现实状况下，老年服务工作变得格外重要。我国相关部门已经制定了与老年服务行业相关的政策，为老年服务行业的发展创设良好环境，预设美好未来。未来，我国的老年服务相关行业将急需大量的高素质、能力强的工作人员。

正确的幸福观将促使老年服务从业人员提高自身素质，在繁重的工作中树立先进理念，在工作中敬业、乐业、精业和兴业，适应未来的老年服务行业的发展需求，并进一步促使老年服务行业的壮大。良好的职业伦理道德有助于财富的获得、生活质量的提高和幸福指数的提升。

 拓展阅读

"你幸福吗？"

2012年中秋、国庆双节前期，中央电视台推出了《走基层百姓心声》特别调查节目"幸福是什么？"。央视走基层的记者们分赴各地采访包括城市白领、乡村农民、科研专家、企业工人在内的几千名各行各业的工作者，"幸福"成为媒体的热门词汇。"你幸福吗？"，这个简单的问句背后蕴含着一个普通中国人对于所处时代的政治、经济、自然环境等方方面面的感受和体会，引发当代中国人对幸福的深入思考。

 拓展训练

《中国好人小传》上榜名单中有一位普通农村妇女叫廖月娥，也照顾赡养四位无亲无故的残疾乡邻和孤寡老人，为他们养老送终，不是三天两日，而是上万个日日夜夜，三十年如一日。有人对此不理解，说她傻。她总是淡淡一笑说："这些孤苦无依的人总是需要人照顾的，只要我做得动，多做一些有什么关系呢?"面对老人的微笑、两个儿子的懂事与支持，她觉得生活很幸福。

请问：

1. 廖月娥的事迹体现了怎样的幸福观?

2. 你怎样看待廖月娥的幸福观?

 推荐阅读

1. 中国好人小传，第 274 期，http：//www. wenming. cn/

2. 新浪微博：共产党人的幸福观，http：//blog. sina. com. cn/

3. 新浪微博：我之幸福观，http：//blog. sina. com. cn/s/blog _ 4ff3865e01010wd4. html

项目四　掌握老年服务伦理要求

 项目情景聚焦

　　老年服务工作人员的工作在心理和行为上要符合老年服务伦理的基本要求，主要是尊重关爱、服务至上、遵章自律、敬业奉献等。深刻认识到这些要求的价值所在，老年服务工作才能做得更加自觉，更加热情，更加到位，更加受欢迎。

任务一

懂得尊重关爱

学习目标

知识目标： 理解尊重关爱的基本内涵及其对老年服务从业人员的要求；
　　　　　具备尊重、同情、理解、关爱老年人的正确理念。
能力目标： 能切实理解老年人的真实想法，尊重老年人的人格和合法权利。

工作任务描述

　　在南京六合区独居的赵大娘今年76岁。老伴多年前离世，儿子在外地工作。想着老人年事已高，儿子希望接她和爱人、孩子同住。但赵大娘去儿子家住了几天，说什么也不住了。老人说，在儿子家住，太闷了，啥也不让干，孩子不让带，碗也不让洗，不能大声说话，卫生不让收拾，下楼也不方便，就整天坐着，憋得慌。所以住了几天说啥也不住了。为了照顾好老人起居，儿子为赵大娘申请了上门居家照护，小王作为服务人员上门照护赵大娘生活。

问题思考：

1. 如何评价赵大娘的"憋得慌"？
2. 赵大娘对照护服务可能有哪些要求？

工作任务分解与实施

　　"尊老爱幼"是我国的传统美德。尊重关爱是老年服务人员与老人之间和谐相处、营造良好人际关系的基本道德原则。尊重关爱包含着服务人员对老年人的一种深厚人道关怀，是对老年服务伦理的最基本要求之一。尊重关爱是一种境界，更是一种态度。

一、了解尊重关爱的基本内涵

　　尊重指敬重、重视。关爱指关心、爱护。尊重关爱的基本内涵是指尊重老人的人格尊严、兴趣爱好、生活习惯以及老人为人处世的观念、态度和方式，从内心深处关心爱护老人的一种道德修养方式。

二、尊重关爱的社会动因

2002 年联合国大会通过的《国际老龄行动计划 2002》，呼吁各国政府和部门要实行"积极老龄化"的行动纲领，其思想和行动中的一个关键理念，就是"尊重老人、关爱老人"，认为"尊敬年长者和老年人是世界所有国家和地区传统文化中少数不变的价值原则之一"。

首先，老年人是社会发展的推进者和贡献者。文明社会的传承和人类世代的交替，是前人开拓和奋斗的结果。老年人是智慧、权威和尊严的象征；是社会发展的推进者与贡献者；是家庭、社会和谐与稳定的重要力量，是社会的宝贵财富。国际社会提倡"促进公众承认老年人的权威、智慧、作为和其他贡献。尊重和感激老年人。"

其次，老年人是时代主流社会发展中一支不可忽视的力量。许多的老年人阅历深广、经验丰富、技术精良，有成熟的判断力。老年人不仅有参与社会发展的愿望，也是创造新的社会价值和经济价值的宝贵资源。"水稻杂交之父"袁隆平进入耄耋之年，为实现大面积水稻亩产超过 1000 公斤的目标仍然奋战在科研前沿。2008 年 5 月 12 日四川汶川大地震时，我国政协常委、全国水利工程设计大师——72 岁的徐麟祥，跋山涉水 33 个日日夜夜，在汶川灾区对大坝水库裂缝、渗水、险情等进行全面排查，提出多项防震、救灾的好建议，出色地完成了任务。社会要认识和支持老年人参与社会实践的合理性、合法性、可行性和重要性，并为他们的积极参与实践，尽可能给予支持，提供可能的机会和条件。

再次，尊重关爱是应对人口老龄化高峰的积极准备。解决人口老龄化问题要有足够的提前量。尊敬和关爱老人不仅是为了今日老年人的需要，更是为了应对明天人口老龄化高峰到来的准备。人们把解决今天的人口老龄化问题比作是"抢险救灾"，把着眼于解决明日社会人口老龄化问题比作"筑堤防洪"。提倡要"抢险救灾"与"筑堤防洪"并重；但认为"筑堤防洪"具有未雨绸缪的重要意义，要更重于"抢险救灾"。

三、掌握尊重关爱的实践要求

目前我国 60 岁以上的老年人已超过一亿，并以年均 30％左右的速度递增。我们中华民族历来有敬老、爱老的优良传统，发扬尊重、关爱老年人的美德，让他们幸福快乐地安度晚年，是全社会的共同责任。

首先，尊重关爱老年人，就要尊重和保障老年人的合法权益。《中华人民共和国老年人权益保障法》第三条明确规定："老年人有从国家和社会获得物质帮助的权利，有享受社会服务和社会优待的权利，有参与社会发展和共享发展成果的权利。禁止歧视、侮辱、虐待或者遗弃老年人。"

其次，尊重关爱老年人，就要尊重他们的生活习惯，理解他们的精神要求，营造和睦友爱的家庭氛围。老年人的婚姻自由受法律保护，子女或者其他亲属不得干涉老年人离婚、再婚及婚后的生活。老年服务工作中，要尊重老人的人格尊严、生活习惯和思维方式，不做有损老年人人格尊严的事情。

再次，尊重关爱老年人，就要在平时生活中关心照料和体贴老年人。对待老年人要有礼貌。工作中要注意形象和文明用语，态度温和，说话和气。尊重他们的生活习惯，在各种事务上同他们进行协商，以关爱的方式同他们谈话，消除他们生活上的困难；适当地赞扬老年人，使他们感受到对他们的重视等。要一视同仁，平等相待，避免把职位高低、权力大小或拥有财富的多少与尊重关爱程度画等号。

尊重是相互的，谁都希望被尊重，不管老年人和你是否有关系，都应该抱以一份尊敬之心、关爱之心。我们这么做只是为了能在未来的某一天，当我们的父母进入老年，在同样的情况下，其他人能同样尊重关心他们。如果全社会都能尊重、关爱老年人，就能实现"老有所养、老有所医、老有所为、老有所学、老有所乐"的社会发展目标。

小贴士：尊重关爱的名言

故人不独亲其亲，不独子其子，使老有所终，壮有所用，幼有所长。

——《礼记》

人受到震动有种种不同：有的是在脊椎骨上；有的是在神经上；有的是在道德感受上；而最强烈的、最持久的则是在个人尊严上的。

——约翰·高而斯华馁

拓展训练

1. 尊重老年人、关爱老年人、照顾老年人，为什么是中华民族的优良传统和社会文明进步的重要标志？

2. 如何从老年人的实际需求出发，关爱老年人，尊重老年人，打造老年人的精神乐园？

请同学们分组讨论、分析，并以小组为单位展示讨论结果，或角色扮演评估过程。

任务二
懂得服务至上

学习目标

知识目标：理解服务至上的基本内涵，明确自己的工作性质；
　　　　　确立"服务至上、老人第一"的理念。

能力目标：能把为老年人提供优质服务作为第一要务。

工作任务描述

中秋节到了，一大早，独居的83岁的许大爷还和往年一样起得比平日早，吃过早饭后，就把早已准备好的月饼、瓜子、花生和水果等各种食品一一摆好，等待在外地工作的儿子回家共度中秋。10点多的时候，儿子打来电话，告诉老人，单位要加班，不能回家过中秋了。这让一心期待一家团圆的许绍惠老人失落极了。本来已推掉上门服务的小王，又接到了许大爷的电话，要求他下午四点半到家里来照顾许大爷。

问题思考：

1. 小王对团圆愿望落空的许大爷需要做哪些准备工作？
2. 小王如何帮助许大爷度过一个愉快、祥和的中秋节？

工作任务分解与实施

一、了解服务至上的道德内涵

"服务"在古代是"侍候、服侍"的意思。

伦理学意义上的"服务"行为是一种"义务"行为，但不是所有的义务行为都可称之 为人类至善的"美德 "。康德曾把人的义务行为分为"符合义务的行为"和"以义务为动机的行为"两种，认为前者源于合法建立起来的外在权力的压力，但个人良心也承认了它的权威性，这种义务行为有一定的被动性和强迫性；后者则源于个人的良心自愿，是个人出于对道德原则的义务感，自主地去做那些自觉意识到的应该做的事情。

"以义务为动机"的服务行为才是追求至善美德、美满人生的道德实践，如"为人民服务"。

　　老年服务的工作性质和特点，内在地包含以追求真善美为目标的道德践行。因而，"服务至上"是老年服务伦理道德的重要体现和内在要求。服务至上的基本内涵是：在符合行业标准或部门规章的前提下，所提供的服务能够最大限度地满足服务对象的合理需求和期许值，并保证较高的满意度。

二、理解服务至上的社会价值

　　服务至上的社会价值在于：发展老年服务业，满足老年人的需求，帮助这一社会弱势群体，不至于因为退出劳动队伍而降低生活水平，不至于因为社会变革、利益调整而被边缘化，使他们始终能够融入社会大家庭幸福地生活，从而促进和谐社会的建设。服务至上的经济价值在于：满足老年人消费需求是一个价值创造过程，能够促进产业结构优化，拉动消费增长，开拓新的市场，提供就业机会。还有一点需要注意，老年服务事业具有社会福利性质，老年服务业有其特殊的价值表现形式和价值交换规律。发展老年服务业，低偿或无偿为老年人提供产品和服务，这既是政府和社会的义务，也是对老年人过去为经济和社会发展所创造价值的回报，是老年人的权益。

三、掌握服务至上的实践要求

（一）学会倾听

　　服务人员在服务老人过程中，经常需要与老人沟通交流，学会倾听，这是与老人实现良性互动的前提。那么如何正确地聆听老人所传达的信息呢？一是表现出兴趣，不要打断对方，体会背后深意，并加以复述，让对方感觉到被接纳。二是不要急于下结论，应努力弄清楚老人传达的信息，注意对方的肢体语言，要全神贯注聆听，不要做其他无关的举动。三是要控制自己的情绪，无论如何都要保持冷静，把握谈话的主要方向，不要钻牛角尖。四是边听边思考，分析老人传达的信息，适当表达自己的观点也很重要，不要让对方觉得在自说自话，等等。

（二）耐心服务

　　对待老年人，不管是身心健康的还是体弱多病的，是心胸开朗的还是孤僻多疑的，甚至是精神失常、愚钝痴呆的，都要像对待亲人一样，耐心服务。

　　生活服务上：每日到老人家敲门问候，了解老人需求，帮老人买菜、做饭、做家务、陪老人洗澡等，照顾老人的日常生活。

　　精神服务上：定期陪老人聊天交流，给老人讲故事、读书读报，陪老人散步、游览，参与适宜老年人的文化娱乐活动，丰富老人的精神文化生活。

　　健康服务上：为老人建立健康档案，定期为老人体检，老人生病时能够得到及时医疗和照顾。

　　应急服务上：宣传防灾避险、疏散安置、急救技能等应急处置知识，为老人提供抢险救援、设施抢修等应急救助服务。

(三)不与老年人争辩

老年人，尤其是身体有病的老人，脾气一般不大好，爱急躁，身体偶有不适便觉大祸临头。遇到事，眼前必须有人，否则就大发雷霆，似乎他们的事才是大事。服务人员在工作中，要避免与这样的老人争辩。老年人的观点不一定正确，尤其对现实，这也看不惯那也看不惯，服务人员必须理解到他们的观点都是随口说说而已，不是原则问题，更不会危害到他人或社会。在任何时间、任何地点，无论遇到任何事由都不与老人争辩。不管老人说什么，只需微笑，并且欣然同意。老人喜欢和与自己看法相同的人打交道，他们不喜欢和爱抬杠的人相处。

 拓展阅读

"服务"的英文释义分析

服务的英文"Service"，这个词的每一个字母都代表特定含义。这些含义实际上都是对服务人员的行为语言的一种要求。这些含义可以理解为微笑、出色、准备好、看待、邀请、创造、眼光。

S-Smile 微笑：服务人员要对每位工作对象提供微笑服务。

E-Excellent 出色：服务人员要对每一项细微的服务工作都要做得很出色。

R-Ready 准备好：服务人员要随时准备好为工作对象服务。

V-Viewing 看待：服务人员应该正确看待服务。

V-Inviting 邀请：服务人员在每一次服务结束时都要热情告知工作对象。

C-Creating 创造：服务人员要精心创造出使工作对象能享受其热情服务的氛围。

E-Eye 眼光：服务人员要始终用热情友好的眼光关注工作对象，预测工作对象需求，及时提供服务，使工作对象时刻感到服务人员在关心自己。

 拓展训练

一名老年服务工作者早晨起来发现3岁的女儿发高烧，病情严重。但她丈夫出差在外，眼前也没有合适的人可以照看女儿，而她自己已经提前约了服务对象当天上午要进行一次非常重要的面谈。

请问：

她应该怎么办？是履行母亲职责，照顾女儿，还是履行工作责任，去见服务对象？请同学们分组讨论、分析，并以小组为单位展示讨论结果，或角色扮演评估过程。

任务三
懂得遵章自律

学习目标

知识目标：学习和遵守有关尊老、敬老和维护老年人权益的法律、法规；
　　　　　明确遵章自律的基本要求。

能力目标：具有法律知识和法律意识，树立严格的法制观念，恪守法纪；
　　　　　自觉严格自我约束，遵守和维护老年服务工作规章和各类守则。

工作任务描述

　　家住南宁某小区的 75 岁的李大娘三年前意外摔倒，导致半身不遂，虽然神智还比较清楚，但饱受病痛折磨。因为儿子、女儿工作很忙，无法照料她，他们为她申请了 24 小时的轮流照看服务。有一天她告诉服务人员，她不想拖累儿女，积攒了一些安眠药想结束生命，请服务人员一定要帮助她，她感谢服务人员对她的关照，并恳请不要阻拦她，被服务员小王婉言拒绝。第二天，小王按照安排，早上 8 点仍到李大娘家提供上门服务。

问题思考：

1. 假如你是小王，当李大娘再次恳请你帮忙结束生命时，你该怎么办？
2. 你如何通过自己的服务，使老人满意？

工作任务分解与实施

一、了解遵章自律的基本内涵

　　遵章自律的基本含义是遵循法纪，自我约束，是指在没有人现场监督的情况下，通过自己要求自己，变被动为主动，自觉地遵循法度，拿它来约束自己的一言一行。遵章自律并不是让一大堆规章制度来层层地束缚自己，而是用自觉的行动创造一种井然的秩序来为我们的学习生活争取更大的自由。

二、了解遵章自律的社会意义

(一)遵章自律是对个人道德品质的内在要求

马克思曾说："道德的基础是人类精神的自律。""一个能够遵守纪律的人，乃是自己的主人。"遵章自律是一个人的优良品质。一个人要担负起责任，没有这种品质是不行的；一个人如果想很好地为自己的团队服务，也必须具备这样的品质。遵章自律之所以这样重要，就因为它是一个优秀人才必备的素质，也是任何人都希望具备的。

(二)遵章自律是维持社会秩序和推动可持续发展的重要因素

孔子讲："随心所欲而不逾矩。"古今中外，维持社会秩序和推动可持续发展离不开道德和法律两个约束条件。一方面，任何社会要想处于稳定协调富于活力的状态，无论哪一方面都离不开道德的宣化与规范，否则，法制再严、法典再全也会有缺陷。并且，道德又常常直面每个人的内心，诉求人的良知，更直接地内化为人们的思想，从而为社会秩序的维系提供最本质的动力和理性，使人们自觉服从。法律只是起到约束和限制作用，而道德才是起主导作用的。社会稳定的根本保障只能是人们发自内心的约束。同时，遵章守纪还是一个人对社会规则的认同；是对他人的尊重；可以让人与人的交往更加和谐，使社会发展更加有序。

三、掌握遵章自律的实践要求

(一)掌握法律知识和相关规定

在依法治国的今天，老年服务人员必须具备相应的法律知识。法律法规不仅是进行老年服务的依据，也是老年服务从业人员自身行为的准则和维护服务对象及自己权利的有力工具。从业人员应掌握劳动合同法、劳动法、消防法等重要法律知识和相关的法律规定，尤其是有关老人方面的法律知识，如关于安乐死的法律规定、关于子女赡养老人的法律等。老年服务人员还要了解老年人应享有的特殊权益、参与

社会发展的权利。老年服务人员也应正确认识自己的法律地位、法律权利、法律责任，做到知法、讲法、守法，不仅在养老服务中注意运用法律知识，而且在自己的工作和生活中增强法制观念，遵守法律规定，履行法律义务，杜绝违法行为。

(二)严格自我约束

老年服务人员严格自我约束，就是对自己的言行有意识地进行控制和管束，使之符合老年服务职业道德的要求。自我约束包括思想、情绪、言语诸多方面。其中思想上的自我约束决定着其他方面的自我约束。情绪和言语上的自我约束是思想上的自我约束的外在表现形式。老年服务人员在繁忙工作之余，要按照法律、法规和老年服务规章制度的要求约束和规范自己的言行，能够正确处理日常工作中的矛盾和冲突，在守法、护法的同时做到有理、有利、有节，既要防止浅尝辄止应付差事，又要防止过犹不及，影响工作的实际效果。通过创造一个文明、安全、舒适、愉快、便利的养老环境，以良好的职业操守和优质的专业服务，维护养老机构和涉老服务组织的行业形象。

拓展阅读

安乐死

安乐死(Euthanasia)一词源自于希腊语"美丽的死"，又称安乐术，或称怜杀(Mercykilling)。意指对于死期迫在眼前而有难忍的、剧烈的身体痛苦而又患有不治之症的病人，应其真挚而恳切的要求，为了使其摆脱痛苦而采取人道的方法让其安然死去的行为。根据一般的安乐死分类方法，安乐死可分为积极安乐死和消极安乐死，还可以分为自愿安乐死、非自愿安乐死和无法知悉本人意愿的安乐死(如病人为婴儿或植物人等)。积极安乐死是指采用积极的措施去结束垂危病人弥留在痛苦之中的生命，具体做法是给病人注射毒剂或给服毒性药品等。

 拓展训练

在学校或福利院中，服务对象偷偷告诉社会工作者，他亲眼目睹了另外一个男孩打骂欺负一个女孩，而打骂者也清楚只有该服务对象知道此事，并威胁他不准告发。服务对象特别嘱咐社会工作者不能向外人透露此事。如果你是这个社会工作者，你会怎样做？

请同学们分组讨论、分析，并以小组为单位展示讨论结果，或角色扮演评估过程。

 推荐阅读

1. 全国人大常委会办公厅. 中华人民共和国老年人权益保障法(最新修订本)[M]. 北京：中国民主法制出版社，2013

2. 李惠. 生命、心理、情境：中国安乐死研究[M]. 北京：法律出版社，2011

任务四
懂得敬业奉献

学习目标

知识目标：认识敬业奉献在老年服务工作中的价值；
　　　　　明确敬业奉献的基本要求。

能力目标：严格要求自己，热爱本职工作，耐心细致照顾老人。

工作任务描述

某养老院86岁的陈绍周老人患有老年痴呆症，他的儿子说，老人不愿意来这儿，但他们工作太忙了，只能送到养老院。每次儿子探望陈绍周后，老人望着儿子远去的背影，泪流不止，但一言不发。手却开始不停地全身抓挠，抓出不少的血痕。小兰是负责照护陈绍周的专业护理服务人员，今天轮到她照护老人。

问题思考：

1. 小兰对陈绍周老人的照护需求可做哪些准备工作？

2. 小兰在照护老人的过程中，需要注意哪些问题？

工作任务分解与实施

一、了解敬业奉献的基本内涵

中国古代思想家就提倡敬业精神，"敬业"早在我国古代《礼记·学记》中就以"敬业乐群"明确提了出来，孔子称之为"执事敬"。宋朝朱熹说，"敬业"就是"专心致志以事其业"。所谓敬业，就是用一种严肃的态度对待自己的工作，勤勤恳恳、兢兢业业，忠于职守，尽职尽责，表现为对本职工作的一丝不苟，高质量，创造性地完成工作任务。奉献是和敬业紧密联系在一起的。所谓奉献，就是一心为他人、为人民、为社会、为国家、为民族做贡献。奉献是在自始至终贯穿着敬业等优良职业道德品质长期积累的基础上产生的。

老年服务工作敬业奉献的基本内涵是：忠于职守，履职尽责，态度严肃认真，有自我牺牲精神，想老人之所想，急老人之所急，高标准、创造性地完成工作任务。

二、理解敬业奉献的重要意义

敬业是党的十八大报告立足公民个人层面提出的社会主义核心价值观中的一项重要体现。敬业奉献，是一种重要的职业精神。

(一)敬业奉献是老年服务职业伦理道德的基础和核心

敬业奉献是老年服务伦理道德最基本、最起码的要求，是实现老年服务伦理道德规范的前提条件之一。敬业奉献决定职业表现。只有一个真正敬业奉献的人，才会将老年服务工作视为人生的、神圣的事业追求，遵守老年服务纪律和道德规范，将自身的毕生精力和智慧用于老年服务事业，才能认真履行每个岗位所承担的社会责任。无论是一个时代还是一个民族，都需要从业者具有强烈的职业荣誉感和职业责任心，形成高尚的职业信念和职业品质，使忠于职守、敬业奉献精神成为推动社会发展的精神动力。敬业奉献的人越多，敬业奉献精神越强，这个社会发展就越快。

(二)敬业奉献是实现老年服务职业目标的重要内容

每一个人都希望把自己造就成为优秀的人才，而优秀的人才首先要养成敬业奉献的职业态度。因为敬业奉献的职业态度能激发求知欲望，从而以社会的需求来确定自己的职业目标，把为老年人服务、造福社会作为自己的人生志愿，能激励老年人服务人员自觉按照社会发展的需要确立自己的职业道路，有利于职业目标的实现。同时，老年人服务人员在充分认识到自己所从事的职业在整个社会中的重要性和必要性时，能激发从业的幸福感和荣誉感，从而自觉地产生对本职工作的兴趣和爱好，以服务于社会需要为出发点，热爱自己的工作，献身自己的岗位，从而为实现职业目标提供强大动力。

(三)敬业奉献是取得老年服务事业成功的必要素质

人生活动是多方面的，职业活动是最重要的内容。一个人对社会的贡献主要是通过本职工作来实现的。敬业奉献、服务社会是职业道德的基础和核心，也是一种崇高的道德情操，是个人事业成功必须具备的职业素质。朱镕基在就任国务院总理时，曾立下誓言："不管前面是地雷阵，还是万丈深渊，我都将一往无前，鞠躬尽瘁，死而后已。"这就充分体现了一种伟大的敬业奉献精神。

敬业奉献精神对事业成功的促进作用，可以通过以下几个方面体现出来：第一，敬业奉献可以提升人们的事业心。第二，敬业奉献可以提升工作水平。第三，敬业奉献可以提升个人的思想境界。一个敬业奉献的人往往把事业的成功看得高于一切，事事以工作为重，为工作的圆满完成，能摒弃狭隘的功利私念，能着眼于长远的发展，避免急功近利的偏颇之见；为了事业的成功，甘愿冒风险而勇挑重担、忍辱负重而奋斗不止。

> **讨论：敬业奉献容易做到吗？**
> 在现实生活中，一般来说，条件好、工作轻松、收入高的岗位，做到敬业容易。相反，条件较差、工作艰苦、收入不高又远离城市的岗位，做到敬业就不易。另外，有些人特别是青年人心情比较浮躁，对自我缺乏正确的评价，这山望着那山高，随时想"跳槽"，连爱岗都谈不上，何谈敬业！在这种情况下，把敬业作为基本道德规范，就显得格外重要。

三、掌握敬业奉献的实践要求

(一)树立正确的职业观念

社会有分工，职业无贵贱。社会生活中的不同行业、岗位的存在，是社会分工造成的。我们所从事的职业都是为人民服务、为社会做贡献的岗位。刘少奇同志在接见淘粪工人时传祥时曾说过：我是国家主席，你是淘粪工人，我们只是社会分工不同。周恩来同志也明确讲过：我是总理，又是人民的勤务员。这就是无产阶级革命家对于社会主义的社会分工、对于不同职业的社会地位的看法。在社会主义社会，一个人的社会地位、社会荣誉并不取决于他的职业，只要是一心为人民服务，他就会得到社会与人民的承认和尊敬。因此，老年服务工作者应该以正确的态度对待老年服务工作，在各自的岗位上为社会主义现代化建设贡献自己的力量。

(二)热爱本职，扎实工作

热爱本职，扎实工作是敬业奉献的前提。热爱本职是一种职业情感。所谓职业情感是指人们对所从事职业的好恶态度和内心感受。

一个从业人员如果不喜欢自己所从事的职业或没有职业成就感，那么工作对他来说就成为一种包袱，一种外在强制，他的职业活动就将是被动的、消极的、斤斤计较的。反之，如果一个从业人员热爱、喜欢自己的工作，他就会自觉地去钻研业务，并达到乐此不疲的程度，就可能在平凡的岗位上做出不平凡的成绩。

(三)忠于职守，尽职尽责

随着我国社会主义市场经济的发展，从业人员可以根据国家和社会的需要以及个人爱好、志向自由地选择职业。但是你一旦选择了某项工作，就要以高度的职业责任感和自觉性尽职尽责地完成这项工作。要明确自己岗位的职责范围与工作内容，知道应做哪些工作及怎样做，了解本岗位各项工作之间的关系，具有岗位意识和整体观念。玩忽职守、渎职失职是对工作极不认真、极不负责的表现。它不仅影响了本单位的正常活动，而且还会使公共财产、国家和人民利益受到损失，严重的还会构成玩忽职守罪、渎职罪、重大责任事故罪，从而受到法律制裁。

(四)精通业务，开拓创新

精通业务、开拓创新是敬业奉献的根本，也是与时俱进的职业道德要求。一个老年服务从业人员如果业务平平或业务水平低下，光凭热情和爱心，是达不到为老年人服务要求的。要精通业务，从业人员就必须在自己的职业活动中勤奋好学、刻苦钻研、认真总结经验，对自己的业务知识、技能的掌握达到知其然，并知其所以然。换言之，精通业务就是要在业务技能娴熟的基础上把握事物的规律，以达到对业务知识、业务技能运用自如。

精通业务有助于创新，精通业务也是为了开拓创新。同时，仅仅满足于精通现有的业务显然是远远不够的，还需要每个从业人员在职业岗位上推陈出新，不断拓展业务内涵，提高业务活动的品位。换言之，老年服务人员要在精通业务的基础上，主动适应社会需求发展的形势，积极探索，大胆尝试变革现有的工作方法、管理方法，破除思维定式，想别人未曾想到的事，做别人想做而未能做成的事，不怕担风险、受挫折。可以断言，在当代社会只有开拓创新，才能满足社会需求，才能引导需求、创造需求，才能展现职业活动的时代风采。

小贴士：老年服务口号

替天下子女尽孝，为社会家庭分忧。

关爱今天的老人，就是关爱明天的自己。

人生都有夕阳红，代代相承敬老情。

树敬老之风，促社会文明。

拓展阅读

薛晓慧——敬业奉献、关爱老人的新时代楷模

十五年如一日坚持在社会福利院最脏、最苦、最累的一线工作。视"三无"老人和孤儿为亲人，把满腔工作热情，一片儿女般的孝心和慈母般的爱心都奉献给了在院的老人和学生。为了帮助老年痴呆患者排便，薛晓慧亲自用手抠；为了帮助卧病在床的老人，她亲自端屎端尿，从未有半点怨言；为了帮助智障人员提高生活自理能力，她潜心研究了一套独特的训练启智方法。院里来了年轻人，她不仅从护理技能上不厌其烦地反复示范，而且现身说法从思想上积极引导。在她的带领下，认真钻研护理业务，兢兢业业做好服务在福利院蔚然成风。痴呆、智障的老人最难护理，但薛晓慧却从不计较，她连续护理了30多位患病、痴呆、智障老人，并且根据老年人的特点，在日常护理方面，总结归纳出"四边"的护理方法，使得天水市社会福利院的卧床老人护理技术得到了较大发展，卧床老人褥疮发病率显著降低。在她身上，充分地体现了对事业的热爱，体现了敬业奉献的优秀品质，值得人们敬佩和学习。

拓展训练

王阿伯今年80岁，妻子已经过世，本人身体尚好，能够自理。他有3个儿子，都已经结婚成家，并和王阿伯分开居住。由于工作的原因，他们都很少有时间来看望王阿伯，所以三个儿子一起为王阿伯雇了一位钟点工，每天来为王阿伯做饭、打扫卫生。王阿伯最近被诊断出患有脑萎缩，现在处于病情发展的初期。医生说只要按时服药，坚持锻炼，能够控制病情的进一步发展。但是，王阿伯在知道自己患病之后表现得很抑郁，多次表示自己活得没有意思，与其以后变成痴呆症，还不如现在死了算了。

如果你是王阿伯居住社区的老年服务人员，

请问：

你在知道这些情况之后，如何开展工作？

请同学们分组讨论、分析，并以小组为单位展示讨论结果，或角色扮演评估过程。

推荐阅读

1. 李惠. 生命、心理、情境：中国安乐死研究[M]. 北京：法律出版社，2011

2. 陈蓉，李伟长. 临终关怀与安乐死曙光[M]. 北京：工人出版社，2004

3. 敬业奉献 一位老人的最美诠释[N]. 重庆：重庆日报，2014—08—29

项目五　培养老年服务伦理修养

📌 项目情景聚焦

　　老年服务伦理修养包括服务伦理认识的提高、服务伦理情感的培养、服务伦理信念的形成、服务伦理意志的锻炼、服务伦理行为的训练、服务伦理习惯的养成等。老年服务伦理修养，影响并决定着老年服务人员对待老年服务工作及老年人的根本态度，影响和制约着老年服务人员的行为和服务质量。老年服务伦理修养途径主要包括五个方面：一是学习，这是伦理修养的前提指导；二是立志，这是伦理修养的强烈动机；三是躬行，这是伦理修养的躬身实践；四是自省，这是伦理修养的自我检查；五是慎独，这是伦理修养的崇高境界等。

任务一
学　习

学习目标

知识目标：理解学习在老年服务伦理修养中的作用；
　　　　　掌握通过学习提高伦理修养的方法。
能力目标：具备良好的自主学习能力，能够学以致用。

工作任务描述

老年服务工作人员老张在与刚参加工作的小刘的谈话中，回忆起一段往事，他说："我刚参加工作时，由于护理知识不扎实，一次在老人出现心肌梗死时，没有做出正确判断，差点造成重大事故。而当时的老人仍以信任的目光看着我，自己很内疚，深感对不起老人。可是，就在那段时间，单位推举我为先进工作者，我说什么也没有接受。从那以后，我从内心深处认识到，只有自觉学习，扎实学习掌握为老年人服务的知识和本领，才能真正为老人提供优质服务。"

问题思考：
1. 老张的回忆对小刘做好老年人服务工作有哪些启示？
2. 作为一名初入老年服务职业的从业者，小刘该如何尽快适应工作环境？

工作任务分解与实施

一、了解老年服务伦理修养中学习的基本内涵

学习是指通过阅读、听讲、研究、观察、实践等获得知识或技能的过程，是一种使个体可以得到持续变化（知识和技能、方法与过程、情感与价值的改善和升华）的行为方式。老年服务伦理修养中的学习是指，在老年服务工作实践中，不断获取与老年服务有关的专业知识、业务技能以及行业标准等信息的行为方式。其具体的学习内容可以大致分为：一是老年服务基础知识，包括政治理论常识、老年学概论、社会学概论、医学基础知识、老年健康照护等。二是老年服务专业基础知识，包括老年政策与法规、老年心理学基础与实务、老年营养学、老年病学、康复学、社区服务与管理、老年社会工作理论与实务、银发营销实务。三是老年服务专业知识，包括社会福利与社会保险、福利服务评估、老年活动策划、老年护理理论与实践、老年常见疾病康复、养老机构管理实务、

老年护理理论与实践、老年产业经营与管理、现代服务礼仪等。

二、老年服务伦理修养中学习的必要性

古人云："修身、齐家、治国、平天下"。把"修身"列在首位说明良好的个人修养是成就事业的前提。加强服务伦理修养离不开学习。加强服务伦理修养，要求老年服务人员必须要坚持不懈地加强党的创新理论和社会主义核心价值观学习，始终保持老年服务工作的正确方向，自觉在思想和行动上按老年服务伦理道德原则办事。老年服务人员要主动学习，并将学习融入到老年服务的各项工作中去，不断在工作实践中加强老年服务伦理修养。

三、掌握老年服务伦理修养中学习的方法

学习方法既包括通过学历教育进行学习，也包括在现有的工作岗位上通过在职培训进行学习，倡导"四学"：即向书本学习已有知识，向网络学习新思路，向领导学习工作方法，向同事学习工作经验。老年服务伦理修养中的学习，要正确处理好以下几对关系：

（一）知识的点与面的关系

知识面要广，就要多看书，构建自己的文化底蕴，但又要有所选择。在"泛"的基础上要"精"。我们往往看的东西不少，记住的、用得上的不多。所以同时还要处理好通读与读通的关系。好的书、精品文章要通读，对自己特别有帮助的要读通，更好地把握其精神实质，记住其先进的观点，为己所用。

（二）学习与思考的关系

孔子曰："学而不思则罔，思而不学则怠。"意思是要学思结合，只学习不思考就会迷茫，只思考不学习就会倦怠。学习是思考的源泉，是思考的内容也是思考的动力，思考是学习的提炼与升华，是进步的阶梯，是前进的方向，是学习的结果。

（三）学习与实践的关系

树立"终身学习、快乐学习""学习中工作、工作中学习"的新理念。学习的目的是为了更好地做人做事，指导我们实践。学习与实践犹如车之两轮、鸟之双翼，缺一不可，只学习不实践是空洞的学习，是知识的堆砌；只实践不学习难有提高和作为。实践的过程也是学习的过程。古人云："纸上得来终觉浅，绝知此事要躬行。""读万卷书，行万里路，使知行合一"就是这个道理。

（四）计划与实施的关系

做事要有头绪，要制定一个切实可行的计划，计划要有一定的高度，古人说得好："争乎其上得乎其中，争乎其中，得乎其下。"要跳一跳摘桃子，要分轻重缓急，抓主要矛盾和矛盾的主要方面并留有余地。计划开始的最佳时间就是现在。要抓住今天，贵在坚持，不能坚持的时候再坚持一下就是成功。

一代伟人毛泽东说过："学习要有兴趣。"有了兴趣才不会感到累，才会越学越轻松。

学习是人生的一部分，要视学习为人生，在学习中发展和提高自己，在学习中感悟和解读人生。

小贴士：终身学习

终身学习(Lifelong Learning)，是指社会每个成员为适应社会发展和实现个体发展的需要，贯穿于人的一生的，持续的学习过程，即我们所常说的"活到老学到老""学无止境"。

拓展阅读

学习是修养之道

要学以立志。志向是人的精神支柱、奋斗动力和前进坐标。学为立志之体，博学方能笃志，树立远大志向离不开学习。

要学以正德。德是立身之本。古人讲："人可以一生不仕，但不可一日无德。"做人要讲道德。一个人的道德修养高低与学识深浅紧密相连，必须重视学习，加强道德修养。只有在学习过程中陶冶情操、净化灵魂，才能做到见贤思齐，确立立身做人的行为准则，使正气获得坚固的基础与提升的动力，砥砺自己堂堂正正做人、踏踏实实做事。

要学以养心。心是境界、是胸怀、是追求。古语说："养心莫如静心，静心莫如读书。"通过博览群书，汲取人类的文化精华、处世经验、为人之道，不断反思、调整和拓展自己的心灵空间，方能使心灵高尚、心态平和、心胸宽广。要善养责任心，以史为鉴，增强使命感、责任感和忧患意识，奋发有为、开拓创新，真正担负起应该担负的重任。要善养平常心，在学习中正确认识自己、正确对待名利，做到为人处世常留一份宁静，工作履职多一些清醒，把心思和精力用在为民造福上。要善养包容心，借鉴古今中外杰出人物的经验，对人对事多一些宽厚、多一些包容，营造团结协作的和谐氛围。

要学以增智。智是为人处世之道、辨人决事之能。大智非才不成，大才非学不成。正如英国著名哲学家培根所言："历史使人明智，诗歌使人聪慧，数学使人精确，哲学使人深刻，伦理使人庄重，逻辑使人善辩。"面对知识更新的不断加快、国内外形势不断变化、改革发展稳定新情况新问题不断出现，每一个都要勤于学习、善于学习，学以致用、提高能力。要学习人类社会创造的一切文明成果，在学习中开阔眼界、增长见识，更新知识、提高素养；要通过学习认识和把握规律，努力使自己站得高一些、看得远一些，不断提高及时发现问题、透彻分析问题和科学解决问题的水平。

拓展训练

王某，75岁，偏瘫卧床2年，思维清楚。近几天老人常做噩梦，常被噩梦惊醒并描述已故的人来找他；睡觉不关灯。他向服务人员说出他的症状，服务人员却认为这种事没什么好担心的而不重视，王某却越来越憔悴。

请问：

如果你是服务工作人员，你该如何对待和处理这件事？

请同学们分组讨论、分析，并以小组为单位展示讨论结果，或角色扮演评估过程。

 **推荐阅读**

1. 亚当·斯密. 道德情操论[M]. 北京：中央编译出版社，2013

2.（美）哈奈尔. 万能钥匙[M]. 北京：新世界出版社，2013

3. 谈谈加强护士职业道德和伦理修养培养[EB/OL]，http：//www.docin.com/p-732927438.html

任务二
立　志

学习目标

> 知识目标：理解立志是老年服务伦理修养的动力之源。
> 能力目标：能立下为老年人热情服务的志向，并分解目标，一步步实现。

工作任务描述

　　天天与重危病人打交道的北京大学深圳医院急诊科主任王永剑医生，七八年来，看到不少本可延续生命的危重病人，因为无实时监测手段，不能及时发现危重病情发作的信号，错过医治抢救的机会而撒手人寰。王主任以医生的责任感常常为之叹息。三年前，他萌发了一个设想：要与信息技术人员合作，力争开发出一种专门用于老人健康监测的设备。经过三年的探索与努力，他和项目小组成员共同攻克了一个又一个难关，研发出了最核心的监测控制技术。项目科技含量比较高，涉及目前最先进的生命信息采集及传感系统、3G及4G传送系统、物联网系统、大数据储存系统、云计算系统等。2014年4月28日，他在首届全国养老产业发展战略研讨会的发言中谈到："我们设计这个仪器，就是想为全国亿万老人身心健康做点力所能及的服务，为国家的养老工作增砖添瓦。让老人安安全全用上一种能够通过科技和医学手段维持健康的监测器械是我们的最大心愿。"

　　（王永剑.立志为老年服务制造可穿戴式生命信息监测预警系统.时代财经网，2014—04—28.http：//www.cb-h.com/news/yl/2014/428/14428297C9FKF370191598.html）

　　问题思考：

　　1.什么样的力量支撑王永剑医生研发老年健康监测专用设备？

　　2.对初入老年服务行业的入职者，该怎样确立为老年服务的志愿，让生命绽放光彩？

工作任务分解与实施

一、了解老年服务伦理修养中立志的基本内涵

　　立志，是指立下志愿，树定志向。包含两个方面的含义：一是树立志向，下定决心。二是表明坚强独立的意志。

老年服务伦理修养中的立志是指，确立从事老年服务工作的志愿、愿意造福家庭和社会并无怨无悔为老年服务工作贡献青春和热情的决心、志向和坚强意志。

二、认识老年服务伦理修养中立志的重要意义

俗话说："无志之人常立志，有志之人立大志"。人须立志，意在未来，这是人的成长特性。每一个人在成长的过程中，总在不断地给自己提出为之努力的目标和生活期望。立志寄托了对美好生活的渴望和追求，更是激励成长的条件和动力。有了志向，努力有方向，会产生动力，奋斗进取，终会成为有益于社会和家庭的人。

确立为老年服务事业工作的志向，表明了个人对人生价值的理想和追求，会演化为持久的精神激励和行为动力，能从根本上提高老年服务伦理修养的层次和水平。它既有利于培养老年服务人员个人品德，提高服务质量，发展老年服务事业；又有利于树立正确的世界观、人生观、价值观，提高老年服务伦理的自我评价能力和行为选择能力；还有利于形成优良的老年服务伦理道德作风，促进社会的精神文明建设。因而，立志能够为老年服务伦理修养指明方向，并在老年服务人员加强服务伦理修养和道德实践中发挥动力作用。

三、掌握老年服务伦理修养中立志的方法途径

老年服务伦理修养中的立志，具体要考虑以下几个问题：

(一)确定合理目标

> **想一想：如何坚持**
>
> 进步和成长的过程总是有许多困难与坎坷。有时我们是由于志向不明，没有明确的目标而碌碌无为。但是还有另外一种情况，是由于我们自己的退缩，与妥协没有坚持到底，才使得机会逝去，颗粒无收。

"有志者事竟成"。但并非有志者就"事必成"，这要取决于你所立之志，是否符合当时社会的需要，是否顺应时代发展的趋势，而你自身是否具有实现志向的能力。这就要求老年服务人员在确立老年服务伦理修养的目标时，要选择力所能及的，不要好高骛远，要脚踏实地，要一步一个脚印，并尽可能将目标分解，然后根据难、易进行选择，先完成最容易达到的工作，次第进行。

(二)贵在持之以恒

立长志，而不常立志。贵在坚持，而不半途而废！志向是一种行为目标，代表了人们对未来的成长规划。认定了什么样的目标，选定了什么样的职业，期望能成就什么样的事业，就向这个目标努力，力求获得预期的成功。过程中无论遇到多大的困难和压力，都不应改变坚守的理想信念和人生目标，要不断地去奋斗，坚持不懈，不屈不挠地去努力追求人生的目标。

小贴士：

如果不坚持，到哪里都是放弃。如果这一刻不坚持，不管走到哪里，虽然身后总有一步可退，可退一步不会海阔天空，仅仅只是躲进了自己的世界而已，而那个世界也只会越来越小。如果现在不坚持，到哪里都是放弃，这句话是应该铭记在心的，时刻警戒着自己。

拓展阅读

有一种成功，叫永不言弃；有一种成功，叫继续努力。

人们都说：过去的习惯，决定今天的你，所以，过去的懒惰，决定你今天的一败涂地。

人哪，你可以失败，也可以从失败中站起。

但是，你一定要记住，决不能习惯失败，因为你要知道，身体的疲惫，不是真正的疲惫；精神上的疲惫，才是真的劳累。

真正的绝望，是内心的迷茫。

我们必须记住：路是自己选的，后悔的话也只能往自己的肚子里咽。

我们自己选择的路，即使跪着也要走完；因为一旦开始，便不能终止。这才叫做真正的坚持。

拓展训练

你如何理解立志对做好老年服务工作的重要意义和价值？请同学们分组讨论、分析，并以小组为单位展示讨论结果，或角色扮演评估过程。

推荐阅读

1. "80后"女孩当养老院最年轻护工 立志为老人服务终生，http：//mw. fznews. com. cn/html/6/2014－03－04/10425313385. shtml

2. 学习宣传推广先进典型推进志愿服务制度化常态化[N]. 天津日报，2014-05-15

3. 国务院关于加快发展养老服务业的若干意见，http：//www. cncaprc. gov. cn/zhengce/36292. jhtml

4. 在全国老龄办新闻发布会上的讲话，http：//www. cncaprc. gov. cn/jianghua/52512. jhtml

任务三

躬　行

学习目标

> **知识目标：**理解躬行实践在提高老年服务伦理修养中的意义。
>
> **能力目标：**能以实际行动去践行老年服务伦理。

工作任务描述

> 2014 年 10 月 8 日，济南市成立全市第一家邻里互助养老服务站，选择因家庭原因不能外出打工（比如家中有老人、孩子需要照料）的农村劳动力作为服务人员，每天上午、下午、晚上各上门服务一次，帮助洗洗衣服、打扫卫生、陪同老人说话聊天、帮助就医；对于需要送饭的，通过配餐中心为老人送饭；老人还可以直接到配餐中心就餐；依托邻里互助养老。他们借助联通公司爱心企业，为老人配备了专用老年机，建立了"一键呼叫"系统，将服务人员与被服务人员的手机进行绑定，设置为一键拨号，老人出现紧急情况时，可以按键直接呼叫，服务人员接到信息后立即赶到。同时，发动村民成立了 4 支志愿者服务队。应急维修队、心理疏导队、党员服务队和医疗卫生服务队，当老人家中房屋漏雨、需要代购物品、遇到突发疾病等服务人员自己无法处理的情况时，就可以通过服务站委派相应的志愿者服务队，有效弥补了单个服务人员力量不足的难题。
>
> **问题思考：**
>
> 1. 济南市成立的全市第一家邻里互助养老服务站对做好老年人服务工作有哪些启示？
>
> 2. 作为一名老年服务人员，如何结合实际，创造性地开展工作？

> **小贴士："邻里互助"式居家养老模式**
>
> 充分利用邻里之间的人力资源，组织下岗职工、待业在家人员、年龄稍轻的老年人、党员、少先队员等人群利用休息时间从生活上和精神上无偿照顾本楼栋或附近楼栋的空巢老人、60 岁以上老人、未与子女同住的老人，充分发挥居家养老的作用和优势。

工作任务分解与实施

一、了解老年服务工作躬行实践的基本内涵

躬行实践是指道德主体在实践中，进行道德意识、道德情感和道德品质的锻炼和培养。"老年服务从业人员的躬行实践，是指老年服务从业人员在为老年人提供服务的实践活动中进行老年服务从业人员道德的自我锻炼和自我培养。"老年服务从业人员的躬行实践包括老年服务工作中的老年护理、老年社会工作、老年康复、老年产品营销、老年服务一线管理等具体实践活动。

二、认识老年服务工作躬行实践的价值意义

老年服务从业人员躬行实践的目的和价值在于：加强老年服务伦理修养、培养老年服务人才、提高老年服务工作的质量和水平。

(一)躬行实践是培养老年服务伦理修养的重要方法

老年服务伦理修养的道德意识、道德情感和道德品质的培养和锻炼主要是从实践中得来的。通过老年服务工作实践，老年服务人员对同情老年人、关爱老年人的重要意义有了更深层的认识和了解，对老年服务工作中的是非、善恶、好坏有了更深刻的理解，这些对提高老年服务从业人员的道德修养水平有着直接的促进和导向作用。从这个意义上说，躬行实践是老年服务伦理修养的重要方法和目的。

(二)躬行实践是培养老年服务人才的重要途径

实践出真知，实践出能力，实践出人才。实践是人才成长发展的基本途径。在工作实践中，老年服务人员的工作能力和工作水平会得到极大地锻炼和提高。也只有在实践中，老年服务人员才能更深刻地认识到老年服务工作的社会价值。

(三)躬行实践是提高老年服务质量的重要内容

金杯、银杯，不如老百姓的口碑。老年服务工作的质量怎么样，归根结底要看具体的工作实践。也只有在实际工作中，老年服务工作的质量、标准、专业能力和水准才能得到检验和证明。通过躬行实践，老年服务人员会更加热爱老年服务行业，以更加积极的态度投身到老年服务工作中去，使老年服务的质量和水平不断得以提升。

三、掌握老年服务工作躬行实践的主要模式

(一)爱心接力模式

老年服务工作可以通过"爱心接力"的形式在老年服务人员之间建立有效联系机制。老年服务人员有专职和非专职之分，如何建立有效的工作衔接和顺畅服务，是老年服务实践中经常遇到的问题。通过爱心接力模式，在老年服务人员之间建立联系，使老年服

务人员的专业知识得以衔接锻炼，这是老年服务机构展现专业特色、提高社会声誉的重要方法。

(二)感恩回馈模式

老年服务人员利用回家与亲人团聚的机会，可以充分利用所学的专业知识和技能，向自己的父母亲人等开展"感恩"服务活动。比如，可为奔波劳碌的父母提供保健按摩、膳食配餐、生活照料，对患病的父母长辈给予护理与康复指导；利用所学的沟通技巧、心理护理与社会工作技术，打开亲人心灵的窗口，抚慰他们心灵的创伤，协调家庭成员之间的关系；特别是家中父母或老人需专业护理时，老年服务人员更应发挥专业特长，利用自己所掌握的介助、介护老人生活护理技术以及老年人常见疾病预防与护理知识、社会工作知识、老年膳食与营养知识等，给予直接护理帮助，给长期护理的家人以技术指导，等等。

(三)问题导向模式

针对老年服务工作过程中的常见问题进行调查研究和实践经验总结，可以形成解决问题的线索及办法。这是提高老年服务工作质量水平的重要途径和方法。老年服务机构应经常加强调查研究，并对调查研究结果进行系统分析和经验总结，进而形成一定理论形态的知识读本。利用这些读本加强对老年服务人员的教育、培训和指导，从而可以极大地提高老年服务工作的满意度。

拓展阅读

爱洒社区 情暖夕阳：天津市河西区为老服务先进个人事迹介绍

在大营门街，说起孙建国，熟悉的人都说他是个有责任心的街道老龄专干。为老人排忧解难，他总有动不完的脑子；为老人搞好服务，他总有使不完的力气。全街近百名困难老人家住哪里、身体如何，一一装在老孙的心里。他经常说："老人是我们社区的财富，他们有困难能想起我，是对我最大的信任。"

老孙的责任心体现在他办事实在、有耐心。一有时间他就到社区陪老人聊天，帮助老人们解决各种难题。"居家养老"政府购买服务对象、敬重里社区90多岁高龄的郭秀芝老人，瘫痪在床，生活不能自理，两个儿女也都70多岁了，希望保洁员能在服务项目内容之外安排清洗尿布。老孙得知后，急老人之所急，多方协调，得到家政公司的积极支持，破例为老人安排了专门的保洁员。

像这样为老解难的事情，老孙做了许多。为搞好"居家养老"服务，他不知想了多少办法。遇到性格倔强的老人，老孙想方设法协调脾气好、服务周到的保洁员上门服务；遇到孤独的空巢老人，老孙千方百计安排开朗善谈的保洁员，边服务边哄老人开心。总之，无论什么样的老人，老孙总有让他们满意的办法，因为在老孙的心中，社区老人就是自己的亲爹娘！

九江路社区的马秀芳老人，永远不会忘记她重见光明的那一刻。几十年的白内障困扰着老人，老人经历了从绝望到希望的过程。在此期间，始终陪伴在老人身边的，是并非子女却胜过子女的老孙。那是去年4月的一个清晨，天还不亮，老孙就早早起床来到医院，为老人挂了专家号，再匆匆赶到马秀芳老人家中，搀扶着老人下楼，打车把老人送到医院。水没喝上一口，早餐也没顾上吃，在老人检查的过程中，他才忙里偷闲咬了几口面包，等着再把老人送回家。马秀芳的手术很成功，重见光明。在复明的那一刻，老人终于看到了老孙那从未谋面的脸，激动的泪水止不住地流。马秀芳拉着孙建国哽咽地说："我又能看见了。感谢党，感谢政府，感谢你们对我的照顾。"老孙却说，他只是做了自己应该做的，还是区里开展的"情系夕阳复明工程"好。

连续三年，每逢社区 90 岁以上老人生日的前一天，孙建国都准时给蛋糕店打电话预订，并与社区民政主任一起亲自把蛋糕送到老人手中，饱含深情地为老人诵读祝寿词。老寿星们都笑得合不拢嘴，看到老人高兴的样子，老孙心里也乐开了花，他觉得送去的不仅仅是一个蛋糕，更是为老人们送去了政府的关怀。

孙建国经常鼓励老人们多参加社团活动，在他的倡导下，书画社、老年京剧班、老年太极拳等团队的老年学员正在逐渐增加。老孙不厌其烦地到处为老人们联系授课老师，老人们在社团里既学到了新知识，又找到了新伙伴。看到老人们个个精神矍铄、容光焕发，孙建国心里比吃了蜜还甜。

孙建国，凭借对老人的炽热情感和强烈责任心，谱写了一曲"居家养老"服务之歌。

（爱洒社区 情暖夕阳，http：//www. 022net. com/2011/6-5/501426152727132. html）

拓展训练

如果你是老年服务工作人员，你如何以实际行动来提高老年服务质量？请同学们分组讨论、分析，并以小组为单位展示讨论结果，或角色扮演评估过程。

推荐阅读

1. 陈成文，孙秀兰. 社区老年服务：英、美、日三国的实践模式及其启示[J]. 社会主义研究，2010(1)：116～120

2. "邻里互助"居家养老让空巢老人不再寂寞[N]. 广州日报，2009-07-03

3. 服务永不退休奉献老龄事业情未了[N]. 成都晚报，2014-09-22

任务四

自　省

学习目标

知识目标：认识自省的价值；
　　　　　　掌握自省的方法。
能力目标：能通过自省不断提高自己，追求卓越。

工作任务描述

　　公园里，有个老人问边上的年轻人，"地上是什么？"年轻人答："麻雀"。过一会儿，老人又问，"地上是什么？"年轻人略提高了声，"麻雀！"老人第三遍问，年轻人终于不耐烦地嚷嚷上了，"麻雀，您一遍遍有什么好问的？"老人说，"你小时候问我一个问题，常常重复问几十遍，我每次回答都好开心。"听完故事，儿子说，"妈妈，姥爷也老问你一个问题，你也不耐烦。另外，我也冲姥爷嚷嚷过。"老人说："妈妈不对，以后，我们相互提醒，代号——麻雀，好吗？"老人老了，就变回孩子了，问题是，我们能为他们做的，相比他们为小时候的我们做的，实在不值一提。

问题思考：
1. 自省的前提条件是什么？
2. 老年服务人员的自省，有何特殊要求？

小贴士：自省的名言警句
以人为鉴，明白非常，是使人能够反省的妙法。——鲁迅
反省是一面莹澈的镜子，它可以照见心灵上的玷污。——高尔基［前苏联］
自我批评，这是一所严酷的培养良心的学校。——罗曼·罗兰［法］

工作任务分解与实施

一、了解老年服务伦理修养中自省的基本内涵

　　自省，是中国古代伟大的思想家孔子提出的进行自我道德修养的一种方法，他说："见贤思齐焉，见不贤而内省也。"孔子的学生曾子说他自己"吾日三省吾身"，可算是运用自省方法最早的名人了。从此之后，自省为许多思想家、政治家、科学家等所推崇，并予以应用，其中，唐太宗李世民自省的故事最为著名。他说："朕每闲居静坐，则自内

省，恒恐上不称天心，下为百姓所怨。"意思是说，"我每当无事静坐，就自我反省。常常害怕对上不能使上天称心如意，对下被百姓所怨恨。"所以，自省，就是自我反省，自行省察，目的是看看自己的言和行如何，特别是有什么闪失或过错没有，以便适时调整或校正。这里的"自"，既可以指个人自身，也可以指一个组织，一个民族自身，但主要是讲个人。

老年服务工作自省的基本内涵是指在老年服务工作者在实践的基础上对自己的所作所为进行道德上的"反躬自省"，也就是在社会实践中，进行自我解剖、自我检查和自我总结。

二、认识老年服务伦理修养中自省的价值意义

(一)自省是提高老年服务伦理修养的重要方法

内省可以帮助人重新认识自己，明白自己是什么样的人，自己到底需要的是什么，从而决定自己未来的走向。内省除了帮助人成长之外，还帮助人找到成长的方向，让自己不再迷茫，还可以帮助我们认识别人，通过了解自己，去了解别人，去感受别人，是一种途径。对于老年服务从业人员来说，需要在老年服务业务实践和道德实践的基础上，用"内省"的方法进行道德的自我培养。每开展一项老年服务工作，就应该总结一下，看看是否履行了道德义务；每一天的工作结束后，都要反思一下哪些言行是道德的，有没有违反老年服务从业人员的职业道德。在自己的工作岗位实践中，不是天天盯着别人做了什么，重要的是也要有"解剖"自己的精神，自己做了什么，自己是怎样做的。在为老年人服务的实践过程中，不断培养自己的职业道德水平。

(二)自省是提高老年服务人员素质的重要途径

老年服务人员提高自身能力素质，反思与自省是一个重要方法途径。思广则能活，思活则能深，思深则能透，思透则能明。反思要有"绝知此事要躬行"的手，要有"留心处处皆学问"的眼，要有"跳出庐山看庐山"的胆。有了反思意识仅仅是第一步，重要的是能够在反思中觉醒，懂得如何去实践。如果老年服务人员工作实践中能始终保持反思自省的习惯，拥有自省的意识，其思考的深度和广度会在深层次上激发自身的工作动力，会自觉提高服务水平，满怀热忱地为老年人提供高质量的服务。

三、老年服务伦理修养中自省的基本方法

从认识过程来看，自省至少包括三个环节：自我回顾、自我评价、自我检查。

(一)自我回顾

主要指回顾所说、所为和所思。所说、所为、所思既包括已经过去的，也包括当下正在进行的。一事之后，一天下来，或每隔一个阶段，自己对自己说过的、做过的、想过的，或正在做的和正在想的，大致"回放"一下，有人称之为"过电影"。事事回顾，是一事一反省，天天回顾是一天一反省。这两种回顾是最基本、也是最大量的自省，回顾的内容很具体，是属于微观回顾。月月回顾、年年回顾，是一种阶段性的回顾，是较为

宏观的回顾。"日计有余，岁计不足"，是年终回顾的发现。通过这种自我回顾，反思工作的得失教训，可以非常快地提高自己。

(二)自我评价

自我评价就是回顾之后，自己对自己所说、所为、所想做出自我判断，即明辨是对还是错，是妥还是不妥，是该还是不该，是有价值还是没价值，尽责了没有，效果如何，各方满意与否等等。自我评价是自省的重要环节，只自我回顾，不做自我评价，达不到自省的目的。

任何评价总得依据一定标准。自我评价也是如此。自我评价是自己评价自己，但不是以自我为标准，而是以言行效果为标准，效果标准是不以我们意志为转移的客观标准。例如，评价对还是错，以言行是否符合客观事实和客观规律为标准；评价妥还是不妥，以言行是否适合当时的时间场合为标准；评价该还是不该，以言行是否合乎一定的行为规范为标准；评价有价值还是无价值是以言行是否产生实际意义为标准。

作为老年服务人员，在个人进行自我评价时，要特别重视来自服务对象即老年人的反映。

(三)自我检查

这是自省的最后环节，其目的是把自我评价中感觉或认识到的自己不对、不妥、不该的言行查出来，正视它们，重视它们，酝酿补救、调整、改正的思路。自我检查是自省中最需要有勇气，也是最反映一个人修养高低的环节。前两个环节自我回顾、自我评价绝大多数人都没有什么障碍，自我检查却不是每个人都能做到的。有的遮遮掩掩，不敢正视自己的问题；有的对自己过于宽容，对问题满不在乎；有的揽功诿过，把问题推给外部，推到他人身上。这些都是没有勇气或者修养不到位的结果。如果是这样，这些人根本没有自省。

自我回顾，自我评价，自我检查，是我运用思维而对自省进行的解析，解析的目的是为了帮助老年服务人员更好地认识自省，学会自省。在实际的自省过程中，这三个环节不是依次出现、泾渭分明的，而是渗透、交融在一起的。

拓展训练

1. 服务人员如何通过自省和反思，提高服务质量？

2. 服务人员可以运用哪些方法进行自省，提高道德修养水平？

请同学们分组讨论、分析，并以小组为单位展示讨论结果，或角色扮演评估过程。

推荐阅读

1. 参与独居老人服务心得——从社会工作角度分析，http：//blog. sina. com. cn/s/blog _c26e75ab0101co1j. html

2. 老人案例精选，http：//wenku. baidu. com/view/1a97e3c4bb4cf7ec4afed0a0. html

任务五
慎　独

学习目标

知识目标：了解慎独的内涵；
　　　　　理解慎独对老年服务工作的重要性。
能力目标：能在未来工作中严格履行岗位职责，认真恪守慎独精神。

工作任务描述

2014年10月1日，有网友在多个论坛发帖爆料，江苏启东市老年公寓存在护理员虐待老人的行为。据网贴反映，该公寓一名护理员用冷水给老人洗澡，期间打老人的头数巴掌。此外，对老人的不尊敬并不仅仅局限于这不到一分钟的视频，每天还多次打骂老人！记者从附上的视频中看到，一名中年妇女（护理员）粗暴地搬弄着老人的身体，接着用手抽打着老人的头部，发出"啪啪"的声音，老人则不停地喊着"哎呀哎呀"……启东市民政局对此做出回应称，已对当事护工动作粗暴的护理行为进行了严肃批评，并按考核细则扣发其当月绩效工资，同时以此为鉴，开展全员职业道德教育。

问题思考：
1. 老年公寓出现虐待老人现象的原因是什么？
2. 作为一名老年服务人员，该如何自觉做到慎独，提高老年服务质量？

小贴士：虐待老人、孩子将追究刑责
　　2014年10月28日，十二届全国人大常委会第十一次会议通过《刑法修正案（九）草案》，修正案草案增加规定，对未成年人、老年人、患病的人、残疾人等负有监护、看护职责的人虐待被监护、看护的人，情节恶劣的，追究刑事责任。

工作任务分解与实施

一、了解老年服务工作中慎独的基本内涵

所谓"慎独"，是指人们在独自活动无人监督的情况下，凭着高度自觉，按照一定的道德规范行动。"慎独"一词最早出自《礼记·中庸》："道也者，不可须臾离也，可离非道

也。是故君子戒慎乎其所不睹，恐惧乎其所不闻。莫见乎隐，莫显乎微，故君子慎其独也。""君子慎其独"的意思是，君子在独处、无人注意的时候，也要小心谨慎，严格要求自己，不做违背道德的事。慎独是儒家的一个重要概念，慎独讲究个人道德水平的修养，看重个人品行操守，是儒风（儒家风范）的最高境界。

老年服务工作中慎独的基本内涵：是指在老年服务工作实践中，老年服务人员在独自一个人的情况下，能严格自我约束，谨慎从事，不对老年人做任何不道德的事情。

二、明确慎独对老年服务工作的重要性

老年服务工作经常需要独自一人进行，而且服务的对象又是年事已高需要更多关爱的人，老年服务人员除了要有专业的服务技术，在很大程度上要靠从业人员的道德修养和自律信念。因而其"慎独"精神要求更高更严，当这种精神一旦变成了人的一种行为习惯，就会在工作中不自觉的、不管人前人后、不管对象情况怎样、不管是否有人检查或督促，即使面对的是一个神志不清或无法表达反应的老人，都能自觉地完成任务。因此，加强老年服务人员"慎独"精神的培养，对于提高服务从业人员的自身素质与修养，形成良好的职业道德，更好地维护老年人与服务人员的权益，具有重要的意义。

三、自觉坚持慎独，提高老年服务工作质量

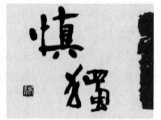

"慎独"修养需要长期的共同教育培养和自身的持久性坚持。这种品格的培养要从老年服务工作一开始就强调。在学校由老师来培养教育，在服务工作实践中由管理者监督和培养。素质培养是一个复杂、漫长的过程，需要在长期的实践中不断培养、不断完善、不断充实。因此，在培养服务人员"慎独"意识的过程中，需要老年服务人员用"一日三省吾身"的态度，经常审视自己的行为，加强自律，防微杜渐，自觉地从一点一滴做起，不断修正自己身上那些与高尚道德情操格格不入的"小节"，从细节中培养自己成为高素质的人。

> **小贴士：虐待老人**
>
> 虐待老人指的是恶意对待老人，在身体上、情感或心理上、性方面或经济方面对老人构成虐待或剥削。疏于照顾老人既包括主动也包括被动地让老人得不到所需的照顾，导致老人的身体、情绪或心理方面的健康衰退。

 拓展阅读

苏格拉底时代的戴尔菲神殿上，刻着两句警世名言。一句是广为人知的"认识你自己"，另一句则是"凡事勿过度"，或者，也可以译成"约束你自己"，如此可以与第一句对照而观，就是对于自己要同时做到"认识"与"约束"。这实际上提出了慎独的两个层面：自律与他律。

(一)慎独是自律的最高境界,其表现形式是:自律、自我约束和不欺暗室,既是过程也是结果

人要慎独,是因为人在独处时,仍有可能做出违反他人利益,并最终损害自己利益的事。所以,就有了慎独的必要。比如说,抄作业、作弊能够获得好成绩,这就是对认真学习的同学的不公平。而结果,由于自己平时没做努力,这种坏习惯最终又会影响自己的学习效果。再比如,在没人知道的情况下拿别人的东西,这事实上就给别人造成了损害,而一次得逞有可能使人产生侥幸心理,结果便有可能在某一天约束不了自己,以至于被绳之以法。

所以,从操作上看,慎独就是不论有人无人在,都自觉严格遵守社会公德,不做有可能损害他人或社会利益并最终损害自己利益的事。

(二)慎独带给我们持续的权利与自由

人组成了社会。如果在一个社会中,人人都只按自己的想法去做事,社会就无法正常运转,因为很多时候别人也在渴求我们想要的东西。假如人人都为了自己的愿望为所欲为,这个世界就会乱套,其最终结果就是人人都会受伤。因此,为了社会的稳定和发展,我们每个人都以一定的自我约束与社会交换公民权利,这是一种社会契约。如果一个人不肯自律,那么就有可能被社会剥夺权利。所以说,慎独使我们持续拥有公民权利。

慎独还能带给我们真正的自由。人有思想的自由,但却没有行为的自由。这仍然是从社会契约的角度出发的。任何思想或念头,只要不变成行为,就不会给他人或社会造成影响,不会妨碍社会的正常运转。而行为不然,它会造成实际的影响,如果它造成的是违背社会规则的影响,就有可能受社会约束。此外,随心所欲、任意妄为也并非真正的自由,而是让心灵成了本能的奴隶,被本能所左右,这种情形积累到一定程度,又会被社会约束。所以,自由的核心是慎独,慎独使我们拥有真正的自由,成为自己的主人。"己所不欲,勿施于人"是孔子之语,我们早就耳熟能详了。它所要求的是:首先对自己有高度的警觉,知道自己与别人之间的相互关系(包括优势与劣势,有利与有害等);另外对别人能够"设身处地"、从"假如我是此人"的角度去设想;再以真诚配合礼仪来付诸行动。在此,"礼仪"是指既成的社会规范,亦即合乎大家共识的行为准则。

康德谈到人的行为时,主张一个人在做任何事情时都要使他的行为准则可以"普遍化",亦即可以让世间一切人都能应用。这是真正的平等精神,是基于对每一个人的同等的尊重,亦即"不可只以别人为手段,而不同时以他为目的"。然而,真正实践此理想时,是不能脱离前述的"絜矩之道"的,也不可能没有"约束自己"的基本修养。今日民主社会的公民,首要条件就是"自我管理",否则如何能做自己的主人,又如何能够期待别人把自己当成一个独立自主而自由的现代人?

(三)慎独是建设灵魂家园的需要

"慎独"以自省作为起点和基础,强调道德修养必须在"隐"和"微"上下工夫。认为在最隐蔽的言行上能够看出一个人的思想,在最微小的事情上能够显示一个人的品质;强调道德修养必须达到这种境界,即在无人监督、无人知道的情况下,也能严格按道德原则办事;强调在社会公利和个人私利的对抗中要自我教育、自我监督、自我克制、自我完善,始终保持"慎独"的坚定性和自觉性。"慎独"的要义在于勤自修,日日不辍。要常怀律己之心，常思贪欲之害，常弃非分之想。既要以贤人的高风亮节怡情养性，又要甘于清贫、耐住寂寞，堂堂正正做人。如此每日"三省吾身"，我们才能逐渐达到"慎独"之境界。要把道德变成自己内心的一种要求。无论何时，都不要展现自己的丑陋，要随时随地要求自己做一个高尚的人，做一个值得别人和自己尊敬的人。经常反省自我，要严于律己，坚守道德准则，不因为一点小利就出卖自己的道德，要做到"慎独"。

拓展训练

1. 慎独的自觉性来自于哪里？
2. 作为老年服务人员，该如何自觉坚持慎独，提高照护质量和水平？

推荐阅读

1. 长春黑养老院虐待老人 刷锅水泡馒头喂人，http：//cd.qq.com/a/20090408/000253.htm
2. 养老院虐待老人或将被追究刑事责任．北京晨报，2013-07-01

项目六　掌握老年服务仪表礼仪

 项目情景聚焦

　　仪表礼仪在社会生活和人际交往中有着十分重要的作用，不仅可以塑造一个人良好的外在形象，体现其内在的文化修养和审美趣味，也有助于建立良好的人际关系，便于工作和交往的顺利开展。老年服务作为服务行业的一种，服务的质量固然重要，但服务者本身的形象也不容小视。因此，老年服务人员掌握一定的仪表礼仪知识很有必要。

任务一
认知仪表礼仪

学习目标

知识目标：了解仪表礼仪的相关知识。

能力目标：能准确把握仪表礼仪的概念和准则；

能正确认识仪表礼仪在老年服务中的重要作用。

工作任务描述

小李刚刚大学毕业，应聘到某老年服务机构从事行政管理工作。上班第一天，为了让自己看起来充满活力，精神抖擞，小李特意穿上了白色T恤衫、蓝色牛仔裤，而且脚上还穿着运动鞋，就这样兴高采烈地到单位去了。可是很快小李发现，大家都在用异样的目光打量他，小李十分不解。

问题思考：

1. 为什么大家会向小李投去异样的目光？

2. 小李有哪些地方做得不够好吗？

工作任务分解与实施

无论是在工作还是生活中，每个人都希望自己仪表堂堂给人留下美好的印象，从而让人感觉赏心悦目。小李也不例外，为了给领导和同事们留下好的印象，他有意识地去打造自己的形象，然而结果却并不尽如人意。小李虽然注意了仪表形象，但却没有注意场合、身份等因素，因为着装不得体，才引来了大家异样的目光。我们常常说要"表里如一"，在日常交往和工作中，尤其是服务行业的从业者，即使你具备了很高的素质和职业能力，但是如果仪表不修饰或者修饰得不够规范，那么也是万万不可以的。

每个人都成为谦谦君子或者窈窕淑女，也许是一个难以实现的梦想。尽管人们相貌不同，但如果仪表修饰得体，那么我们会发现，其实，美，就在我们自己身上。

> **小贴士：打造良好的第一印象**
>
> 一个人的仪表在社会交往中是构成第一印象的主要因素，就像一张名片，仪容仪表会直接影响别人对你的专业能力和任职资格的判断。

那么，什么是仪表呢？为什么要重视仪表礼仪呢？注重仪表礼仪对于成为一名优秀的老年服务从业者又有什么积极的意义呢？

一、认识仪表

仪表者，外观也。实际上我们说到仪表，即这个人的外在表现，包括容貌、姿态、服饰三个方面，是其容貌、表情、举止、姿态、服饰等给我们的总体印象。具体来说，一个人的仪表由两部分构成，一方面是静态礼仪，即一个人静止状态下所展现的整体外观礼仪，比如高矮胖瘦、穿衣打扮，在某一个时间之内不会发生突变的；另一方面是动态礼仪，即一个人的举止和表情礼仪，比如我们说一个人活泼开朗、善于沟通，或者表情呆板僵硬、没有笑容等。在本项目中我们重点讲授静态礼仪的相关知识。

二、理解仪表礼仪的积极意义

一个人的仪表既体现了他的文化素养和道德水准，也从某种程度上反映出他的审美情趣和品位格调。穿着得体，妆容精致，举止优雅，不仅能赢得他人的信任，留下良好的印象，而且能提高与人沟通交往的能力。相反，则会自降身价，损毁形象。心理学上有一个比较著名的实验：分别让一位身着笔挺军装的海军军官，一位戴金丝眼镜、手持文件夹的青年学者，一位打扮时髦的漂亮女郎，一位挎着菜篮子、脸色疲惫的中年妇女，一位造型怪异、穿着邋遢的男青年在公路边上搭车，结果海军军官、青年学者和漂亮女郎的搭车成功率很高，中年妇女稍微困难一些，而那个邋遢的男青年却很难搭到车。这则故事也从一个侧面告诉我们：不同的仪表代表了不同的人，随之也会有不同的际遇。尽管我们强调不能以貌取人，但人际交往之中仪表传递出的信息远远胜过我们的想象，仪表的积极作用和重要意义不容小视。

（一）良好的仪表是成为一名优秀工作者的基本素质

对于老年服务的从业者来说，其工作最大的特点就是直接面向老年人并为其服务，而老年人获得的第一印象往往来源于服务人员的衣着打扮。俗话说"人靠衣装马靠鞍"，尽管我们的相貌无法改变，但是稍加修饰，也可达到"先声夺人"的效果。整洁美观的着装与大方得体的仪容，既是服务者本身自尊自爱的表现，也是对本职工作高度的责任感与事业心的反映。同时，良好的仪表在一定程度上反映了服务者的管理水平和服务质量，对单位也能产生积极的宣传效果。作为个人，维护了自我形象，也就维护了单位的整体形象。

> **小贴士：首因效应**
> 心理学上把素不相识的两个人初次见面所形成的印象对其后行为活动和评价的影响，称为"首因效应"。
> 人与人见面的第一印象取决于最初的 7 秒至 2 分钟，这是印象形成的关键期。

（二）良好的仪表体现了对服务对象的尊重

注重个人仪表是尊重服务对象的需要，也是讲礼貌、讲文明的具体表现。每一个人都有尊重自我的需要，也想获得他人的关注与尊重。只有注重仪表仪容，从个人形象上反映出良好的修养与蓬勃向上的生命力，才有可能受到他人的称赞和尊重，才会对自己良好的仪表仪容感到自豪和自信。一项研究表明，在人与人的交往中，相互传递的信号主要有三种，即所谓的"3V"——视觉信号（Visual）、声音信号（Vocal）和语言信号（Verbal），而在给人留下整体印象时，视觉因素占 55％，声音因素占 38％，语言因素仅占7％。在服务行业中，服务对象追求的是一种更高标准的视听享受。作为服务老人的从业者，其端庄大方的仪表能满足老年人对视觉美的追求，从而获得自己价值的体现和认可。而让老年人置身于仪表堂堂、风度翩翩的服务人员之中，也会让老年人心情舒畅，倍感愉悦。

老年服务行业是一项朝阳产业，每一位从业者良好的仪表不仅是树立组织形象的手段，也是反映行业管理水平和服务质量的重要标志，当然也从一定程度上反映了一个国家或民族的道德水准、文明程度和精神面貌。无论是着眼于大的方面，还是从提升组织声誉、维护自身利益出发，我们都应该从现在做起，从自身做起，重视仪表礼仪，树立良好形象。

三、掌握仪表礼仪的基本准则

讲究仪表是一门艺术，也是一种文化的具体表现。我们不仅要重视色彩的搭配和协调，同时还要注意场合、环境、身份等。仪表礼仪的基本准则可以归纳为三条：

（一）整洁协调

整洁即整齐、洁净、卫生，这也是仪表礼仪最基础的准则。作为服务老人的从业者，如果连自身的干净整洁都无法保障，那么更何谈照顾老人、服务老人。而仪表的协调即一个人的仪表要与年龄、形体、身份、职业、场合、环境等相适应，遵循不同的规范与风俗，呈现出一种和谐美。年轻人相对可以穿着活泼、随意，体现特有的朝气和青春之美；中老年人则应体现成熟、稳重；圆脸与方脸、白皮肤与黄皮肤、高个子与矮个子的装扮也应各有特色，扬长避短；工作中和休闲旅游需区别对待；喜庆、庄重或者悲伤的场合也要注意选择不同的妆容。

（二）自然大方

自然就是不刻意，大方则要求不做作。在人际交往中，我们提倡注重仪表之美，但更追求表里如一，尽量体现本来之美，既要优雅得体，又不能矫揉造作；既要落落大方，又不能俗不可耐；既要彬彬有礼，又不能趾高气扬；既要热情坦率，又不能轻浮谄媚，也只有如此，才能达到更好的交际效果，否则只会适得其反，弄巧成拙。

（三）适度互动

适度即把握好一定的尺度，注意分寸，适可而止。古人说"过犹不及"，过了头和不到位，都无法很好地展现自己。此外还要注重互动的效果。所谓的互动即仪表美不只是装扮自己，同时还要取悦他人，让他人舒服地接受并感觉到愉快。这一点在服务老人的行业中显得尤为重要。尤其是年轻人与老年人的审美观、价值观存在一定的差异，如果服务者一味地追求标新立异、时尚前卫，而未曾考虑老年人的心理感受和接受能力，结果是可想而知的。

拓展训练

1. 你觉得仪表礼仪重要么？为什么？

2. 结合实例说明仪表礼仪的重要性。

3. 以小组为单位，谈谈在实际生活中遇到的跟仪表礼仪有关的例子。

推荐阅读

社交礼仪百科，http：//shejiaoliyi. h. baike. com/

任务二

修饰仪容

 学习目标

> **知识目标**：了解仪容修饰的有关知识；
> 　　　　　　熟悉仪容修饰的基本要求。
> **能力目标**：掌握正确的发型、面容、手臂修饰方法；
> 　　　　　　能熟练地进行简单的仪容修饰。

 工作任务描述

> 　　小美和阿丽同是某养老机构的工作人员。小美很在意自己的外在形象，每天上班都"略施粉黛"，显得精神焕发，充满活力，工作中也很受老人们的欢迎。相反，阿丽不是特别注重自己仪容的修饰，工作中好像无精打采、精神疲惫的样子。为此，她也努力改变，向小美学习，上班时也涂个红嘴唇、用黑色眼线将眼睛轮廓包围起来，铺上厚厚的粉底，但是效果并不十分理想。阿丽对此十分不解，觉得自己尽力了，怎么还是没有得到想要的结果。
> 　　**问题思考：**
> 　　1. 你觉得阿丽的问题出在哪儿？
> 　　2. 仪容的修饰重要吗？为什么？
> 　　3. 在面部修饰中应该注意什么？

工作任务分解与实施

　　仪容在个人仪表中占有举足轻重的地位，在人际交往中，会根据对他人仪容的观感而产生"先入为主"的印象，而且这种印象还很难改变。因此注重仪容具有十分重要的意义。而小美和阿丽恰恰是是否注重仪容的两个典型代表。虽然每个人的先天条件有所差别，可能"天生丽质难自弃"，也可能"长得有点对不起观众"，但是如果不重视后天的修饰与维护，即使天生丽质也很难给人留下美好的印象。因此，每个人都应该或者说必须经常对自己的仪容进行必要的修饰，真正做到"内正其心，外正其容"。

　　在工作场合，女士应适当化妆，这不仅是对美的追求，也是对他人的尊重。通过化妆美化自己，掩饰不足，但是要注意工作场合应突出自然和谐，不宜浓妆艳抹，香气袭人。一般来说，出席隆重的场合应该进行正规的化妆，作为职业女性应该学习并掌握一定的化妆手法。化妆更像是一门技术，不是单纯的涂抹脂粉，也不是把自己弄得妖艳无比。只有把自己的容貌塑造得更加健康自然、清秀可人才是最终目的。

> **小贴士：化妆的基本程序**
> 洁面——　化妆水、润肤霜——　乳液——粉底液——定妆——　描眉——眼妆——　腮红——口红

一、面部化妆

(一)肤色的调整

女士一般希望把自己化得白一点，但不可在妆后明显改变自己的肤色，应与自己原有肤色恰当结合，才会显得自然、协调。脸宽者，色彩可集中一些；脸窄者，可适当放宽。

> **小贴士：粉底的手法**
> 粉底液：点拍涂抹；
> 干粉：按压。

(二)眉的描画修饰

对眉毛进行修饰可以衬托眼睛，改善脸型。因此，不同的脸型要配以不同的眉型。长脸型者适合水平眉；圆脸型者宜选择 1/2 眉，可使脸部拉长；宽脸型宜拉近眉头间距离；窄脸型要适当拉开眉头间距离。如图 6-1 所示。

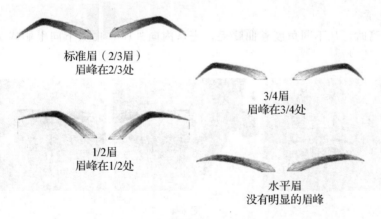

标准眉（2/3眉）
眉峰在2/3处

3/4眉
眉峰在3/4处

1/2眉
眉峰在1/2处

水平眉
没有明显的眉峰

图 6-1

(三)眼部的修饰

眼睛是心灵的窗户，因此，眼部的化妆至关重要。眼部修饰主要包括眼影、眼线以及眼睫毛的化妆。

1. 眼影

画眼影时，应选用一种颜色。从外眼角入手，先刷睫毛根部，由下至上晕染至眼窝，深色控制在双眼皮内，眉骨提亮。

2. 眼线

眼线分为上眼线和下眼线。画上眼线时，从内眼角的最内侧画起，紧贴睫毛根部，将缝隙填满，离眼尾2毫米处稍往上扬，长度应比原有眼睛长。如图6-2所示。

图 6-2

下眼线的描画相对简单，从外眼角画至内眼角，只需画眼尾的1/3处，线条要处理模糊。如图6-3所示。

图 6-3

3. 睫毛膏

刷睫毛膏时，从不同角度卷曲睫毛，先从内向外刷，再从下向上刷成Z字形。如图6-4所示。

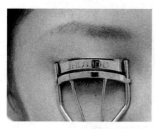

图 6-4

(四)腮红

腮红可以增加面部的红润感，修正脸型。一般来说，肤色红润的人不宜再涂胭脂。涂腮红的时候，长脸型者应横涂，宽脸型宜直涂，瓜子脸形则以面颊中偏上处为重点，然后向四周扩散。

（五）口红

涂口红时，应先勾画唇线，用小刷子蘸取唇膏或直接用唇膏均匀地涂满整个嘴唇，注意不能超出唇线。还可以在嘴唇的高光处用唇油或唇蜜提亮，突显立体感。注意在工作场合中切忌涂过于鲜艳的口红。

> **小贴士：必备的化妆工具**
> 1. 化妆笔；2. 粉扑；3. 粉刷；4. 胭脂刷；
> 5. 眼影扫和海绵头；6. 眉梳和眉刷；7. 睫毛夹。

二、掌握化妆的基本原则

（一）符合审美

面容化妆不仅是自身仪容美的需要，而且是满足他人审美享受的需要，因此要结合自己的工作性质和面容特征，注重整体的美感。化妆一定要得体和谐，一味地浓妆艳抹、矫揉造作，只会令人生厌。化妆要结合自己的面部肤色，最好选择接近或略深于自己肤色的颜色，这样显得自然、协调。同时还要注重差异性，根据不同的脸型、五官选择不同的妆容，以求达到最佳效果。比如脸型较宽者，色彩可集中一些，描眉、画眼、涂口红和腮红都尽量集中在中间，以收拢脸部，使脸型显得好看。

我们提倡工作中化淡妆，但是如果你的眉毛自然整齐细长，浓淡适中，那么化妆时就可以选择不描眉；如果拥有一双漂亮眼睛和长长的睫毛，那么也没有必要对眼睛大加修饰，自然美也是化妆时不可忽视的方面。

（二）讲究科学

化妆品可分为美容、润肤、芳香和美发四大类，它们各有特点和功用，化妆时必须正确、合理地选择和使用，避免化妆品造成危害。对于任何一种化妆品，都要先了解其成分、特点、功效，然后根据自己皮肤的特点，合理选择试用。经过一段时间后，才能相对固定地选用化妆品。这样做既可起到美容的作用，又能避免化妆品对皮肤的伤害，实现自然美和修饰美的完美统一。

（三）整体协调

面容化妆是随着环境、季节、年龄的变化而变化的。没有千篇一律的化妆，只有灵活运用，才能适得其所。一般来说，工作时间要化淡妆，这样显得自然大方、朴实无华、素净雅致，也能与自己的身份相称，也容易被人认可。而社交时的化妆要有立体感，以沉着高雅的情调为宜。夜晚是公认的娱乐时间，社交场所通常光线幽暗，出席晚宴、舞会时化浓妆就比较适宜。化妆还要注意季节变化。夏季着浅色服装且出汗多，宜化淡妆，显得协调一致；冬季着深色服装，妆容可以适当浓些。春秋两季一般着柔色服装，此时则"浓妆淡抹总相宜"。从年龄上来讲，中年以上的女士更适宜化妆，年轻的女士少化妆更有自然可人的魅力。

小贴士：化妆的禁忌

离奇出众——切忌化妆脱离角色定位，一味追求怪异、神秘的妆容。

技法用错——化妆时，若技法出现了明显的差错，将暴露自己的不足，贻笑大方。

残妆示人——残妆即出汗或用餐后妆容出现了残缺。残妆示人会给人懒散、邋遢之感，出现该种情况应及时进行补妆。

当众化妆——不宜当众或岗上化妆，在公众场所众目睽睽之下修饰面目都是失礼行为，有碍他人，也不尊重自己。

借用物品——无论是出于卫生还是礼貌，即使非常急需，也不要轻易借用他人的化妆品。

非议妆容——尊重他人的喜好和选择，不要随意议论他人的妆容。

 拓展阅读

一、仪容

仪容，也就是我们所说的容貌，是一个人的外观与外貌，由得体的发式和面容构成，是一个人仪表礼仪的最基本内容。

美丽的容貌令人赏心悦目，它反映着一个人的朝气与活力，是传达给接触对象感官的最直接、最生动的第一信息。仪容是塑造良好形象的直接再现，因此，面容的修饰也是每个人的必修课。

二、仪容礼仪的基本规范及修饰要领

注重个人形象是好事，但是如果不了解基本规范就会出现失误。有人也认为，仪容修饰是女性的事情，跟男性无关。事实上，无论男士还是女士，个人的仪容都非常重要。只是相较于女性而言，男性的修饰规范相对简单。仪容礼仪主要包括三个方面，即发部、面部和手部，下面我们就这几个方面的礼仪内容及修饰要领进行简单介绍。

(一)发部礼仪

头发是构成仪容礼仪的要素之一，有时候我们甚至可以从一个人的发型判断出其职业、身份、生活状况及卫生习惯。因此，我们应时刻注意自己的发部礼仪。具体来说包括以下几个方面：

1. 确保整洁无异味

拥有整洁干净的头发是社交礼仪最基本的要求，因此，要经常理发、洗发和梳理头发，以保持头发整洁且没有头屑。理发后要将洒落在身上的碎头发等清理干净，并使用清香型发胶，以保持头发整洁、不蓬散，切忌使用异味发油。

2. 发型大方得体

选择合适的发型也能给个人形象加分不少。男士头发长度要适宜，前不及眉，旁不遮耳，后不及领，最好不要留长发、大鬓角。男士的发型也可根据不同季节服装的变化，进行适当的调整与搭配，以使整体外观形象自然、谐调，充满朝气与活力。女士的发型则要根据职业、脸型、发质、年龄以及个人喜好等来定，但总的来说，刘海不得遮盖眼睛，不留怪异的新潮发型，发饰以深色小型为好，不可夸张耀眼。作为老年服务从业者，为了方便开展服务工作，我们提倡干练的发型。如果选择留长发，不宜随意将头发披散开来，在工作时最好挽起。

下面简单谈谈女士的发型选择。

一是发型要与发质相协调。发质细软的人不宜留过长的直发，可选择中长发或俏丽的短发，还可以把头发烫卷，产生蓬松感。发质较硬的人不宜选择太短的发型，宜采用不到肩的短发或肩以下的长发型。

二是发型要与服饰相协调。在正式场合，女性身着套装，可将头发挽在颈后，低发髻，显得端庄、干练；着运动服时，可将头发扎成高高束起的马尾，显得青春、活泼和潇洒；着晚礼服时，梳个晚装发髻，可显得高雅、华丽。

三是发型要与身材相适应。身材瘦长的，留直长发就容易使人感到肩部两侧显得空虚，人也更显瘦长。适当地加强发型的装饰性，或在两侧进行卷烫，能显得活泼而有生气；身材矮小的，留长发会使身体显得更矮，宜用精致花巧的束发髻整成有层次的短发；身体较胖的，头发应采用直纹路，如果梳成规则的平波浪，会更显胖。

四是发型要与脸型相适应。

椭圆形脸特征：曲线的外形，脸宽约为脸长的一半，前额与下颌的宽度大约相同。拥有椭圆形脸的女性可以尝试任何发型。

倒三角形脸特征：下颌轮廓狭窄，前额和颊骨宽阔。拥有倒三角形脸的女性应避免颈背的头发长度太短。

三角形脸特征：前额和颊骨狭窄，下颌轮廓宽阔。拥有三角形脸的女性不适合低层次或发尾卷曲发型，这样会使下部更圆弧与丰厚饱满。

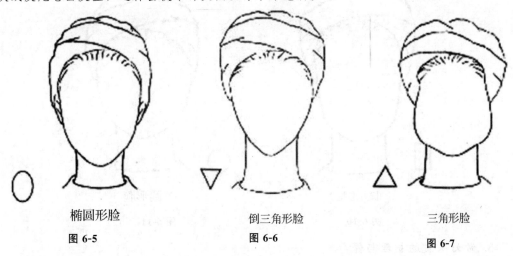

椭圆形脸　　　　　　　　倒三角形脸　　　　　　　　三角形脸
图 6-5　　　　　　　　　图 6-6　　　　　　　　　　图 6-7

钻石形脸特征：前额和下颌轮廓狭窄，颊骨宽阔、高。拥有三角形脸的女性应避免短发及中层次发型，因为平直的造型会使脸型的下巴似乎更尖锐。

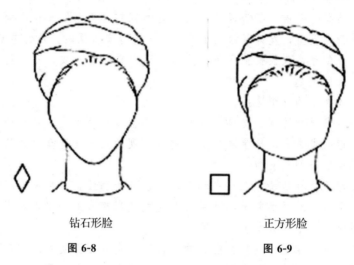

钻石形脸   正方形脸

图 6-8   **图 6-9**

正方形脸特征：前额明显很宽，下颌很宽又有角的，非常强烈的下颌轮廓及脸际线。拥有正方形脸的女性应避免头发中分，也不要留有几何直线剪法的刘海，因为这些都会更强调方型。

长方形脸特征：高的前额和长的下巴。拥有长方形脸的女性应避免斜刘海，否则会暴露过高的发际线，增加纵向的线条，但是也不能没有刘海；同时不要留在下巴形成水平零层次的直长发，也不要留增加头顶高度的发型。

圆形脸特征：圆的外形，脸长度大约等于其宽度。拥有圆形脸的女性应避免卷发和整齐刘海，这样会更强调圆型与丰厚饱满，使脸型显得更短。

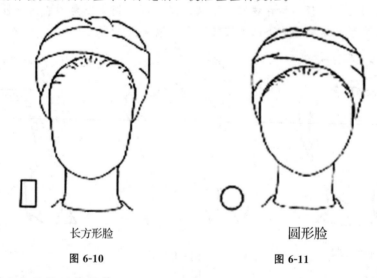

长方形脸   圆形脸

图 6-10   **图 6-11**

3. 做好头发的护理与保养

保持头发的清洁，要勤于洗发，养成定期洗头的习惯。洗发时要选择适合自己发质的洗发水，洗净后可适当抹一些护发素或焗油膏，以保持头发的柔顺，也可使用离子烫拉直头发。此外，要勤于梳理、修剪头发，男士最好每月一次，女士则因人而异。工作场合，不要将头发染成黑色以外的任何抢眼色彩，以接近自然为宜。尤其是老年服务人员，鬓发不应盖过耳部，更不能将头发染成彩色。

> **小贴士：美发秘诀六步曲**
>
> 1. 精心护理头部皮肤。2. 认识自身的发质。3. 选用合适的洗发水。4. 洗发切勿抓挠。5. 干发、梳理莫用蛮力。6. 日常护理很重要。

(二)面部礼仪

1. 面容的清洁

要注意面部的清洁。每天早晚坚持洗脸，及时清除附在面颊、颈部的污垢、汗渍等不洁之物。下面简单说说各部位的清洁标准：

一是脸。应保持洁净，脸上无明细粉刺。女士如果化妆，要保持适度，不留化妆痕迹。

二是鼻子。鼻子是面部较突出的部分。鼻毛不能过长，应及时剪短，保持鼻孔干净。

三是耳朵。内外干净，无耳屎。

四是眼睛。无眼屎、无睡意，不充血，不斜视。如果佩戴眼镜，应保持端正。对于从事老年服务行业的女性来说，切忌带人造睫毛。

五是口腔。口腔要清洁。牙齿整齐洁白，口腔无异味。工作中尤其是与人交谈时，禁止嚼口香糖等食物。

六是胡子。男士应将胡须剃干净或修剪整齐，不留长胡子或者奇形怪状的胡子。

2. 面容的修饰与保养

为了使自己容光焕发，充满活力与工作激情，男士要养成每日剃须修面的好习惯。正式场合，一般不宜留胡须和大鬓角，以免给人留下不修边幅的印象。平时也要重视皮肤的保养和清洁，如果男士选择化妆一定要淡而又淡，力求自然美观，不留痕迹。

对女性而言，为了更好地展示出稳重、大方而不失端庄的风采，需要进行简单化妆，前面已经进行了介绍。化妆是为了使人具有良好的精神风貌，弥补缺陷，增加色彩，因此自然、协调、不露痕迹是最佳的化妆效果。在工作场合，应做到淡妆上岗，自然柔和，得体大方。

> **小贴士：**
>
> 男士应尽量避免身上有过多的烟味、酒味、汗酸味，少吃或不吃容易引起口臭的异味食物(如大蒜、大葱等)，不酗酒、不熬夜。

(三)手部礼仪

对于老年服务人员来说，手部的干净清洁显得尤为重要。因此要经常修剪和洗刷指甲。指甲的长度不应超过手指，不留过长的指甲，指甲缝中也不能留有污垢。此外，绝对不要涂有色的指甲油或在指甲上画图案，也不要在工作场合修剪指甲。

体毛也须适当进行修整。腋毛在视觉中既不美观，也不雅观，因此切忌腋毛外露。万一因为特殊需要，须穿着肩部外露的服装上岗服务时，应提前剃去腋毛。

工作场合切忌穿短裤，也不得挽起长裤的裤腿。女士穿裙装时应穿不抽丝的长筒袜。

情景再现：

某市一家养老机构在入住老人中，发现其中15人感染了病菌，最终导致其中12人死亡。医学专家组成专门小组对此事进行了调查，并对这家养老机构进行了全面详细的检验，都未发现此类病菌。最后，一名专家在两名服务人员的长指甲里发现了寄生的病菌，而此病菌正是导致老人感染并死亡的罪魁祸首。

（四）注重个人卫生

要勤洗澡，勤换衣袜，勤刷牙和漱口，以保持口腔卫生，身上不能有异味。保持脖子的干净卫生，切勿与脸部"泾渭分明"。上班前不能喝酒，忌吃葱、蒜、韭菜等有刺激性异味的食物。平时多以淡盐水漱口，必要时，嚼口香糖可减少异味。不吸烟，不喝浓茶。切忌当着他人的面剔牙，如果必要可选择用手掌或餐巾掩住嘴角剔牙。

 拓展训练

1. 说说仪容修饰的注意事项。
2. 以小组为单位，讨论各自仪容修饰的重点。
3. 结合本节所学知识，根据自己的特点，每位同学给自己来一次形象改变。

任务三

穿着服装

学习目标

知识目标：了解服饰、制服的基本概念及其穿着的必要性；
　　　　　了解着装的基本原则。

能力目标：能准确进行服装的搭配选择；
　　　　　能根据工作需要选择合适的着装。

工作任务描述

　　经历了第一次上班的尴尬，小李特意买了一件黑色西服，套在了白衬衫的外面，心想这下总不会出错了。配上牛仔裤和舒适的布鞋，戴上平日里戴惯了的运动手表，把手机随手往西服口袋一放，背上布包就上班去了。

　　问题思考：

　　1. 小李的着装有哪些不合适的地方？

　　2. 如果你是小李，应该怎样搭配服饰会显得更加得体？

　　3. 男士在穿着西装的时候应注意什么？

工作任务分解与实施

　　西装是被大家公认的男子的正式着装，几乎所有的正式场合都可以穿着。像小李这样从事老年服务管理工作的人员在工作场合穿着西装是个合适的选择。但是，西装也并非随意穿着搭配就能体现出风度和个人魅力。对于刚刚毕业的小李，由于缺乏必要的西服穿着知识，在选择服饰搭配的时候出现了一些错误。因此，我们必须学会西装穿着的基本礼仪和规范，而在学习了这些知识后相信大家也可从中找到案例中问题的答案。

一、掌握西装着装的基本准则

　　西装一般分为套装和单件上装。所谓的单件上装即现在比较流行的"便西"，一般用于非正式场合，比如参观考察、商务旅游等。"便西"的颜色有多种选择，也可以搭配不同颜色的裤子，包括牛仔裤。穿"便西"的时候，上衣可以为衬衣，也可以为 T 恤，注重突出随性潇洒、时尚不呆板的感觉。但是，在一些较为正式的场合，男子应穿西服套装。

像小李这样从事管理类工作的服务人员，更应该注重西服的穿着，给人以庄重沉稳的印象。那么，男子在穿西服套装的时候有哪些基本礼仪呢？

（二）把握"三一定律"和"三色原则"

"三一定律"是指穿西服套装时，鞋子、腰带、公文包应为同一颜色，而"三色原则"是指穿西服套装时，全身包括上衣、裤子、衬衫、领带、鞋子、袜子在内的颜色不能超过三种。"三一定律"和"三色原则"是穿西服套装最重要的规则。只有遵守了最基本的礼仪，才能将西服穿出档次和品位。一般来说，男子的西服套装以素色为主，深蓝色或者灰色是上班族的最佳选择。而黑色更多应用于社交场合，也可充当礼服。从中我们也可以看出，小李犯的最大的错误就是没有遵守这两个基本准则。

（二）注意整洁平整

无论是西服本身，还是搭配的衬衫、领带等一定要干净整洁、熨烫平整、没有褶皱，尤其是衬衫的袖口、领口不要出现污渍，西服裤子要显出裤线。要及时拆除服装上的商标尤其是袖子上的。在正式场合，穿西服套装要搭配领带，衬衫的袖扣必须系上，同时下摆要塞进西裤里。要注意袜子和西服的搭配。

二、掌握西服着装的注意事项

（一）选择合体的西服套装

俗话说"适合自己的才是最好的"，因此在选择西服套装的时候并非越贵越好，要根据自己的身高、体型、肤色选择得体的西服。一般来说，在穿着西服的时候上衣身长应高于手的虎口，摆与地面平行，袖长和手腕相平；胸围以穿一件羊毛衫感到松紧适中为宜；裤长以裤腿边口前盖脚面、后不擦地为准。其中图 6-12 为合身的西服、图 6-13 为不合身的西服。

图 6-12　　　　　　　　　　　　图 6-13

（二）内衣搭配

穿着西服时，一般在里面搭配衬衫。衬衫以单色、浅色为主，尤以白衬衫居多。正式场合切忌穿着太过花哨的衬衫。如果搭配领带，则衬衫所有的纽扣都要系上；如果不系领带，衬衫最上面的一粒纽扣解开。

衬衫的领口不应被西服领子覆盖，通常要高于西服领子 1.2cm 左右。如图 6-14 所示。

（错误）　　　　　　　（正确）

图 6-14

衬衫的袖口应长于西装袖口，以 1～2cm 为宜。同时袖口应盖住手腕，以到达拇指根部为最佳。并且袖口应大小适宜，便于手臂上下活动。如图 6-15 所示。

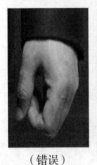 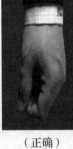  

（错误）　　　（正确）　　　　　（错误）　　　（正确）

图 6-15

男士穿着西装讲究有型，为了增强审美效果，除了衬衣和马甲外，不宜再穿着其他衣物，否则会显得臃肿。

小贴士：

冬季寒冷时，可选择一件套头的薄 V 领羊毛衫或羊绒衫，这样既不妨碍系领带，也不影响整体的美观。切记，不要穿开身的毛衫，更不要同时穿多件毛衫。

(三)西服纽扣

西服的纽扣具有一定的装饰作用，其扣法也很有讲究。西服套装有单排扣和双排扣之分，简单来说，西服纽扣系法的基本原则是双排扣全扣，单排扣扣上不扣下。对于单排扣西服，有单粒、两粒和三粒扣子，非正式场合可以选择全都不系，显得飘逸潇洒；在正式场合，通常需要系上单粒纽扣、两粒纽扣的上边一粒和三粒纽的中间一粒或上边两粒。对于双排扣西服，所有纽扣必须一律系上。就座时，为防止西装扭曲走样，也让着装者本身感觉舒服自然，可将最下边的纽扣或者全部纽扣解开。

(四)西服口袋

西装的口袋只具备装饰作用，没有使用价值。因此只可放装饰手帕、襟花，不可插笔或放置其他物品。此外西服裤子也禁止放满物品，以免破坏整体美。对于钱包等随身物品可以放在上衣内侧口袋里，但切忌放入过大、过厚的物品。

（五）鞋袜

穿西装时一定要穿皮鞋，切忌穿旅游鞋、布鞋、球鞋、凉鞋、拖鞋等，否则会显得不伦不类。皮鞋要勤上油勤擦拭，确保鞋子没有灰尘、污迹。穿西装不可光脚，也不要穿袜口太短或松松垮垮的袜子，袜子的长度最好超过小腿上部，不然就座时稍不留意露出腿部，有失雅观。此外，皮鞋和袜子的颜色要同西装的颜色搭配，一般以深色如黑、深棕、深咖啡色为佳。

（六）领带

正式场合穿着西装需要打领带，选择领带时宜选择图案简单、色彩保守的领带，以单色、圆点或条纹图案为主，忌用色彩浓艳的领带，且全身上下不宜超过三种颜色。领带的面料可选择丝质、化纤、棉麻等。系领带时，需系好衬衫领扣，领带结要系在领扣上。如果穿有毛衫等，领带必须置于毛衫之内。

拓展阅读

一、制服

制服，是指在一定时期内同一团体的人按照一定规章穿着的、具有一定形式的服装。根据其规制力的强弱可分为依照法律规定穿用的正式制服和根据团体规章制度穿用的职业制服。前者如军服、警服，后者即一般的工作服、作业服、职业服。老年服务的从业者穿着的制服属于后者。一般来说，制服是某一团体的象征物和标识物，比如我们看见军服，自然想到了军人；而看到了白大褂，也容易和医护人员联系在一起。

制服是一种实用性极强的工作用衣服，一方面，制服从着装者的职业特点出发，在造型和结构上都与工作环境、劳动强度、运动量大小等相适应，便于更好地开展工作，提高工作效率，对从业者本身也具有一定的保护作用；另一方面，它具备了一定的约束力和仪礼性，使着装者处于某种紧张状态，从而在与环境的协调中，表现出对他人尊敬友爱的感情和对本职工作认真负责的态度。如军人穿上军服后会精神百倍，普通的工人换上了工作服，也意味着一天的工作即将开始。

二、着装的基本原则

简单来说，服饰即身上穿的各种衣裳服装及饰品搭配的统称，不仅具备遮体避羞、御寒防暑的功能，还具有一定的审美功能。服饰反映出一个人的文化素养、审美倾向，也在一定程度上体现出对他人的态度，关系着交往的顺利开展和工作任务的实施。因此，我们应该注意着装礼仪。

着装不等同于简单地穿衣。一个服饰形象好的人，会给人留下得体大方、值得信赖的印象。俗话说"三分靠长相，七分靠打扮"，对于个人来说，要找到最适合自己的穿衣打扮方式，但是也并非随心所欲进行搭配，还需要结合自身特点、职业性质并根据场合、环境、时间等进行精心地选择，并且遵循一定的着装原则。

(一)整洁原则

服饰的整洁一致是良好仪表的第一步。试想无论多么新款、多么大牌的服装若不够整洁,将大大影响个人的仪容。无论是工作服还是休闲服,只有保持清洁,并熨烫平整,才会给人精神饱满、庄重大方的感觉。此外,保持服装的整洁也是尊重他人的需要,也容易给对方留下好的印象。

(二)"TPO"原则

着装的"TPO"原则即着装要考虑到时间(Time)、地点(Place)、场合(Occasion),这是着装最基本的原则。要求人们在选择服装时,应兼顾时间、地点、目的并随其变化而改变,力求协调一致。

1. 时间原则

时间原则即服装的选择与时间相适应,这里主要包括三层含义,既有时间的差异,比如在西方男子白天不能穿晚礼服,夜晚不能晨礼服;又符合季节的时令,比如冬夏两季的着装明显存在差异;还要富有时代的特征,比如传统的汉服我们现在很少穿着。

2. 地点原则

地点原则即服装的选择与地点相适应的,主要考虑所处的地理位置、自然条件以及生活习俗等,简单来说就是"因地制宜",比如南方人很少围围巾。

3. 场合原则

场合原则即服装的选择与场合、目的相适应。比如,办公、社交和休闲三大场合的着装选择一定有所差异。一般来说,办公场合要选择庄重保守的衣服,不宜太过暴露;社交时就可以选择时尚个性、时髦流行的服饰;而休闲场合则更注重舒适自然。

(三)和谐原则

和谐原则即着装要与年龄、肤色、体型、职业身份等相适宜,使整体着装看起来和谐一致、美感十足。

1. 着装要符合身份,与年龄相协调

在选择服装时,一定要注意自己的年龄。比如,年轻人和中老年人在着装上一定有所区别。年轻人的着装尽量体现自己的青春之美,中老年人则注重表现自己的成熟风韵。要从实际出发,而并非一味盲目追求潮流,忽视年龄、身份的差异。

2. 着装要扬长避短,与个人的体型、肤色等相协调

现实中不可能有十全十美的人,每个人的体型、肤色差异很大。为了更好地展示自己的美好形象,必须要了解自身的优缺点,用服饰来达到扬长避短的目的。比如,肤色白皙的可以选择任何颜色的服装;肤色偏黄的最好不要选择和肤色相近或颜色较暗的服装。再比如矮胖体型的可选择带有垂直线型图案的服装,使视觉上有延伸和狭窄感。

3. 着装要遵守常规,与个人职业特点相协调

虽然现在是一个讲究个性的时代,但是着装应合乎最起码的规范,遵循固定的搭配,不应各行其是,为所欲为。同时还要结合个人职业特点,比如,军人穿得太过随意,就显得没有威严感;服务从业人员打扮得过于新潮时髦,就失去了干练稳重。尤其是从事老年服务行业的人员,着装既要优雅大方,同时要考虑服务对象的感受,最好略带保守。

三、服装的色彩搭配

服装色彩是服装感观的第一印象，色彩搭配得当往往能带来神奇的视觉效果，令人耳目一新。若想服饰的美感得到更加淋漓尽致地发挥，也有必要了解一些色彩及其搭配的知识。一般来说，暖色调如红、黄等，给人温和、华贵、热情的感觉，冷色调如紫、蓝等让人觉得恬静、安宁，中间色如白、灰等，给人平和、稳重的感觉。

> **小贴士：常见颜色较适宜搭配的颜色**
>
> 红色：与黑色、白色、深蓝色；
>
> 黄色：与黑色、白色；
>
> 白色：与土黄色、明灰色；
>
> 绿色：与白色、黑色
>
> 紫色：与白色、黄色；
>
> 蓝色：白色、粉红、浅绿、浅咖啡、浅灰色；
>
> 灰色：与任何颜色。

服装配色的基本方法概括来说有三点，即同色搭配、类似色搭配和对比色搭配。如图 6-16 所示。在不知道如何选择颜色的时候，白、灰、黑是最佳选择，即所谓的"安全色"，最常见的工作服也常常选用这三种颜色。

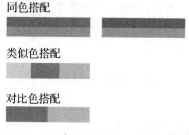

图 6-16

四、老年服务人员的着装礼仪

作为老年服务人员，其着装的礼仪同样要遵循常规，同时考虑职业的特殊性。从事老年服务行业的人员按其工作性质和内容大致可以分为两类，一类是行政管理人员，一类是护理人员。接下来我们重点讲解这两类人员的着装礼仪。

（一）行政管理人员的着装礼仪

如果服务机构有统一的工作制服，那么工作时就按照单位要求着统一服装，保持干净、整洁即可。没有特殊要求的情况下，对于男士，最好选择西装，前面我们已经讲授过西装的穿着礼仪，这里不再赘述。下面重点讲一下女性管理人员着装的几点注意事项。

1. 服装要得体

对于女性来说，着装以套装或套裙为宜。但是考虑到老年服务机构亲切、平和、轻松的环境，也可选择其他款式简洁、明朗、大方的服饰，但是切忌穿太紧、太短、太透和太露的衣服，且服装的装饰性不要太强。服装颜色的选择以素雅为主，切忌过分鲜艳和杂乱。白色、米色、灰色、黑色、咖色等都是比较合适的色彩。如果选择穿裙装，可选择裙摆稍长的，在工作场合切忌穿超短裙。

2. 鞋子要相配

鞋子的选择要与整体协调，在颜色和款式上与服装相配，中跟鞋是最佳选择。无论是从舒适的角度，还是从工作开展的角度，最好都不要穿长而尖的高跟鞋。

3. 袜子很重要

袜子虽小，但同样不能忽视。在工作场合不宜露着光腿，也不要穿彩条、有图案、镂空、有链扣等比较花哨的袜子。切记不穿破损的袜子。着裙装时应配长筒丝袜或连裤袜，选择透明近似肤色最好，袜子不能有脱丝。为了以防万一，可在包里放一双备用，以便脱丝能及时更换。

(二)护理人员的着装礼仪

从事老年服务工作的护理人员，可以是生活照顾人员，负责老人的日常起居等，也可以是持有专业资格证书的护工，主要负责老人的健康护理等。无论是哪一类护理人员，在日常工作中都应该穿养老机构的统一工作服，服装应保持合体、平整，无破损，无污迹，纽扣完整无缺并齐全扣好。若有脱扣应及时缝补，不能以胶布、别针代替。工作服内衣领不可过高，颜色反差不可过于明显，自己的衣、裤、裙不得超出工作服、工作裤的底边。另外，口袋不要放太多东西，以免破坏服饰的整体美。着工作鞋，选择低跟、舒适、防滑的鞋子，不但舒服、减轻疲劳、方便开展工作，也可防止发出刺耳的声响，影响他人。袜子以浅色为主，白色、肉色均可，要与鞋子保持一致。具有专业资格的护理人员应着白色护士服，穿统一的护士鞋，其基本要求与普通护理人员一样。此外还需戴燕尾帽，在特殊情况下还应戴上手套。

在有特殊护理要求时，如护理患有传染病的老年人时，护理人员还需着特殊的护士服。主要包括隔离服和防护服两种。隔离服一般在护理传染病时使用，其款式为中长大衣后开背系带式，袖口为松紧式或条带式。穿、脱隔离衣有着严格的操作流程和要求。穿隔离服时，必须配用圆筒式帽，头发要求与戴口罩标准同穿手术服一致。防护服为特殊隔离服，主要用于护理经空气传播及接触性传染的特殊传染病如 SARS，在一般的服务机构用不上，这里仅作简单了解。

五、服装饰品的礼仪技巧

(一)帽子

帽子的佩戴必须与服装、年龄、脸型、发型等相配。佩戴时，可正戴也可稍微倾斜。一般来说，只有在参加正式仪式时，女士才会选择戴帽子。在公务活动中，室内不宜戴帽子；在社交活动中，允许戴帽子，在对长者表示敬意或看演出时，应将帽子摘下来。在老年服务行业，只有专业的女性护理人员在工作时需佩戴燕尾帽。戴燕尾帽时，发夹不应露出帽外，碎发应用与头发颜色相近的发夹夹起；其他人员及生活照顾人员佩戴圆筒帽。戴圆筒帽时，帽子应包裹头发，无碎发露出；一般人员则不需要佩戴帽子。

> **小贴士：燕尾帽的戴法**
> 燕尾帽又叫护士帽，是护理人员的工作帽。佩戴前，应将头发梳理整齐。佩戴时，帽子要戴正、戴稳，距发际4～5厘米处，用白色或黑色发卡固定于帽后。戴好后，以低头时刘海不垂落遮挡视线、后发不及衣领、侧不掩耳为宜。

(二)围巾

男士上班或在较正式的场合戴围巾，应选用棕色、灰色、深蓝色的围巾。进入室内后，应连同外衣、帽子一起脱掉。需要注意的是男士任何时候在室内都不戴围巾、帽子、手套。

女士的围巾应与服饰、体型协调。若服装颜色单一或者颜色偏重，可选择颜色鲜艳的围巾；若服装本身很花哨，则应选择素色围巾。个子高者可选择大一点的围巾；身材纤细的人，围巾最好小一点。

(三)腰带

男士腰带有工作时和休闲时使用的两种。在工作时，使用腰带最好选择黑色或棕色皮革制品，其宽度一般不超过3cm。

女士腰带主要起装饰服装的功效，因此要同服装配套，并且注意自己的体型。身材苗条体型较好者可系上宽腰带；个子娇小者可系上细腰带；如果体格较胖，可选用环扣粗大的深色腰带，宽度中等即可。

(四)手套

由于时代的发展，现在手套的使用范围小了许多，也只有在穿正式礼服时女性才会戴。手套颜色的选择应与衣服的颜色和款式一致。女性穿西服套装或夏令时装时，适合戴薄纱、网眼或涤纶材质的手套。选择无袖礼服，应佩戴过肘部的长手套；着短袖礼服时，最好不要戴手套。

> **小贴士：**
> 与人握手时，女性是否需要戴手套，依情况而定。与身份、地位、年龄比自己高的人握手时，应脱掉手套，以示尊敬；相反，则无需脱掉手套。喝茶、就餐时，最好提前脱掉手套。

对于从事老年服务行业的人员来说，则根据实际工作需要和工作性质来选择棉质或者胶质的工作用手套，一方面显得干净卫生，另一方面对工作者本身起到防护作用。选用和自己手型吻合的手套，并且在佩戴之前将手洗干净。工作用的手套必须进行严格区分，不能随意乱用。工作完毕后，需将手套清洗干净方便下次使用。如果发现手套磨损，应及时更换。专业护理人员应遵守手套的使用原则，不可在戴着手套的情况下进行非医疗操作。非工作场合，无需戴手套。

六、领带打结全攻略

正式场合着西装必须系领带，在打领带时要将衬衫领扣扣好，领带结要系在领扣上，领带长度以系好后大箭头垂直到皮带扣处为佳（特别注意大箭头不要过长；更不可小箭头长于大箭头）。系领带夹时，一般夹在第4～5个纽扣之间。那么，领带都有哪些系法呢？

第一款：亚伯特王子结（图6-17）

适用于浪漫扣领及尖领系列衬衫，搭配浪漫质料柔软的细款领带。

正确打法：在宽边先预留较长的空间，并在绕第二圈时尽量贴合在一起，即可完成。（图6-18）

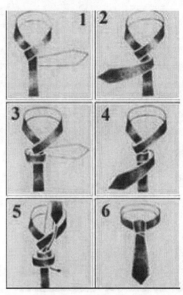

图6-17

图6-18

第二款：四手结（图6-19）

是所有领结中最容易上手的，适用于各种款式的浪漫系列衬衫及领带。其打法见图6-20。

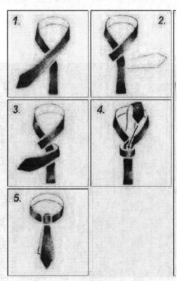

图6-19

图6-20

第三款：浪漫结(图 6-21)

浪漫是一种完美的结型，适合于各种浪漫系列的领口及衬衫。完成后将领结下方的宽边压以褶皱可缩小其结型，可将窄边往左右移动使其小部分出现于宽边领带旁。其打法见图 6-22。

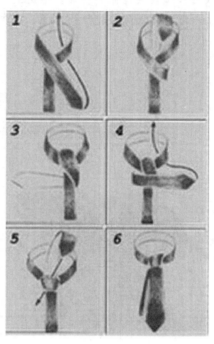

图 6-21

图 6-22

第四款：半温莎结(十字结)(图 6-23)

此款结型十分优雅及罕见，使用细款领带较容易上手，最适合搭配在浪漫的尖领及标准式领口系列衬衫。其打法见图 6-24。

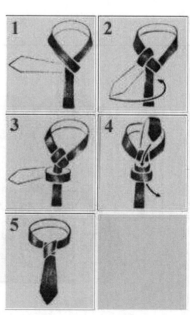

图 6-23

图 6-24

拓展训练

1. 着装的原则是什么？

2. 小红（女）作为一名从事老年服务的管理人员，其在选择着装的时候应注意些什么。

3. 参照领带扎系图，每位同学学会一到两种领带的扎系方法。

4. 学习完本节内容，请同学们结合自身特点，为自己选择一套合适的服装。

任务四

佩戴饰物

学习目标

知识目标： 具有正确的饰物佩戴理念；

熟悉饰物佩戴的基本要求。

能力目标： 能快速、熟练进行饰物佩戴；

能掌握随身物品携带的基本技巧。

工作任务描述

小王是社区的一名工作人员，下午要去李奶奶家做需求评估，为了给李奶奶及其家人留下好印象，她决定好好打扮一下自己。最后，她选中了一条大花的连衣裙，穿上高跟凉鞋，戴上项链、耳环、戒指、手链，还化了妆，随身带了漂亮的笔记本。她认为这样一定能在外形上加分。

问题思考：

1. 小王的饰物和随身物品有哪些不合适的地方？

2. 如果你是小王，应该怎样搭配饰物会显得更加得体？

3. 老年服务人员在饰物佩戴方面应注意什么？

工作任务分解与实施

一、掌握基本饰物的运用要求及技巧

饰物根据其佩戴的位置，可分为头饰、耳饰、颈饰、腕饰（手腕、脚腕）、发饰等。佩戴饰物的主要目的是为了提升个人气质，增加美感，达到"锦上添花"的效果。饰物的佩戴也是要讲究规范的，选择合适的饰物，会增添魅力，反之则会影响整体的美感。一般来说，护理人员尽可能不要佩戴任何饰物，这样可以更方便地开展工作；行政管理人员可以戴饰物，但要符合基本礼仪，因为有些饰物具有约定俗成的意义。只有了解了这些基本常识，才能在达到高雅美丽的同时，又合乎于礼仪规范。下面我们就简单介绍饰物、佩戴的基本礼仪。

（一）项链

项链是戴在颈部的环形首饰，男女均可使用。对于男士来说，戴项链时一般不要外

露。戴项链时，要与服装及个人条件相协调。身着柔软、飘逸的丝质衣衫时，应戴精致、细巧的项链；穿素色或单色衣服时，则应选择色泽艳丽的项链。衣领高时，项链的尺寸不宜过长，冬季穿着高领毛衫时，项链可以戴在衣服外面。项链的粗细，应与脖子的粗细成正比。脖子较粗的人可以选择粗一些的项链，脖子较细的人则佩戴细一些的项链。尖形脸或者瓜子脸的女士可选较细较短又秀气的项链，方形脸或圆脸的女士比较适合佩戴细长些的项链。

（二）戒指

戒指是一个最具象征意义的饰品，其佩戴具有严格的规范。戒指就像一种无声的语言，戴在不同的手指上就代表了不同的意义。佩戴戒指时，应与手指形状、肤色相配。一般来说，戒指应戴在左手，且一只手上只能佩戴一枚。手指粗大多肉者，应选择小巧的指环式的戒指，不应堆砌过多；手指修长匀称者，任何形态的戒指均可选择；而过于瘦弱的手指，不适合佩戴具有沉重感的大型戒指。肤色较深的人较适合戴纯金戒指，肤色较白者则适合白金戒指，银戒指的适用性极好，无论任何肤色，皆适合佩戴。

> **小贴士：戒指的含义**
>
> 戒指戴在食指上——表示求爱、想结婚；戴在中指上——表示恋爱中；戴在无名指上——表示已经订婚或结婚；戴在小指上——表示独身；拇指通常不戴戒指。

（三）手镯及手链

手镯（手链）是戴在手腕部位的环形饰品，备受女性的青睐，其佩戴也颇有讲究。相对于戒指来说，佩戴手镯没有严格的个数限制，如果只戴一只应戴在左手；带两只可以都戴在左手上，也可以左右各戴一只；多于两只则都应戴在左手上，不过戴三只以上的情况比较少见。戴手镯时，应考虑手镯内径的大小与胳膊的粗细。手链佩戴的规范与手镯大致相同。如果佩戴手表，那么手链与手镯不应与手表戴在同一只手上。如果同时戴手镯、手链和耳环等首饰，一般可省去项链或只戴短项链，以免三者在视觉上重复，影响美感。如果戴手镯或手链又戴戒指时，则应考虑两者在式样、质料、颜色等方面的协调与统一。

（四）耳环

耳环，也叫耳坠，是女性耳垂的特殊饰物，种类、花样众多。耳环的设计可分为穿耳洞、夹式的和扭转式的，耳环的佩戴也要注意与自身的条件、服饰着装等协调一致，只有这样才能显现出应有的风采。圆形丰满脸形者，可以佩戴垂吊式的耳环，尖形、长方形均可，切忌选择四方、三角或纽扣型的耳环；长脸形者，可选择短而圆的耳环，配上纽扣形或者稍大些的不规则形状的耳环，可使脸部显得较宽；椭圆形脸者，各式耳环皆可佩戴。身材纤细瘦小的人，应戴小巧秀气的耳环；身材高大的、脸形宽大的女性，则应戴大型的耳环，才能衬出大方的气质。另外，佩戴耳环还应注意个人的发型，圆形脸戴上串珠式耳环，再梳高发髻，就会在视觉上削弱圆形脸的印象；方形脸若配上一副葡萄或麦穗形的精致耳环，再梳一头长波浪曲线式披肩发，整个脸部就会变得协调而带有媚人的风韵。上班时，最好选择简洁的耳饰进行搭配，这样会显得端庄稳重，而戴眼镜的女性不宜佩戴过大的耳饰，可选择小巧玲珑的耳钉、耳坠作点缀。

（五）胸针与胸花

胸针可别在胸前，也可别在领口、襟头等位置。最传统的扣法是将胸针扣在外套的翻领上。胸针式样要注意与脸型协调。长脸型宜佩戴圆形的胸针；圆脸型应配以长方形胸针；如果是方脸型，适宜用圆形胸针。胸花的佩戴有一定的讲究，应根据服装的色彩、面料、款式来选用。白色衣裙配上天蓝色或翠绿色胸花，形成冷调的协调美；红色衣裙配以黄色、本色胸花，形成暖调的和谐美。佩戴胸花时没有一定的原则，只要看上去不刺眼就行。

一般只有在较为正式隆重的场合才会选择佩戴胸针或者胸花，在工作场合一般不用佩戴，但是佩戴的基本礼仪还是有必要进行了解。如果从事老年婚恋服务，下面的知识也是非常实用的。

> **小常识：婚礼中胸花的佩戴礼仪**
>
> 胸花是点缀，具有画龙点睛的效果，不能喧宾夺主地成为视觉焦点。新郎选择胸花的材质和色彩时应把领带的色彩考虑进去，选择领带上的某种色彩作为胸花的主色调就会比较和谐。胸花应别在西装外套的左领，如果没有现成的扣眼可放，胸花置于西装领上，花梗垂直向下，对准鞋子的位置别好即可。新娘胸花的材质和大小要与服装搭配，且质地尽量保持一致。佩戴胸花时，应以左侧为宜，如果戴在胸前，离心脏向上 10 厘米左右处为最佳位置。

二、掌握佩戴饰物的基本原则

（一）质地精良

当下的饰物有传统保守的，也有时尚流行的。前者一般用贵重材料制作而成，质地较好，价值也高；后者一般使用较为普通的材料，价格相对低廉，但款式多样，备受年轻人的喜欢。在正式的社交场合，为了表示对活动的重视，对他人的尊重以及显示个人气质品格，最好选择质地精良的饰物进行佩戴，显得有档次。饰物的质地要选择精良、做工俱佳，不要选择粗制滥造之物，要戴就戴质地、做工俱佳的。

（二）恰当一致

饰物相对服装来说处于从属地位，起点缀作用，并非多多益善，如果浑身上下珠光宝气，挂满饰物，会让人感觉庸俗并且没有丝毫美感。所以佩戴饰物时，应本着少而精的原则，点到为止，恰到好处。事实上，在公共场合首饰至多不能超过三件，而且场合越正规，适宜佩戴的首饰就应当越少。同时还要注意饰物质地的一致，力求同色，要金全金，要银都银，不能金、银、玉石等等随便搭配，显得混乱且没有品位。佩戴镶嵌宝石类首饰时，应该尽量保证主色调的一致性。

（三）搭配协调

饰物的佩戴必须符合一定的礼仪规范和佩戴原则，以达到具有魅力、展示高雅、合理渲染的效果。佩戴饰物要同场合、身材、身份、脸型、服装等相协调，用饰物突出优点，遮掩缺点，以衬托仪表，体现个性，展示出佩戴者的内在气质和高雅品位。

1. 饰物与场合

工作中最好不戴或少戴饰物，交际应酬时可选择佩戴饰物。佩戴时以保守为佳，日常生活、工作和交往时最好戴小型的饰物，不宜戴粗大型的耳坠、手镯、项链等。出席晚间活动，需要佩戴精巧细致的饰物，甚至要考究一点，以发光发亮为佳。

2. 饰物与服装

注意饰物与服装的搭配协调，同色调搭配可以产生相辅相成的效果，对比调搭配可以达到相得益彰的效果。要注意饰物与服装的价值相匹配，注意档次协调。另外，饰物要同服装的款式相配。宽松式服装可以与粗犷、松散的饰物相搭配；服装紧身合体则适合与精细小巧的饰物搭配。如上衣领口大则可配长项链，领口小可配短项链；"V"字领可佩戴挂件的项链；高领衫可佩戴较长的珠宝项链。

3. 饰物与身材脸型

佩戴饰物时要与自己的体形相配，突出个性，不盲目模仿。不同体型的人在搭配饰物时要学会扬长避短。例如瘦小的人选择佩戴长度适中，设计精巧的项链；偏胖的人则适合佩戴具有坠感的项链。胖圆者适合长耳坠，忌大而圆的耳环；瘦长脸者适合大而宽的耳环，忌长而下垂的耳环；肤色深的人适宜浅色耳环；肤色浅的人适用深色耳环。

4. 饰物与身份性别

佩戴饰物还要符合身份，显优藏拙。任何人在选择佩戴饰物时都应该注意自己的性别、年龄、职业特征与所戴首饰的协调性。一般来说，比较高档的饰物比较适用于大型社交晚会，并不适合在日常工作生活中佩戴。工作人员不宜佩戴粗大、怪异的饰物，而且工作场合以庄重、保守为佳，最好选择戴耳钉而不戴耳环、耳坠。同时，要注意性别差异，一般场合女士可以选择多种饰物佩戴，而男士最多只戴一枚结婚戒指，而且场合越正规，男士佩戴的饰物应越少。

三、老年服务人员的饰物佩戴礼仪

对于老年服务人员，和着装一样，在佩戴饰物时要考虑到职业的特殊性。接下来我们还按照行政管理人员和护理人员这两类对其饰物佩戴礼仪进行介绍。

(一)行政管理人员的饰物佩戴礼仪

行政管理人员饰物佩戴的总要求是"符合身份，以少为佳"，在佩戴时应讲求整体的效果。因为工作的特殊性，接触的人群以老年人为主，大多数老年人都比较传统、保守，因此选择佩戴的饰品不应过分炫耀夸张、刻意堆砌，简洁、明快即可，以达到锦上添花的效果最好。佩戴饰物时候，应以不影响工作、不炫耀财力为前提，在工作场合着工作装时，一般提倡不戴，但可以选择佩戴项链、戒指、耳钉等简单大方的饰物，但是注意佩戴饰物的数量上一定不要超过三个，而且应保持饰物质地色彩相同。

佩戴饰物时还应注意季节的变化，比如春秋季可选戴耳环、胸针，夏季选项链和手链，冬季因穿着衣服过多，不宜选用太多的饰品。同时，一定要注意饰物的寓意和习俗，比如戒指、玉坠等的佩戴，以免闹出笑话。

情景再现：代我向你先生问好

王丽毕业后应聘到一家养老机构工作，主要负责照顾李奶奶的生活起居。李奶奶对小王热情的态度和周到的服务非常满意，感激地对她说"谢谢你啊姑娘，你老公真有福气，娶到你这么一个好媳妇，代我向他问好啊！"小王一下子傻眼了，因为她连男朋友都没有呢。可是，李奶奶也没有错，她是因为看见小王左手无名指上的戒指才这么说的。

（二）护理人员的饰物佩戴礼仪

无论是专业的护理人员还是普通的生活照顾人员，工作时都不宜佩戴饰物，如戒指、手链、手镯、耳坠、耳环、耳钉等。也不宜留长指甲及涂染手指和脚趾甲。饰物不仅妨碍工作的正常开展，而且在接触老年人时，会划伤老人、划破手套、脱落污染、不便于手的清洁消毒。虽然我们注重自身的仪容仪表，但是作为护理人员不需要佩戴过多饰物和过分化妆。

 拓展阅读

一、随身物品的运用要求及技巧

（一）包

前面我们提到，男士西服口袋不适宜放东西，所以，工作场合男士可携带公文包，将文件、钱夹、名片、手机、笔、本、手表、打火机、钥匙、眼镜等常用物品放置其中。公文包以深褐色、棕色皮革制品为佳，包上不宜带装饰物，也不宜随意使用其他物品代替，否则会显得不伦不类。

女士的包包有多种选择，但是式样必须大方，与服装、鞋子搭配一致。包包的质地宜选择皮质、混纺麻制、做工精良的织品等，禁用帆布包及草编包等。可以多准备几个包包，用于不同的季节、场合，搭配不同的服装。也可以适当选择大一些的包，这样可以存放更多必备物品。

（二）手帕

手帕一种是装饰型的，没有实际的使用价值，多与男士的西装搭配，折叠成形置于上衣胸前口袋，配合领带、衬衫的颜色而变化，以增添男士的气质风度。另一种随身携带用来擦汗、擦手的，但是当下为了追求方便快捷，人们已经开始用纸巾来代替手帕的使用功能了。

（三）眼镜

选择眼镜时除了根据视力，还要依据脸形。在室内或正式的工作场合不要戴黑色墨镜，且其镜片上不要贴有商标。如果患有眼病而不得已为之时，应向对方说明原因。

（四）手表

正式场合最好佩戴机械表，不要戴潜水表、太空表或卡通表等。

（五）手机

手机要放在随身携带的包里，不可别挂在腰间或放在上衣口袋里。

（六）笔

为了方便工作，应随身携带一支笔。男士可将笔插在西装上衣内侧的口袋中；女士可将笔放在包里。

（七）胸卡

从事老年服务行业的人员，还需要佩戴胸卡，向他人表明自己的身份，便于随时接受监督。佩戴胸卡时，要正面向外，别在胸前，要注意其表面的干净整洁，避免其他物品沾染。

（八）口罩

护理人员在工作中还应佩戴口罩。佩带口罩时应完全遮盖口鼻，不可露出鼻孔，而且佩戴的位置高低松紧要适宜，保持清洁美观，不然不仅影响个人形象，还起不到防护作用。口罩应每天清洗更换、保持洁净，不使用时不宜挂在胸前。在一般情况下，与他人讲话时要摘下口罩，因为长时间戴着口罩与人讲话会让人觉得不礼貌。

二、老人出门的 10 样必备物品

在本节课中，除了饰物佩戴的礼仪，我们还简单介绍了老年服务人员随身物品携带的一些技巧，那么如果老人要出门，我们应该为老年人准备哪些物品呢？下面的知识相信一定会帮助你！

1. 运动鞋。2. 联系卡。3. 方便药盒。4. 拐杖。5. 老人手机。6. 坐垫。7. 帽子。8. 老花镜。9. 助听器。10. 零钱。

 拓展训练

1. 一般的饰物包括哪些？其佩戴的原则是什么？

2. 在佩戴饰物的过程中，有没有遇到过尴尬的情况。请大家结合自身经历谈一谈对饰物佩戴礼仪的看法。

3. 小红是养老机构的一名护理人员，马上就要正式上岗了，请同学们分组讨论，其在饰物佩戴和随身物品携带方面的注意事项？

项目七　掌握老年服务仪态礼仪

 项目情景聚焦

　　在人口老龄化日益严峻的社会背景下，我国的老年服务面临着新的挑战和机遇。老年群体的巨大需求，催生了快速发展的老年服务行业。在老年服务的行业发展中，正规、亲切的服务礼仪显得尤为重要。良好的仪态礼仪，会让老年人感觉亲切，更有助于老年服务活动的顺利开展。

任务一
认知仪态礼仪

学习目标

知识目标：明确仪态礼仪的重要意义；
　　　　　了解仪态礼仪的基本概念；
　　　　　掌握老年服务仪态礼仪的主要原则。
能力目标：科学认知老年服务仪态礼仪；
　　　　　用正确的理念指导个人的老年服务活动。

工作任务描述

小李，22 岁，某高职院校老年服务专业毕业，进入"夕阳红"老年服务机构。小李工作积极性很高，但在与别人的交往中，他是个外冷内热的人。小李很想改变自己，为了更好地适应工作，他打算进行仪态礼仪的专门训练。

问题思考：
1. 在为老人服务时，小李应秉承什么样的理念？
2. 在进行仪态礼仪训练时，小李应遵循什么样的原则？着重注意哪些事项？

工作任务分解与实施

一、了解仪态礼仪

社会科学把仪态既看作是一种社会现象，又看作是一种心理现象。关于仪态，《说文解字》这样解释，"仪，度也。"而社会学则把仪态看做是形式化的行为。

仪态指人在行为中的姿势和风度。姿势是指身体所呈现的样子；风度则是属于内在气质的外化。内在气质的外化，除了外在的修饰和着装之外，就是人形体语言了，它反映人的动作和举止，包括姿态、体态、手势及面部表情。可以说，一个人的一举一动、一笑一颦、站立的姿势、走路的步态、说话的声音、对人的态度、面部表情等，都能反映出一个人仪态美不美。而这种美又恰恰是一个人的内在品质、知识能力、修养等方面的真实外露。对于仪态行为礼仪，要求做到：自然、文明、稳重、美观、大方、优雅、敬人的原则。

仪态属于人的行为美学范畴。它既依赖于人的内在气质的支撑，同时又取决于个人是否接受过规范和严格的体态训练。在人际沟通与交往过程中，它用一种无声的体态语言向人们展示出一个人的道德品质、礼貌修养、人文学识、文化品位等方面的素质与能力。

仪态的许多方面，不仅是待人接物、为人处世的礼节规范要求，同时它也将一个人的风度尽展其中。所以，老年服务人员无论在工作岗位，还是在社交场合，都应注重仪态美。

俗话说："坐有坐相，站有站相，走有走相"。在服务老年人时，姿态不雅观就是对老人的不尊重。与老人交往，任何仪态礼仪的细节我们都不可忽视。

具体而言，服务老人的仪态礼仪大致可以分为八种：动人微笑的展露，亲切目光的养成，挺拔的服务站姿，轻快的服务走姿，端庄的服务坐姿，优雅的服务蹲姿，规范的服务手势，恰当的行礼方式。

二、了解仪态礼仪在现代生活中的意义

我国作为"礼仪之邦"，自古以来，在仪态礼仪方面对人们一直有着科学规范的要求。在 21 世纪，一个人不仅要具备科学文化素质，更需具备一定的仪态素养。只有学识与仪态气质都达到一定水平，才能显示出自身的人格魅力，并在激烈的人才竞争中找到一席之地。特别是作为职业老年服务人才，更应重视仪态礼仪对自身发展的重要性。

(一)仪态礼仪对个人修养的影响

人的感情流露和语言交流往往借助于人体的各种姿态去体现。手势、面部表情、目光交流等身体姿态，以及身体间的距离和身体接触都发挥着重要作用。在日常工作中，仪态对个人修养的提升有着举足轻重的地位。一个五官端正、衣着整洁、举止文明、精力充沛、身体健康的人，总是可以给人以外在的好感。

现代社会，仪态与长相并无直接的关系。有些人长相端正，装饰得体，却毫无风度可言。正是因为其内在修养不够高深，展现不出那种属于精神层次的气质；有些相貌平平的人，因其体姿优雅、举止得当，反而能让人感到他浑身充满魅力，进而乐于同他交往。礼仪可以增加个人的魅力指数，只有养成良好的"身体语言"习惯，才能在任何场合都一展风华。

(二)仪态礼仪对人际交往的影响

讲究礼仪，遵从礼仪规范，不仅可以有效地展现一个人的教养、风度与魅力，还可以更好地体现一个人对他人和社会的认知水平和尊重程度，从而使个人的学识，修养和价值得到社会的认可和尊重。适度、恰当的礼仪不仅能给公众以可亲可敬、可合作、可交往的信任和欲望，而且会使与公众的合作过程充满和谐。

良好的仪态礼仪不仅可以美化人生，而且可以培养人们的社会性，同时还是社会生活和交往的需要。孟德斯鸠曾说："我们有礼貌是因为自尊。礼貌使有礼貌的人喜悦，也使那些受人礼貌招待的人喜悦。"生活中有许多口角、摩擦、矛盾、争斗，都是起因于对小节的不注意。而文雅、宽厚能使人加深友情，增加好感。注重仪态礼仪，可以有一个和睦、友好的人际环境；注重行为的礼仪，可以有一个宁静、洁净的生活环境，进而促进人际关系和谐。

(三)仪态礼仪对职业素养的影响

关爱老年人既是中华民族的传统美德，也是人类进步科学发展的前提，更是我们老年服务人员的职责。仪态是礼仪的体现，风度优雅、举止得体的服务人员，无疑会受到老年人的欢迎和喜爱。

进入老年服务行业，对个人的仪表仪态有着更高、更专业的要求。作为老年服务人员，从我们进入老年服务岗位的第一天开始，资历、能力等都不再是唯一重要的因素。资历、能力之外，人格、举止、谈吐等方面的重要性会日益凸显。在实际工作中，仪态、举止、谈吐等不仅能显现个人修养气质，更能为与老人有效沟通打好基础。

亲切的仪态礼仪，可以彰显我们老有所乐、老有所医、老有所求、老有所助的服务宗旨。在拉近与老人距离的同时，更为老年朋友的晚年生活增添一份温情和亲情。在亲切、真诚的礼仪中，给老人以温暖。

与此同时，服务人员的亲切仪态礼仪还有助于引导老年人树立健康积极的人生态度。正确、真诚的引导，可以帮助一些老年人摆脱因无聊、孤独等不健康的心理造成的不良生活习惯，进而建立稳固的服务关系和情感。

> **小贴士：名人名言**
>
> 这是一个两分钟的世界，你只有一分钟展示给人们你是谁，另一分钟让他们喜欢你。
>
> ——罗伯特·庞德(英国形象设计师)

拓展阅读

一、"礼"的拓展知识

(一)礼

本意为敬神，今引申为表示敬意的通称。是表示尊敬的言语或动作，是人们在长期的生活实践与交往中约定俗成的行为规范。

在古代，礼特指奴隶社会或封建社会等级森严的社会规范和道德规范。今天，礼的含义比较广泛，它既可指为表示敬意而隆重举行的仪式，也可泛指社会交往中的礼貌和礼节。

礼的本质是"诚"，有敬重、友好、谦恭、关心、体贴之意。

(二)礼貌

礼貌是人与人在交往中，通过言谈、表情、举止相互表示敬重和友好的行为准则，它体现了时代的风尚和人们的道德品质，体现了人们的文化层次和文明程度。礼貌是一个人在待人接物时的外在表现，它通过言谈、表情、姿态等来表示对人的尊重。

礼貌可分为礼貌行为和礼貌语言两个部分。

礼貌行为是一种无声的语言，如微笑、点头、欠身、鞠躬、握手、正确的站姿、坐姿等；礼貌语言是一种有声的行动，如使用"小姐""先生"等敬语、"恭候光临""我能为您做点什么"等谦语，不仅有助于建立相互尊重和友好合作的新型关系，而且能够缓解或避免某些不必要的冲突。我国古代把"温、良、恭、俭、让"作为衡量礼貌周全与否的准则之一，即做人要温和、善良、恭敬、节俭、忍让。

(三)礼节

指人们在日常生活中，特别是在交际场合中，相互表示尊重、友好的问候、致意、祝愿、慰问以及给予必要的协助与照料的惯用形式。

礼节是礼貌的具体表现形式。是人内在品质的外化。有礼貌、尊重他人通过什么表现出来？——礼节。如尊重师长，可以通过见到长辈和教师问安行礼的礼节表现出来；欢迎他人到来可以通过见到客人起立、握手等礼节来表示；得到别人帮助可以说声谢谢来表示感激的心情。借助这些礼节，对别人尊重友好的礼貌得到了适当的表达。

(四)礼仪

通常是指在较大较隆重的正式场合，为表示敬意、尊重、重视等所举行的合乎社交规范和道德规范的仪式。《辞源》："礼仪，行礼之仪式。"礼仪就是表示礼节的仪式，这种仪式自始至终以一定的约定俗成的程序方式来表现律己、敬人的行为。

> **小贴士：礼仪、礼节与礼貌**
>
> 礼貌是礼仪的基础，礼节是礼仪的基本组成部分。换言之，礼仪在层次上要高于礼貌、礼节，其内涵更深、更广。礼仪，实际上是由一系列的、具体的、表现礼貌的礼节所构成的。它不像礼节一样只是一种做法，而是一个表示礼貌的系统、完整的过程。

二、礼仪的起源和演变

(一)起源

现代礼仪源于礼。

礼的产生可以追溯到远古时代。自从有了人，有了人与自然的关系，有了人与人之间的交往，礼便产生和发展起来。从理论上讲，礼起源于人类为协调主客观矛盾需要的人与人的交往中；从仪式上讲，礼起源于原始的宗教祭祀活动。

(二)形成与发展阶段

原始社会——萌芽(只是指祭祀天地、鬼神、祖先的形式)

奴隶社会——正式形成(由祭祀形式跨入全面制约人们行为的领域)

封建社会——礼仪的发展、变革时期(将人的行为纳入封建道德的轨道，形成了以儒家学派学说为主导的正统的封建礼教)

近代——礼仪范畴逐渐缩小，礼仪与政治体制、法律典章、行政区划、伦理道德等基本分离。

现代——主要指仪式和礼仪，去掉了繁文缛节、复杂琐细的内容，吸收了许多反映时代风貌、适应现代生活节奏的新形式。简单、实用、新颖、灵活，体现了高效率、快节奏的时代旋律。

三、文质彬彬话"周礼"

周代，是中国古代礼仪发展的黄金时期。古籍《周礼》《仪礼》《礼记》中就记录下了方方面面的礼仪和仪态要求。如迎接客人的礼节要求是：迎客时，每到一个门口都得让客人先进去；客人走到卧室门时，主人要自请先去铺好席位，再出来迎客；客人谦让，主人要敬请客人先入等。在长者面前的仪态要求是：听候使唤时，要恭恭敬敬地答应；进出要恭敬严肃、外貌齐庄；不能打嗝、打喷嚏、咳嗽、伸懒腰；不能单脚站立，或侧目看人等。宴席上的仪态要求是：不要撮饭团，不要喝得满嘴淋漓，不要吃得啧啧作响，不要只吃一种食物，不要把骨头扔给狗等。日常的仪态要求是：不要侧耳听，不要粗声大气说话，不要眼睛斜视，不要无精打采的样子，坐着不要把两腿分开，头发不能垂下，帽子不要摘下等。这些要求，体现了孔子所说的一句话：非礼勿视，非礼勿听，非礼勿言，非礼勿动。它所提倡的是彬彬有礼的君子风度。

拓展训练

小刘，28岁，在某护理型老年照护机构已经工作五年。精通护理知识，专业业务能力很强。但是，由于生活中有些不拘小节，好多老人给了小刘"差评"。因为差评，小刘错失了好几次提升的机会。为此，小刘苦恼不已。

请问：

1. 小刘应如何正确认识仪态礼仪的重要作用？
2. 小刘应该如何克服自己的"不拘小节"？

任务二
展露动人微笑

 学习目标

> **知识目标**：具备微笑服务的基本理念；
> 掌握微笑服务的主要步骤。
> **能力目标**：熟练运用微笑技巧、自然展露亲切微笑、充分发挥微笑在与老人交
> 往中的作用

 工作任务描述

> 小张，某老年服务中心工作人员，工作严谨，踏实勤奋。但在工作中，小张总
> 感觉自己笑容僵硬，不会微笑。领导也评价小张严肃有余、亲切不足。为此，上进
> 心强的小张苦学礼仪知识，并找各种方法进行微笑练习。
> **问题思考：**
> 1. 微笑，最忌"皮笑肉不笑"，应发自内心、自然微笑。鉴于此，小张在微笑训
> 练前，应该在心态上做哪些调整？
> 2. 在进行微笑训练时，小张应着重练习哪些方面？

工作任务分解与实施

一、明确微笑的价值

微笑是服务行业最富有吸引力、最有价值的面部表情。它表现着人际关系之间友善、
诚信、谦恭、和蔼、融洽等最为美好的感情因素，所以已成为人际交往中最为重要的一
个因素。

(一)微笑是世界的通用语言

微笑无国界、无信仰、无年龄、性别的差异，人类通过微笑将快乐传遍全世界的每
一个角落。正是因为世界上有了微笑，才使得我们能够缩短地域的距离，使无论来自何
方的朋友都可以用微笑化解由于语言不同而带来的诸多困扰。

(二)微笑可以拉近彼此的距离

微笑服务作为一种服务精神，它代表了人与人之间的相互尊重、相互理解。微笑是

表达感激的最自然的感情表露，也是最简单不过的人与人感情交流的一种方式。

当你温柔的微笑出现在他人面前，你的善良和包容也在不知不觉中感染着接受你服务的人们。不知不觉中，已最大限度地拉近了彼此的距离。

(三)微笑可以获取老人的信赖

微笑是一个人对他人的态度的外在表现。当我们在为老人服务时，一个微笑的眼神、一句面带微笑的问候，都能使老人感到你的亲切与温暖。

微笑也可以打开老人的心灵窗口。通过微笑服务，能给老人带来一种安全感，信赖感，进而有更深入的沟通，也会让我们的服务更有针对性。

(四)微笑可以提升自身素质

微笑，也许是人类表情中最简单的一个，但却是人类表情中最有力量的一个。一个淡淡的微笑，会给人一种清风掠过的明爽；一个会心的微笑，会让人心中开出一朵美丽而温暖的花朵。一个人如果经常友好地对别人微笑，自然也会在会心的微笑中不断提升自身的职业素养。

特别是作为服务人员，在与老人交往时一定要事先调整好自己的心态，把不快和烦恼丢弃在一旁，热忱对待好每一位老人。正如有的老年服务机构对员工的要求：微笑多一点，脾气少一点。一个优质的服务，从一个真诚的微笑开始。

二、正确运用微笑

(一)掌握好微笑的要领

微笑的基本做法是不发声、不露齿，肌肉放松，嘴角两端向上略微提起，面含笑意，使人如沐春风。(图7-1)

(二)注意整体的配合

微笑应当与仪表和举止相结合。站立服务，双脚并拢，双手相握于前身或交叉于背后，右手放在左手上，面带微笑。

(三)力求表里如一

训练微笑，要求微笑发自内心，无任何做作之态。只有笑得真诚，才显得亲切自然，与你交往的人才能感到轻松愉快。

(四)适当借助技术上的辅助

可以配合严格的步骤和有效地练习，提升笑容的亲切指数。

图 7-1

三、亲切微笑的技术性训练

在进行微笑训练时，应放松面部肌肉，使嘴角微微上翘，让嘴唇略呈弧形，最后在不牵动鼻子，不发出笑声，不露出牙龈的前提下，微微一笑。(图7-2)

具体而言，可以掌握以下几种基本的训练方法：

图 7-2

第一步："念一"。

因为人们微笑时，口角两端向上翘起。所以，练习时，为使双颊肌肉向上抬，口里可念着普通话得"一"字音，用力抬高口角两端，但要注意下唇不要用力太大。

第二步：口眼结合。

眼睛是心灵的窗口。微笑时，口眼结合，用眼睛传达笑意，笑容必定充满感染力。因此，要学会用眼睛的笑容与老人交流。

眼睛的笑容，一是"眼形笑"，二是"眼神笑"。这也是可以练习的：取一张厚纸遮住眼睛下边部位，对着镜子，心里想着最使你高兴的情景，鼓动起双颊，嘴角两端做出微笑的口型。这时，你的眼睛便会露出自然的微笑，然后再放松面肌，嘴唇也恢复原样，可目光仍旧含笑脉脉，这是眼神在笑。

第三步：笑与语言结合。

做到微笑与礼貌语言的结合，微笑地说"早上好""您好""欢迎光临"等礼貌用语。

总之，微笑服务是对由语言、动作、姿态、体态等方面构成的服务态度的更高要求，它既是对老人的尊重，也是对自身价值的肯定。真诚微笑，而关键是要建立起个人与老年人之间的情感联系，体现出宾至如归、温暖如春的服务理念和氛围，从而让老人开心，让老人信任。

> **小贴士：名人名言**
>
> 笑容能照亮所有看到它的人，像穿过乌云的太阳，带给人们温暖。
>
> ——卡耐基

拓展阅读

微笑的力量：十二次微笑的故事

有这样一个和微笑有关的故事。

飞机起飞前，一位乘客请求空姐给他倒一杯水吃药。空姐很有礼貌地说："先生，为了您的安全，请稍等片刻，等飞机进入平稳飞行后，我会立即把水给您送过来，好吗？"

15分钟后，飞机早已进入了平稳的飞行状态。突然，乘客服务铃急促地响了起来，空姐猛然意识到：糟了，由于太忙，她忘记给那位乘客倒水了！当空姐来到客舱，看见按响铃的果然是刚才那位乘客。她小心翼翼地把水送到那位乘客跟前，面带微笑地说："先生，实在对不起，由于我的疏忽，延误了您吃药的时间，我感到非常抱歉。"这位乘客抬起左手，指着手表说："怎么回事，有你这样服务的吗？"空姐手里端着水，心里感到很委屈，但是，无论她怎么解释，这位挑剔的乘客都不肯原谅她的疏忽。

接下来的飞行途中，为了补偿自己的过失，每次去客舱给乘客服务的时候，空姐都会特意走到那位乘客面前，面带微笑的询问他是否需要水，或者别的什么帮助。然而，那位乘客余怒未消，摆出一副不合作的样子，并不理会空姐。

临到目的地前，那位乘客要求空姐把留言本给他送过去，很显然，他要投诉这名空姐。此时空姐心里虽然很委屈，但是仍然不失职业道德，显得非常有礼貌，而且面带微笑地说道："先生，请允许我再次向您表示真诚的歉意，无论您提出什么意见，我都将欣然接受您的批评。"那位乘客脸色一紧，准备说什么，可是却没有开口，他接过留言本，开始在本子上写了起来。

等到飞机安全降落，所有的乘客陆续离开后，空姐本以为这下完了。没想到，等她打开留言本，却惊奇地发现，那位乘客在本子上写下的并不是投诉信，相反，这是一封热情洋溢的表扬信。

是什么使得这位挑剔的乘客最终放弃了投诉呢？在信中，空姐读到这样一句话："在整个过程中，您表现出的真诚的歉意，特别是您的十二次微笑，深深打动了我，使我最终决定将投诉信写成表扬信！你们的服务质量很高，下次如果有机会，我还将乘坐你们的这趟航班。"

这就是微笑的力量，这就是十二次微笑的故事。

拓展训练

小王，20岁，某老年服务机构工作人员。最近几个月，因家人与邻居发生经济纠纷，小王一直郁郁不乐。因为心情不好，在与老人们打交道时，小王难得有个笑脸。为此，几个老人专门找到机构的领导，反映小王态度问题。家庭纠纷再加工作不顺，为此，小王更加愁眉不展。

请问：

1. 工作中，小王的做法有何不妥？

2. 小王应如何打开心结，顺利开展工作并赢得老人认可？

任务三
养成亲切目光

 **学习目标**

知识目标：了解目光交流的含义；
掌握目光交流的基本步骤。

能力目标：掌握亲切的目光交流方法；
能主动并恰当地进行目光交流。

 工作任务描述

孙爷爷，70岁，退休干部，曾在新疆兵团当过兵。由于儿女工作繁忙，自己主动申请入住"夕阳红"老年服务中心。每每提到自己的过去，孙爷爷都是英气勃发，滔滔不绝。虽然现在是个老年人，但孙爷爷非常希望得到别人的尊重，并渴望得到别人的认同。

问题思考：

1. 在与孙爷爷眼神交流时，应注意哪些细节？

2. 在与孙爷爷交流的过程中，应如何随时调整目光？

工作任务分解与实施

一、了解老年人目光交流的特殊需求

眼睛是人类面部的感觉器官之一，最能有效地传递信息和表情达意。在为老年人服务活动中，眼神运用要符合一定的礼仪规范。与老年人交往，眼神交流是很重要的一个部分。

老年人有尊重的需要：包括自尊、自重和被别人尊重的需要，具体表现为希望获得实力、成就、独立，希望得到他人的赏识和高度评价。合理运用沟通技巧，老人在讲述以往成就的时候应给予赞同的目光，并表示敬佩。维护老人的自尊，并保护好老人的个人隐私。

二、掌握目光礼仪的基本要求

目光语是承载和传递情感、态度和意向的重要媒介，它不仅有传递信息的功能，而

且有让人借以把握信息的价值。交往双方总是最先注意到对方的眼睛，并且对眼神的褒贬色彩最为敏感。在言语交际的全过程中，必须自觉掌握目光礼仪的基本规范，以期达到最佳沟通效果。

(一)目光的注视范围

与人交谈时，目光应该注视着对方，但应使目光局限于上至对方额头，下至对方衬衣的第二粒纽扣以上，左右以两肩为准的方框中。在这个方框中，一般有三种注视方式：

一是公务注视，注视的位置在对方的双眼与额头之间的三角区域。眼睛以上的部分，比较庄重、正式，一般适合公务场合和专心倾听的场景，比较适合老年人刚开始来咨询时的眼神交流。

二是社交注视，位置在对方的双眼与嘴唇之间的三角区域。眼睛以下，脖子以上。也称之为社交凝视，比较柔和、亲切，一般适合服务老年人的场合和诉说的场景。

三是亲密注视，一般在亲人之间、家庭成员等亲近人员之间使用，注视的位置在对方的双眼和胸部之间，显示关系比较亲密、关切。这比较适合护理人员和相处久了的老年人之间。

(二)目光的注视角度

在老年服务工作中，既要方便工作，又不至于引起服务对象的误解，还需要把握正确的注视角度。

图 7-3

1. 正视对方。也就是在注视老人的时候，与之正面相向，同时还须将身体前部朝向对方。正视对方是沟通交往中的一种基本礼貌，其含义表示重视对方。

2. 平视对方。在注视老人的时候，目光与对方相比处于相似的高度。在服务工作中，平视服务对象可以表现出双方地位平等和不卑不亢的精神面貌。

3. 仰视对方。在注视他人的时候，本人所处的位置比对方低，就需要抬头向上仰望对方。在仰视对方的状况下，往往可

图 7-4

以给对方留下信任、重视的感觉，也显示服务人员尊重老年人的态度。

4. 兼顾对方。在工作岗位上，服务人员为互不相识的多位老年人服务时，需要按照先来后到的顺序对每个老年人多加注视，又要同时以略带歉意、安慰的眼神环视等候在身旁的其他人。巧妙地运用这种兼顾多方的眼神，可以对每一位服务对象给予兼顾，表现出善解人意的优秀服务水准。

(三)注视时间的长短

一般与对方目光接触的时间是与对方相处的总时间的三分之一长，让对方会感觉到比较自然。在向服务对象问候、致意、道别的时候，都应面带微笑，用柔和的目光去注视对方，以示尊敬和礼貌。要把目光柔和地照在对方的脸上，而不是单单注视，否则会让人感觉不友善。"散点柔视"作为与老年人交流时非常得当的目光运用，就是将目光柔和地、多次地投射到对方脸上。

如果是倾听老年人的诉说，一般以直视和凝视最为理想。直视对方，表示认真、尊重。凝视是直视的另外一种表现方式，即全神贯注进行注视，表示专注、恭敬。

三、把握目光注视的主要原则

(一)要"心中有人"

只有内心是尊重对方的,目光才可能是亲切友好的。在与老人交流时,如果照护人员仅仅只是麻木的目光、僵硬的表情,势必不会得到老年人的回应。一个对工作应付、对老人敷衍的工作人员,与老人的眼神交流时是不会做到亲切注视的。因为目光生成于内心,一个热爱生活和工作的人的目光才具有吸引力,才能够向老人们传情达意。

(二)目光要稳定住

与老人眼神交流切忌上下打量别人或是眼珠转来转去。上下打量意味着挑剔和审察,没有人希望自己被别人这样看。如果是你上上下下打量老年人,肯定会让人觉得你不怀好意,另有企图。注视别人时眼珠若是转来转去,会给人心里盘算坏主意的感觉,而且很难使人产生信赖感。

同时,在初次相见的短暂时间应注视对方的眼睛,但如果交谈的时间较长,可以将目光迁回在眼睛和眉毛之间,或随着他的手势而移动视线。千万不要直接生硬地一直看着对方,通常这样的目光意味着审视、挑剔和刁难。特别是长时间地盯着老人一个地方看,可能还会造成误解,对方会以为自己脸上有什么不妥当的地方,无端给对方造成了压力。

(三)目光要和语言相统一

现在很多老年服务机构都注意使用礼貌用语,甚至开始制作机构的"话语模板"。如此的确可以使服务变得更加规范,但如果忽略了目光甚至整个面部表情的配合,那么,再完美的服务语言都会缺乏诚意,很难被老年人喜欢和接受。因此,要学会用目光配合语言,用目光提升语言的价值。语言与目光完美结合,才可以获得最好的服务效果。

 ## 拓展阅读

一、外国"目光语"知多少

由于文化传统等各方面的差异,不同民族、种族在交往中各自使用的目光千差万别,而且一经形成,将终生不变。

在非洲某一地区,一个美国和平队志愿人员在教学过程中使该部落的长者很不高兴,那位女士要求她的学生注视着她的眼睛,那里的文化却不允许孩子看着大人的眼睛。美国印第安人也是这样,直视比你年长的人的眼睛是不礼貌的,避开目光才表示尊敬。阿拉伯等一些民族却认为不论与谁交谈都应目视对方,他们子女从小所受的教育也使他们认为与人交谈而不看对方的脸是不礼貌的行为。

除此之外,还有一些国家和地区有着自己专属的目光语:

1. 注视礼:阿拉伯人在倾听尊长或宾朋谈话时,两眼总要直直地注视着对方,以示敬重。日本人相谈时,往往恭恭敬敬地注视着对方的颈部,以示礼貌。

2. 远视礼:南美洲的一些印第安人。当同亲友或贵客谈话时,目光总要向着远方,似东张西望状。如果对三位以上的亲朋讲话，则要背向听众，看着远方，以示尊敬之礼。

3. 眯眼礼：在波兰的亚斯沃等地区，当已婚女子同兄长相谈时，女方要始终眯着双眼，以示谦恭之礼。

4. 眨眼礼：安哥拉的少数民族人，当贵宾光临时，总要不断眨着左眼，以示欢迎之意。来宾则要眨着右眼，以表答礼。

5. 挤眼礼：澳大利亚人路遇熟人时，除说"哈罗"或"嗨"以示礼遇之礼，有时要行挤眼礼，即挤一下左眼，以示礼节性招呼。

二、不同场合 不同目光

人际交往，不同场合，需要不同的目光礼仪。

迎宾时的目光：迎宾时，三米之内目光真诚地注视对方，以示期盼。

送客时的目光：送客时，目光向下，以示谦恭。

会谈时的目光：会谈时，目光平视，表示自信、平等、友好。

倾听时的目光：倾听时，目光专注，适时回应、交流。

见面时的目光：见面时，凝视时值一般1～2秒，初次见面不超过10秒。

拓展训练

小李，24岁，身高185cm。由于个头比较高，在日常照护老人时，经常俯视。为此，好多老人反映他为人傲慢，有些自大。但事实是，小李平时为人十分谦虚低调。小李搞不明白自己的问题到底出在哪里，苦恼不已。

请问：

1. 指出小李工作中存在的问题，并提出改进办法。

2. 请同学们分组讨论、练习演示，并以小组为单位展示讨论结果：俯视、平时、仰视的不同表达。

任务四

拥有挺拔站姿

学习目标

知识目标：了解站姿的基本规范；

掌握男女不同的站姿。

能力目标：不同的场合，能恰当运用不同的站姿；

自觉规避不合适站姿。

工作任务描述

小李，男，25岁，晚霞老年服务中心服务人员。小李性格内向，与人交往总爱低着头，显得有些无精打采的。在接待老年人时，小李身体还会时不时地做一些下意识的小动作，身体晃动，搓手、挠头、拽自己衣服，这让服务机构的领导颇为头痛。

问题思考：

1. 在为老人服务时，小李身上存在哪些小问题？

2. 小李应从哪些方面入手快速克服自己的站姿问题？

工作任务分解与实施

一、了解站姿的规范

掌握站姿礼仪，我们应首先从站姿的基本规范和分类进行了解。

（一）站姿的规范

站立是人们生活交往中的一种最基本的举止。站姿是人静态的造型动作，优美、典雅的站姿是人们动态美的体现。优美的站姿能显示个人的自信，衬托出美好的气质和风度，并给他人留下美好的印象。

1. 站姿的规范要求（图7-5）

（1）头正。两眼平视前方，嘴微闭，收颌梗颈，表情自然，稍带微笑。

（2）肩平。两肩平正，微微放松，稍向后下沉。

（3）臂垂。两肩平整，两臂自然下垂，中指对准裤缝。

（4）躯挺。胸部挺起、腹部往里收，腰部正直，臀部向内向上收紧。

（5）腿并。两腿立直，贴紧，脚跟靠拢，两脚夹角成60°。

"站如松"是说人的站立姿势要像松树一样端直挺拔，即给人挺、直、高的感觉。站姿的特点是：端正、挺拔、舒展、俊美。

2. 站姿步位

（1）"V"字步：双脚呈"V"字形，即膝和脚后跟要靠紧，两脚张开的距离约为两拳；

图 7-5　　　　　　　　　　　　　　　　图 7-6

（2）"丁"字步：双脚呈"丁"字站立，分左、右"丁"字步；

（3）平行式：男子站立时，可并拢，也可双脚叉开，叉开时，双脚与肩同宽。

（4）前屈膝式：女子的站立时可把重心放在一脚上，另一脚超过前脚斜立而略弯曲。

3. 站姿手位

（1）双手置于身体两侧（图7-6）；

（2）右手搭在左手上叠放于体前（图7-7）；

（3）双手叠放于体后（图7-8）；

（4）一手放于体前一手背在体后（图7-9）；

图 7-7　　　　　　　　　　　　　　　　图 7-8

（二）站姿的具体分类

站姿是生活中最基本的造型动作。可以说，站姿是一个人所有姿态的根本，如果站姿不标准，其他姿势便谈不上优美。

首先，女士的站姿：

1. 脚跟、脚尖并拢，挺胸，收腹，感觉到像是有一根绳子从上面吊下来，拉住了自己的颈椎，不断地往上提。然后，双手微微握拳，放在身体的两旁。目光一定要平视。大家笑起来，感觉就更好。

2. 身体立直，抬头挺胸，下颌微收，双目平视，嘴角微闭，面带微笑，双手自然垂直于身体两侧，双膝并拢，两腿绷直，脚跟靠紧，脚尖分开呈"V"字形。一样要面带微笑。（图7-10）

图 7-9   图 7-10

3. 身体立直，抬头挺胸，下颌微收，双目平视，嘴角微闭，面带微笑，两脚尖略分开，右脚在前，将右脚跟靠在左脚脚弓处，两脚尖呈"V"字形，双手自然并拢，右手搭在左手上，轻贴于腹前，身体重心可放在两脚上，也可放在一脚上，并通过重心的移动减轻疲劳。因此，我们在接待老年人的时候，应该右手握住左手。（图7-11）

图 7-11   图 7-12

其次，男士的站姿：

第一种：身体立直，抬头挺胸，下颌微收，双目平视，嘴角微闭，双手自然垂直于

身体两侧，双膝并拢，两腿绷直，脚跟靠紧，脚尖分开呈"V"字形。（图7-12）

　　第二种：身体立直，抬头挺胸，下颌微收，双目平视，嘴角微闭，双脚平行分开，两脚之间距离不超过肩宽，一般以20厘米为宜，双手在身后交叉，右手搭在左手上，放在背后，寻找在你腰部最低洼的地方，就是你放双手的位置。这种站姿多用于严肃庄重的场合。（图7-13）

　　第三种：身体立直，抬头挺胸，下颌微收，双目平视，嘴角微闭，双脚平行分开，两脚间距离不超过肩宽，一般以20厘米为宜，双手手指自然并拢，右手搭在左手上，轻贴于腹部，不要挺腹或后仰。也就是先将你的双手放松，自然下垂，贴在丹田附近。这种手在面相学上叫做护印手，应用于服务老年人的工作，比较亲切。（图7-14）

　　图 7-13

　　图 7-14

　　总而言之，女性的站姿要有女性的特点，要表现出女性的温顺、娇巧、纤细、轻盈、娴静、典雅之姿，给人一种"静"的优美感。男性的站姿要有男性的气质，要表现出男性的刚健、强壮之貌，给人一种壮美感，可信赖感。

二、练习站姿及注意事项

（一）站姿的练习

　　首先，把身体背着墙站好，或者两人背靠背站立，使你的后脑、肩、臂部及足跟均能与墙壁紧密接触，或者与对方接触。

　　人体的正确姿态应该是，颈椎、胸椎、腰椎、尾椎在感觉上成一条直线，向上牵引。"牵一发而动全身"，从脖子开始带动我们的肢体各个部位都处在正确的状态，从而有一种挺拔感。

　　另外，还可以头顶本书，对着镜子，按照上面讲解的方法进行训练。

　　要拥有优美挺拔的站姿，就必须养成良好的习惯，长期坚持。站姿优美，身体才会得到舒展，且有助于健康；若看起来有精神、有气质，那么别人能感觉到你的自重和对别人的尊重，并容易引起别人的注意力和好感，有利于社交时给人留下美好的第一印象。

(二)站姿的禁忌

对服务行业尤其是老年服务行业来说，站立时最忌讳的是：

1. 东倒西歪。工作时东倒西歪，站没站相，坐没坐相，很不雅观。切忌叉腰、抱肩、靠墙等姿势。

2. 耸肩勾背。耸肩勾背或者懒洋洋地倚靠在墙上或椅子上，这些将会破坏自己和服务中心的形象。

3. 双手乱放。将手插在裤袋里，随随便便，悠闲散漫，这是不允许的。双手交叉在胸前，这种姿势容易使老年人有受压迫之感，倘若能将手臂放下，用两手相握在前身，立刻就能让对方感受轻松舒适多了。另外，双手抱于脑后、双肘支于某处、双手托住下巴、手持私人物品皆不可。

4. 脚位不当。人字步、蹬踏式、双腿大叉都是不允许的。

5. 做小动作。下意识地做小动作，如摆弄打火机、香烟盒、玩弄衣服、发辫、咬手指甲等，这样不但显得拘谨，而且有失仪表的庄重。

6. 切忌用脚尖或脚跟点地，甚至发出声响。

拓展阅读

一、标准站姿示范

标准的站姿应该是这样的：从正面观看，全身笔直，精神饱满，两眼平视，表情自然。两肩平齐，两臂自然下垂，两脚跟并拢，两脚尖张开 60°，身体重心落于两腿正中；从侧面看，两眼平视，下颌微收，挺胸收腹，腰背挺直，手中指贴裤缝，整个身体庄重挺拔。采取这种站姿，不仅会使人看起来稳重、大方、俊美、挺拔，它还可以帮助呼吸，改善血液循环，并在一定的程度上缓解身体的疲劳。

二、站姿反映出的心理与性格

站姿是由一个人的修养、教育、性格和人生经历决定的，每一个人都有自己习惯站立的姿态。美国夏威夷大学心理学家指出，不同的站姿同样可以显示出一个人的内心世界。

站立时把双手放在臀部的人：这种人比较有主见，处事认真而有计划，具有很高的人格魅力，能够吸引许多人的注意力。然而，他们最大的缺点是有些主观，性格比较固执，不懂变通。

站立时把双手放在背后的人：这种人的性格特点是遵纪守法，尊重权威，具有很强的责任心，但就是有时情绪不稳定，往往令人捉摸不透，最大的优点是很有耐心，而且比较能够接受新事物。

站立时把双手插进裤袋里的人：这种人具有很深的城府，会把自己伪装得很好，不会轻易向别人表露内心的情绪。性格偏于内向、保守，凡事喜欢步步为营，警惕性很高，不会轻易相信别人。

站立时把双手抱在胸前的人：这种人比较坚强，不会轻易向困难和压力低头。但是由于过分重视个人利益，与人交往时经常摆出一副自我保护的防范姿态，给人以拒人于千里之外的感觉，令人难以接近。

站立时把一只手放进裤袋，另一只手放在旁边的人：这种人的性格非常复杂，而且喜欢变化。他们有时会显得极易相处，与人推心置腹，无话不谈，但有时却会显得冷若冰霜，处处提防别人，把自己死死地关在一个相对安全的小窝里。

站立时抬头、挺胸、收腹，两腿分开直立的人：这种人比较健康自信，因为自信，做事雷厉风行，很有魄力，而且这种站姿的男人具有正直感和责任心，是大多女孩子理想中的白马王子。

站立时低头哈腰，眼不平视的人：这种人比较缺乏自信，做事畏缩，不敢承担风险和责任；除此之外，这种人还有可能是那种专干偷鸡摸狗之事的人，因为做贼心虚，所以不敢抬头，不敢挺胸；当然，如果身体情况欠佳，精神状态不太好的话，那就得别别论了。

以上仅供参考，个人的心理与性格并不完全取决于站姿。

拓展训练

刘霞，23岁，某老年服务机构护理员，如花似玉的年龄，人长得也很标致。但是来做照护员一年多了，大家总反应刘霞"不会站"。站着与老人交谈时，她总是习惯性地将手插在裤袋里面或双手交叉抱在胸前，甚至是双手叉腰。

请问：

1. 请指出刘霞站姿中的不当之处。

2. 在集中养老机构，女孩子应该展现给老人什么样的站姿形象？

任务五

拥有轻快走姿

学习目标

知识目标：了解走路姿态的基本规范；
掌握走姿的训练方法。

能力目标：学会正确服务走姿，展现轻快、优雅走路姿态。

工作任务描述

陈爷爷，80 岁，退休干部，入住国泰老年服务中心。陈爷爷睡眠较少，睡觉也很轻，一个小声响都能让爷爷难以入睡。照护员小杨，性格外向，动作幅度大、走路咚咚地响，并且喜欢吹口哨。每次轮到小杨来照护陈爷爷，陈爷爷眼睛就会多出几道黑眼圈。

问题思考：

1. 小杨风风火火的照护方式是否适合陈爷爷？

2. 小杨该怎样改变不恰当的走路姿势？

工作任务分解与实施

一、了解走姿的规范要求

走姿是站姿的延续动作，是在站姿的基础上展示人的动态美。无论是在日常生活中还是在社交场合，正确的走姿是一种动态的美，往往是最引人注目的身体语言，也最能表现一个人的风度和活力。

（一）走姿的基本规范

步态属动态的美。对步态美的要求是：快抬脚、迈小步、轻落地，协调稳健、轻盈自然。正确的步态是以端正的站姿为基础的，其具体要求是：

1. 上体正直，眼平视，挺胸、收腹、立腰，重心稍向前倾；目光平视，下颌微收，面带微笑。

2. 双肩平稳，双臂以肩关节为轴前后自然摆动，摆动幅度以 30～40 厘米为宜；两臂以身体为中心，前后自然摆。前摆约 35°，后摆约 15°，手掌朝向体内。

3. 脚尖略开，脚跟先接触地面，依靠后腿将身体重心送到前脚脚掌，使身体前移。这就使脚落地的声音降到最低，不会发出"咚咚"的声响。

4. 步位，即脚落在地面时的位置，应使两脚内侧行走的线迹为一条直线，而不是两条平行线。女士行走时，走直线交叉步，上身不要晃动，尽量保持双肩水平。

5. 步幅，即跨步时两脚间的距离，一般应为前脚跟与后脚的脚尖相距为一脚或一脚半长。但因性别和身高不同会有一定差异。着不同服装，步幅也不同。

6. 侧身的步姿。当走在前面引导来宾时，应尽量走在宾客的左前方。髋部朝向前行的方向，上身稍向右转体，左肩稍前，右肩稍后，侧身向着来宾，与来宾保持两三步的距离。当走在较窄的路面或楼道中与人相遇时，也要采用侧身步，两肩一前一后，并将胸部转向他人，不可将后背转向他人。（图7-15）

图 7-15

（二）不同着装的特殊走姿规范要求

1. 穿西装的走姿要求

西服以直线为主，应当走出穿着者的挺拔、优雅的风度。穿西装时，后背保持平正，两脚立直，走路的步幅可略大些，手臂放松伸直摆动，手势简洁大方。行走时男士不要晃动，女士不要左右摆髋。运用手势时要简洁明了，自然大方。

2. 西服套裙的走姿要求

西服套裙多以半长筒裙与西装上衣搭配，所以着装时应尽量表现出这套职业装的干练、洒脱的风格特点，这套服装要求步履轻盈、敏捷、活泼、步幅不宜过大，可用稍快的步速节奏来调和，以使走姿活泼灵巧。

3. 穿高跟鞋的走姿要求

女士在正式场合经常穿着黑色高跟鞋，行走要保持身体平衡。具体做法：直膝立腰、收腹收臀、挺胸抬头。为避免膝关节前屈导致臀部向后撅的不雅姿态，行走时一定要把踝关节、膝关节、髋关节挺直，只有这样才能保持挺拔向上的形体。行走时步幅不宜过大，每一步要走实、走稳，这样步态才会有弹性并富有美感。

4. 穿运动装的走姿要求

穿运动装时，可脚跟先着地，用力要均匀、适度，保持身体重心平衡。

二、走姿的具体注意事项

（一）切忌身体摇摆

行走时切忌晃肩摇头，上体左右摆动，这样会给人以庸俗、无知和轻薄的印象；脚尖不要向内或向外，晃着"鸭子"步；或者弯腰弓背，低头无神，步履蹒跚，这样会给人以压抑、疲倦、老态龙钟的感觉。

(二)双手不可乱放

工作时，无论男女走路的时候，不可把手插在衣服口袋里，尤其不可插在裤袋里，也不要叉腰或倒背着手，因为这样不美观，走路时，两臂前后均匀随步伐摆动。

(三)目光注视前方

走路时眼睛注视前方，不要左顾右盼，不要回头张望，不要老是盯住行人乱打量，更不要一边走路，一边对别人指指点点评头论足，这不仅有伤大雅，而且不礼貌。

(四)脚步干净利索

走路脚步要干净利索，有鲜明地节奏感，不可拖泥带水，抬不起脚来，也不可重如打锤，砸得地动楼响。

(五)不可发出其他声响

几个人在一起走路时，不要勾肩搭背，不要打打闹闹，更不能吹着口哨，摇头晃脑。

(六)走路要用腰力

走路时腰部松懈，会有吃重的感觉，不美观，拖着脚走路，更显得难看。走路的美感产生于下肢的频繁运动与上体稳定之间所形成的对比和谐，以及身体的平衡对称。要做到出步和落地时脚尖都正对前方，抬头挺胸，迈步向前。穿裙子时要走成一条直线，使裙子下摆与脚的动作显出优美的韵律感。

三、实践中的走姿训练

训练走姿，可参照以下方法和步骤：

(一)直线行走训练

在地面上画出一条直线，行走时双脚内侧稍微碰到所画直线，抬头挺胸，收腹，双目平视，面带微笑，充满自信。

(二)顶书行走训练

头顶放置一本书进行行走训练，走时头要正、颈要直。此训练可纠正行走时低头看脚，摇头晃脑、东张西望、脖颈不直、弯腰弓背、头部歪向一方，或肩膀习惯前后晃动等毛病。

(三)掐腰训练

双手掐腰，上身挺直，训练行走，可以纠正行走时摆胯、撅臀、扭腰等动作。

(四)原地摆臂训练

站立，两脚不动，原地晃动双臂，然后自然摆动，手脚进行配合；掌心要向内，以肩带臂，以臂带腕，以腕带手。这样可以纠正双手横摆、同向摆动、单臂摆动或双手摆幅不等的走姿。

(五)脚跟着地训练

站立，右脚跟轻轻着地，左脚掌快速离开地面，反复练习。有些人脚掌着地，或者走路拖沓，声音特别大，通过这个练习，可以得到很好地纠正。

拓展阅读

一、正确走姿的三个要点

正确的走姿的三个要点——从容、平稳、直线。

良好的走姿应当身体直立、收腹直腰、两眼平视前方，双臂放松在身体两侧自然摆动，脚尖微向外或向正前方伸出，跨步均匀，两脚之间相距约一只脚到一只半脚，步伐稳健，步履自然，要有节奏感。起步时，身体微向前倾，身体重心落于前脚掌，行走中身体的重心要随着移动的脚步不断向前过渡，而不要让重心停留在后脚，并注意在前脚着地和后脚离地时伸直膝部。（图 7-16）

图 7-16

二、走姿观人——走路与性格

我们每个人走路都会有自己的特点，或许我们平常没有注意到，但这些特点确实存在。有人走路永远都是急匆匆的，而有人则永远都走不快，有人走路是内八或者是外八……其实这些都是我们日常生活中的一些非常小的细节，但它里面却蕴含着奥妙，从某个方面讲，这可以看出一个人的性格。下面我们就从大家的走路姿势出发，看看自己究竟属于哪种性格。

1. 步伐平稳型：这种人注重现实，精明而稳健，不好高骛远，凡事三思而行。不轻信人言，重信义诺言，是一种可以信赖的人。

2. 步伐急促型：不论有否急事，都步履匆匆。这类人明快而有效率，遇事不会推卸责任，精力充沛，喜爱面对各种挑战。

3. 上身微倾型：走路时上身向前微倾的人，个性平和内向，谦虚而含蓄，不会花言巧语。与人相处，表面上沉默寡言，但却极重情义，一旦成为知交，至死不渝。

4. 昂首阔步型：这类人往往以自我为中心，凡事靠自己，对人际交往比较淡漠，但思维敏捷，做事有条有理，富有组织能力。始终注意保持自己的完美形象。

5. 款款摇曳型：这类人多为女性，她们腰肢柔软，摇曳生姿，但是千万不要认为她们是放荡成性。因为她们中多数人坦诚热情，心地善良，容易相处，在社交场合永远是中心人物，颇受欢迎。

6. 步履整齐双手规则摆动型：这类人似军人一般，意志力很强，具有高度组织力。但偏于武断独裁，对生命及信念固执专注，不易为人所动，而且不惜任何牺牲去达到自己目标与理想。

7. 八字形：双足向内或向外勾，形成八字状，走起来用力而急躁，但是上半身却不左右摇摆。这种人不喜欢交际，头脑聪明，做起事来总是不动声色。但有的有守旧或虚伪的倾向。

8. 随便型：步伐随便，没有什么固定的规律，有时双手插进裤袋里，双肩紧缩，有时双手伸开，挺起胸膛。这种人达观、大方、不拘小节，慷慨有义气，有创立事业的雄心。但有时会显得浮夸、争强好胜。

9. 踏地型：双足落地有声，挺胸，举步快捷。这种人胸怀大志，富于进取心，理智与感情并重。

10. 斯文型：双足平放，双手自然摆动，没有扭捏，走起来异常斯文。这种人多胆小、保守，缺乏远大理想，但遇事冷静沉着，不易发怒。

11. 冲锋型：举步急速，从不后顾，不论人群拥挤之地或寂静之地，一样横冲直撞。这种人性格急躁、坦白、喜交谈，不会做对不起朋友的事。

12. 踌躇型：举步缓慢，踌躇不前，好像前面布有陷阱似的。这种人软弱，逢事严格考虑，交友谨慎，但憨直无诡，重感情。

13. 混乱型：双足双手挥动不均，步伐长短不齐，频率复杂。这种人善忘、多疑，往往做事不负责任。

14. 观望型：行走迟钝，左观右望，闪闪缩缩，仿佛做了亏心事。这种人胸无大志，贪小便宜，不善交朋友，喜欢独居生活，工作效率很低。

15. 作态型：走路如随风杨柳，左摇右摆，前顾后盼。这种人好装腔作势，做事不肯负责，狭隘奸诈，善于谄媚。

16. 吊脚型：步姿轻佻，身躯飘浮。这种人狡猾，聪明而不能善用，怒不形于色，肯帮助别人，却索高昂的代价。

心理学家认为，人的动作和姿势受心理活动的支配。你可以借着姿势的改变和走路速度的加快来改变你自己。一个低头弓背、无精打采和走路缓慢的人，往往显得没有信心。抬头挺胸，将走路的速度加快些，你就会感到充满了自信。

拓展训练

仔细观察下面四组不同的走姿脚印，分析哪种是正确的走姿脚位？

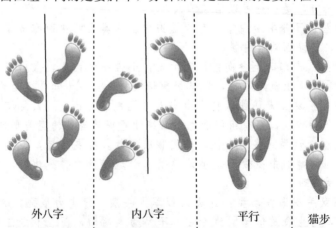

外八字　　　内八字　　　平行　　猫步

［参考答案：第三种（平行）是正确的脚位，尤其适合女性使用。第四种是猫步，适合模特儿在T型台上走台步时用。男性常用脚位，应该是介于第一种（外八字）和第三种（平行）之间。］

任务六

拥有端庄坐姿

学习目标

> **知识目标：**了解服务坐姿的规范；
> 　　　　　　熟悉端庄坐姿的训练方法。
> **能力目标：**掌握端庄坐姿要领，展现优雅风度。

工作任务描述

> 孔奶奶，80岁。因记忆衰退，经常反复对照护员讲相同的几个故事。护理员小胡，刚开始还端坐倾听。时间久了以后，小胡便觉得孔奶奶的讲述索然无味。倾听时，小胡也开始坐不住了，有时甚至晃着二郎腿，有一搭没一搭的玩手机。孔奶奶看在眼里，气在心里。
>
> **问题思考：**
> 1. 在听孔奶奶讲故事时，小胡哪些地方做得不合礼仪？
> 2. 除了规范的坐姿训练，小胡还应做哪些心态上的调整？

工作任务分解与实施

一、认识坐姿礼仪

俗话说"坐有坐相"，意思是说我们的坐姿要端正，而不是东倒西歪、懒散随意。优美的坐姿，不仅让人觉得安详舒适，更是尊重他人的一种表现。

（一）坐姿的规范要求

坐姿大有讲究。中国古代就有端坐、危坐、斜坐、跪坐和盘坐之分，现代社会的要求虽然不像古时那样烦琐，但坐正、坐直依然是非常必要的。从医学角度来说，正确的坐姿有利于健康；从交际角度来讲，有利于个人的形象；从礼仪角度来讲，正确的坐姿是对自己和对别人的尊重。

具体而言，规范的坐姿主要体现在以下方面：

1. 入座时要轻稳。

2. 入座后上体自然挺直，挺胸，双膝自然并拢，双腿自然弯曲，双肩平整放松，双

臂自然弯曲，双手自然放在双腿或椅子、沙发扶手上，掌心向下。（图7-17）

3. 头正、嘴角微闭，下颌微收，双目平视，面容平和自然。（图7-17）

4. 坐在椅子上，应座满椅子的2/3，脊背轻靠椅背。

5. 坐时，要自然稳当。

图 7-17

（二）女子的八种优美坐姿

1. 标准式

轻缓地走到座位前，转身后两脚成小丁字步，左前右后，两膝并拢的同时上身前倾，向下落座。如果穿的是裙装，在落座时要用双手在后边从上往下把裙子拢一下，以防坐出皱折，或因裙子被打折坐住，而使腿部裸露过多。

坐下后，上身挺直，两肩平正，两臂自然弯曲，两手交叉叠放在两腿中部，并靠近小腹。

两膝并拢，小腿垂直于地面，两脚保持小丁字步。（图7-18）

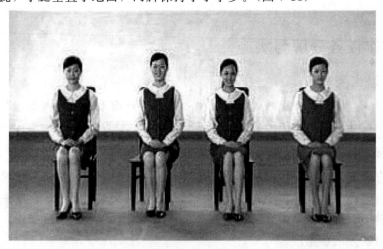

图 7-18

2. 前伸式

在标准坐姿的基础上，两小腿向前伸出一脚的距离，脚尖不要翘起。（图7-19）

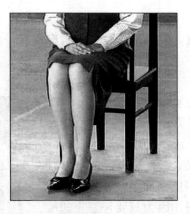

图 7-19　　　　　　　　　　　　　　　图 7-20

3. 前交叉式

在前伸式坐姿的基础上，右脚后缩，与左脚交叉，两踝关节重叠，两脚尖着地。（图 7-20）

4. 屈直式

右脚前伸，左小腿屈回，大腿靠紧，两脚前脚掌着地，并在一条直线上。（图 7-21）

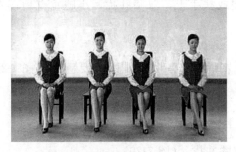
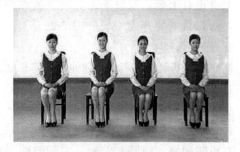

图 7-21　　　　　　　　　　　　　　　图 7-22

5. 后点式

两小腿后屈，脚尖着地，双膝并拢。（图 7-22）

6. 侧点式

两小腿向左斜出，两膝并拢，右脚跟靠拢左脚内侧，右脚掌着地，左脚尖着地，头和身躯向左斜。注意大腿小腿要成 90°，小腿要充分伸直，尽量显示小腿长度。（图 7-23）

图 7-23　　　　　　　　　　　　　　　图 7-24

7. 侧挂式

在侧点式的基础上，左小腿后屈，脚绷直，脚掌内侧着地，右脚提起，用脚面贴住左踝，膝和小腿并拢，上身右转。（图7-24）

8. 重叠式

重叠式也叫"二郎腿"或"标准式架腿"。在标准式的基础上，两腿向前，一条腿提起，脚窝落在另一条腿的膝关节上边。

这种坐姿，要注意上边的腿向内收，贴住另一条腿，脚尖向下。重叠式还有正身、侧身之分，手部也可有交叉、托肋、扶把手等多种变化。二郎腿一般被认为是一种不严肃、不庄重的坐姿，尤其是女子不宜采用。但是，这种坐姿却常常被采用，因为只要注意上边的小腿往回收，脚尖向下这两个要求，就不仅外观优美文雅，大方自然，富有亲切感，而且还可以充分展示女子的风采和魅力了。（图7-25）

图 7-25

（三）男子的五种优美坐姿

1. 标准式

上身正直上挺，双肩平正，两手放在两腿或扶手上，双膝并拢，小腿垂直地落在地面上，两脚自然分开成45°。（图7-26）

2. 前伸式

标准式的基础上，两小脚前伸一脚的长度，左脚再向前半脚，脚尖不要翘起。（图7-27）

3. 前交叉式

小腿前伸，两脚踝部交叉。（图7-28）

4. 屈直式

左小腿回屈，前脚掌着地，右脚前伸，双膝并拢。（图7-29）

图 7-26

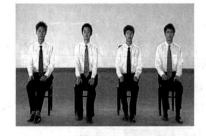

图 7-27

图 7-28

图 7-29

5. 重叠式

右腿叠在左腿膝上部，右小腿内收、贴向左腿，脚尖自然地向下垂。（图 7-30）

图 7-30

（四）坐姿手臂位置的摆放

1. 放在两条大腿上

可双手各自放在一条大腿上，也可双手叠放或双手相握。

2. 放在一条大腿上

侧身与人交谈时，宜将双手置于自己所侧一方的那条大腿上，双手叠放或者双手相握。

3. 放在皮包文件上

当穿短裙的女士面对男士而坐，而身前没有屏障时，为避免"走光"，一般可将自己随身携带的皮包或文件放在并拢的大腿上。随后，即可将双手或扶、或叠、或相握其上。

4. 放在身前桌子上

可双手平扶在桌子边沿上，也可双手相握或双手叠放在桌上。

5. 放在身旁的扶手上

（1）正身而坐时，宜将双手扶在两侧扶手上；

（2）侧身而坐时，则应将双手叠放或相握后，置于身体一侧的扶手上。

二、坐姿的训练及注意事项

文雅、端庄的坐姿，需要有效的训练。同时，具体的训练过程中，还有许多注意事项。

（一）坐姿训练

1. 两人一组，面对面练习，并指出对方的不足；

2. 坐在镜子前面，按照坐姿的要求进行自我纠正，重点检查手位、腿位、脚位。

（二）注意事项

训练坐姿，应重点注意以下问题：

1. 入座轻缓，起座稳重。入座时走到座位前再转身，转身后右脚略向后退，轻稳入座。着裙装的女士入座时，应将裙子向前拢一下；站立时，右脚先向后收半步，然后站起。

2. 女子落座双膝必须并拢，双手自然弯曲放在膝盖和大腿上。如坐在有扶手的沙发上，男士可将双手分别搭在扶手上，而女士最好只搭一边，以示高雅。

3. 不要坐满椅子。可就坐的服务员，无论坐在椅子或沙发上，最好都不要坐满，只坐满椅子的一半或三分之二，注意不要坐在椅子边上。在餐桌上，注意膝盖不要顶着桌子。

4. 切忌脚尖朝天，最好不要随意跷二郎腿，即使跷二郎腿，也不要跷得太高，脚尖朝天。这会被认为是盛气凌人。

5. 切忌坐时前俯后仰、东倒西歪。

6. 不可摇腿、抖脚。坐立时，腿部不可上下抖动或左右摇晃，这是非常不礼貌的。

7. 忌以手触摸脚部。

8. 忌将手部置于桌下。双手应在身前有桌时置于其上。

9. 忌将手夹于两腿间或双手抱在腿上。

10. 忌肘部支于桌上。

 拓展阅读

一、坐姿传递出的语言

根据心理学的理论，对人的言行举止进行剖析，是一种非常普通的心理学分析技巧。通过坐姿，可以窥视人们内心的秘密。

(一)"浅坐辄止"，只坐椅子边沿

第一次见面或者面对长辈的时候，很多人都会只坐在椅子的边缘部分。这种坐得很浅的举动，其实是让自己处于能随时起身的姿势，是一种时刻保持紧张状态的行为。这在心理学上被称为"觉醒水准过高"。随着对话的进行，双方逐渐融洽，这时候很可能就会背靠椅子，坐得更深一些。

如果有人在对话时，一直坐得很浅，说明他并不打算敞开心扉，或者因为处于晚辈、下属的立场，无法对长辈、上司表现得过分轻松。

(二)正襟危坐，两脚并拢并微微向前，整个脚掌着地

这种坐姿的人一般为人真挚诚恳，襟怀坦荡。做事的特点是有条不紊，但有时容易较真，力求周密而完美，甚至有洁癖倾向，于是难免拘泥于形式而显得呆板。

(三)脚尖并拢，脚跟分开地坐着

这种坐姿的人做事容易犹豫不决，缺乏变通性和果断性。但很有洞察力，能以最快的速度对他人的性格做出准确的分析和判断，只是有时会对自己的能力估计过高。

(四)把双脚伸向前，脚踝部交叉

当男性采用这种坐姿时，通常还会将握起的双拳放在膝盖上，或双手紧抓住椅子扶手；而女性采用这种坐姿时，通常在双脚相碰的同时，双手会自然地放在膝盖上或将一只手压在另一只手上。这种坐姿的人，通常喜欢发号施令。

（五）敞开手脚而坐的人

这种坐姿暗示其可能具有主管一切的偏好，有指挥者的气质或支配性的性格，也有可能是性格外向，处事自信。女性若采用这种坐姿，则可能表明她们缺乏丰富的生活经验，所以经常表现得有些以自我为中心。

拓展训练

小李，22岁，刚刚大专毕业，进入某老年服务机构工作。一天，领导安排小李给机构的老人们进行主题为"老年心理健康"的座谈。小李很重视，座谈当天她专门穿了一身职业裙装。

请问：

1. 在与老人们座谈时，小李可采用哪几种坐姿？

2. 除了一般的礼仪规范，着裙装的小李还应注意哪些坐姿方面的细节？

任务七
拥有优雅蹲姿

 学习目标

> **知识目标：**了解服务蹲姿的基本规范；
> 　　　　　　掌握端庄蹲姿的注意事项
> **能力目标：**领会服务蹲姿的要领，为老人提供优质服务。

 工作任务描述

> 　　王爷爷，88岁，年龄大再加上身体不好，行动时需要坐轮椅。另外，王爷爷手抖现象频繁，还经常拿不住东西。入住某老年服务中心后，护理员小赵专门负责王爷爷的生活起居。
>
> **问题思考：**
> 1. 护理王爷爷，小赵应特别注意哪些事情？
> 2. 因为需要经常性蹲下来和王爷爷交流，小赵应采用什么样的合适的蹲姿？

工作任务分解与实施

　　在各种人体体态中，蹲姿与站姿、坐姿及走姿既有联系又有区别。蹲姿和坐姿由站立和行进的姿势变化而来，处于相对静止状态。站姿体位最高，走姿、坐姿其次，蹲姿体位最低。相对而言，站姿、坐姿及走姿适用于职业场合和正式场合，而蹲姿一般适用于休闲场合和部分职业场合。但在现代老年服务业中，鉴于老年人特殊的身体条件，已对蹲姿服务提出了更新和更高的要求。

一、了解规范蹲姿基本要求

　　日常生活中，路上拾遗和自我照顾需要蹲姿，服务行业工作人员因整理环境卫生、帮助老人和提供服务时也特别需要蹲姿。但如果蹲无"蹲相"，随便弯腰，臀部后撅，上身前倾，袒胸露背，就会既不雅观，也不礼貌。

　　与站姿、坐姿和走姿一样，蹲姿也有蹲姿的礼仪要求。

　　保持正确的蹲姿需要注意三要点：迅速、美观、大方。若用右手捡东西，可以先走到东西的左边，右脚向后退半步后再蹲下来。脊背保持挺直，臀部一定要蹲下来，避免弯腰翘臀的姿势。男士两腿间可留有适当的缝隙，女士则要两腿并紧，穿旗袍或短裙时需更加留意，以免尴尬。

> **小贴士：蹲姿礼仪"五要素"**
>
> 　　下蹲拾物时，应自然、得体、大方，不遮遮掩掩；两腿应合力支撑身体，避免滑倒；同时应使头、胸、膝关节在一个角度上，使蹲姿优美；女士无论采用哪种蹲姿，都要将腿靠紧，臀部向下；注意内衣"不可以露，不可以透"。

二、熟悉四种常见蹲姿方式

蹲姿，在服务工作和护理生活中用得相对较多。除了一般的要求和规范外，我们还应当掌握几种最基本和常见的蹲姿方式，以便更好地为老人服务。

(一)高低式蹲姿

男士在选用这一方式时往往更为方便，女士也可选用这种蹲姿。

这种蹲姿的要求是：下蹲时，双腿不并排在一起，而是下蹲时右脚在前，左脚稍后，两腿靠紧向下蹲。右脚全脚着地，小腿基本垂直于地面，左脚脚跟提起，脚掌着地。左膝低于右膝，左膝内侧靠于右小腿内侧，形成右膝高左膝低的姿态。臀部向下，基本上以左腿支撑身体(图7-31)。

(二)交叉式蹲姿

交叉式蹲姿通常适用于女性，尤其是穿短裙的人员，它的特点是造型优美典雅。其特征是蹲下后双腿交叉在一起。

在实际生活中常常会用到蹲姿，如集体合影前排需要蹲下时，女士可采用交叉式蹲姿。这种蹲姿的要求是：下蹲时右脚在前，左脚在后，右小腿垂直于地面，全脚着地。左膝由后面伸向右侧，左脚跟抬起，脚掌着地。两腿靠紧，合力支撑身体。臀部向下，上身稍前倾(如图7-32)。

图 7-31　　　　　　　　　　图 7-32

(三)半蹲式蹲姿

一般是在行走时临时采用。它的正式程度不及前两种蹲姿，但在需要应急时也采用。

基本特征是身体半立半蹲。主要要求是：在下蹲时，上身稍许弯下，但不要和下肢构成直角或锐角。臀部务必向下，而不是撅起。双膝略为弯曲，角度一般为钝角，两腿之间不要分开过大。身体的重心应放在一条腿上。（图7-33）

（四）半跪式蹲姿

又叫作单跪式蹲姿，双腿一蹲一跪。它也是一种非正式蹲姿，多在下蹲时间较长，或为了用力方便时使用。主要要求是：在下蹲后，改为一腿单膝点地，臀部坐在脚跟上，以脚尖着地。另外一条腿应当全脚着地，小腿垂直于地面。双膝应同时向外，双腿应尽力靠拢。（图7-34）

图 7-33　　　　　　　　　　　　　　图 7-34

 拓展阅读

一、优雅蹲姿的"六不要"

1. 不要突然下蹲。蹲下来的时候，不要速度过快，尤其当自己在行进中需要下蹲时，要特别注意这一点。蹲下的时候，目光要先有所示意，千万不要唐突蹲下，令他人不知所措。在下蹲的时候动作应该保持一贯的频率，不能生硬下蹲，"蹲"的过程始终展示出一种美好的仪态。

2. 不要离人太近。在下蹲时，应和身边的人保持一定距离。和他人同时下蹲时，更不能忽略双方的距离，以防彼此"迎头相撞"或发生其他误会。

3. 不要方位失当。在他人身边下蹲时，最好是和他人侧身相向。正对，或者背对他人下蹲，通常都是不礼貌的。

4. 不要毫无遮掩。在大庭广众面前，尤其是身着裙装的女士，一定要避免下身毫无遮掩的情况，特别是要防止大腿叉开。

5. 在由蹲姿变为站姿的时候，不要用手撑着大腿站起，给人以疲惫拖沓的印象，而是轻松自然起身，即便需要腿部借力也应该从容隐蔽地撑腿用力，而不是用幅度较大的、明显的方式来借力。

6. 尽快起立。如果因为拾取物品等情况下蹲，待完成后应尽快起身，长时间蹲在地上是不雅观的，尤其是蹲在地上休息更是不可取的。如果是与人交谈或沟通，时间较长则可以采用单膝点地式，也就是单跪式蹲姿，一腿膝盖着地，脚尖着地后脚跟提起，臀部在这条腿上借力，另外一条腿则全脚着地，小腿与地面垂直，双腿尽力靠拢并紧。

蹲姿是否优美，不取决于书面定义的哪条腿在前哪条腿在后，而是取决于下蹲的速度、方向和姿势。因此，蹲姿需要平时经常练习。通过练习，使之成为个人习惯，才能在拾取物品、帮助别人或照顾老人时蹲得从容不迫、大方舒展。

拓展训练

小吴，某老人护理机构人员，负责照护82岁的秦老师。秦老师虽行动不便，但仍然像年轻时一样爱清洁，坚持每天洗脚，每隔三五天要修剪一次脚趾甲。因为弯腰不便，小吴就担负起了给秦老师洗脚、剪趾甲的任务。

请问：

1. 在为秦老师服务时，小吴应注意哪些蹲姿上的细节？

2. 在长期为秦老师服务的过程中，为了让老人感到真正的温暖，除了合乎礼仪的蹲姿以外，小吴还应注意哪些问题？

任务八
运用规范手势

学习目标

知识目标：具有使用手势语的理念；
          掌握规范服务手势的要领。
能力目标：能快速、恰当地运用服务手势，更好地为老人服务。

工作任务描述

刘奶奶，84 岁，由于子女工作忙碌，现入住老年服务中心。老人内心孤独，喜爱有人与她聊天，但因听力严重下降，经常听不到别人的讲话。护理员小王负责照顾刘奶奶。小王很尽心，也经常找话题与老人交谈。每每刘奶奶听不清，小王就会不厌其烦地重复，或者加大音量。但从刘奶奶的反应看，效果不甚理想。

问题思考：

1. 遇到刘奶奶这样的情况，除了加大音量、不断重复外，还应采用什么样的辅助方法？

2. 在用这些辅助方法时，应注意哪些礼仪、礼节方面的要求？

工作任务分解与实施

一、了解手势语的概念

手势是一种无声的语言，心理语言学专家认为它可以利用有限的手势和相应的系统表达和理解无数的句子，其特点是直观性、具体性和形象性，利用手势语，方便与失去语言功能的老年人交流。

社会语言学家认为手势是指一个人表达意思时手的运作姿势，手势语是"人们使用手的指式、动作、位置和朝向，按照一定的语法规则来表达特定意思的交际工具"。还有的人认为手势语是一种以手形动作辅之表情姿势，由符号构成的比较稳定的表达系统，是靠手势和视觉作为通道进行交际的语言，与口语和书面语并称为"三语"。

老年人随着年龄的增长，听力下降已是普遍存在的问题。与老人交流，辅以手势语会让交流更加顺畅。与此同时，老年人在心理上特别渴望得到尊重。优雅、规范的手势语的使用，不仅会增加信息传达的容量，也是尊重老人的重要表现。

二、掌握礼仪手势的规范标准

手势语作为老年服务工作中必不可少的一种体态语言，在运用的过程中应规范适度，且符合礼仪。

规范的手势应该是这样的：

五指伸直并拢，掌心向斜上方，腕关节伸直，手与前臂形成直线。以肘关节为轴，肘关节既不要成90°直角，也不要完全伸直，弯曲140°左右为宜，手掌与地面基本上形成45°。

三、熟悉服务工作中的常用礼仪手势

手势通过手和手指活动来传达信息，不同的手势传递不同的信息。

(一)横摆式

横摆式一般为"请进"手势。在引导客人、接待老人时，要言行并举。首先轻声地对客人说"您请"，然后可采用这种"横摆式"手势，五指伸直并拢，手掌自然伸直，手心向上，肘做弯曲，腕低于肘。以肘关节为轴，手从腹前抬起向右摆动至身体右前方，不要将手臂摆至体侧或身后。同时，脚站成右丁字步。头部和上身微向伸出手地一侧倾斜，另一手下垂或背在背后，目视宾客，面带微笑。(图7-35)

(二)前摆式

如果左手拿着东西或扶着门，这时要向宾客作向右"请"的手势时，可以用前摆式。前摆式要求五指并拢，手掌伸直，由身体一侧由下向上抬起，以肩关节为轴，手臂稍曲，到腰的高度再由身前向右方摆去，摆到距身体5厘米，并不超过躯干的位置时停止。目视来宾，面带微笑，也可双手前摆。(图7-36)

图 7-35　　　　　　　　　　　　图 7-36

(三)直臂式

"请往前走"手势，为客人指引方向时，可采用"直臂式"手势，五指伸直并拢，手心斜向上，曲肘由腹前抬起，向应到的方向摆去，摆到肩的高度时停止，肘关节基本伸直。应注意在指引方向时，身体要侧向来宾，眼睛要兼顾所指方向和来宾。(图7-37)

(四)斜摆式

"请坐"手势，接待来宾并请其入坐时采用"斜摆式"手势，即要用双手扶椅背将椅子

拉出，然后左手或右手屈臂由前抬起，以肘关节为轴，前臂由上向下摆动，使手臂向下成一斜线，表示请来宾入座。（图7-38）

图 7-37　　　　　　　　　　图 7-38

（五）双臂横摆式

双臂横摆式，表示"请"，多用于当来宾较多时，它可以动作大一些。两臂从身体两侧向前上方抬起，两肘微屈，向两侧摆出。指向前方向一侧的臂应抬高一些，伸直一些，另一手稍低一些，屈一些。（7-39）

图 7-39　　　　　　　　　　图 7-40

（六）"介绍"手势

为他人做介绍时，手势动作应文雅。无论介绍哪一方，都应手心朝上，手背朝下，四指并拢，拇指张开，手掌基本上抬至肩的高度，并指向被介绍的一方，面带微笑。在正式场合，不可以用手指指点点或去拍打被介绍一方。（图7-40）

（七）鼓掌手势

鼓掌时，用右手掌轻击左手掌，表示喝彩或欢迎。掌心向上的手势表示诚意、尊重，掌心向下的手势意味着不够坦诚、缺乏诚意等。

(八)举手致意

举手致意时,应面向对方、手臂上伸、掌心向外,切勿乱摆。

(九)挥手道别

在正式场合,挥手道别时应身体站直、目视对方、手臂前伸、掌心向外、左右挥动。

(十)递接物品

向老人递送物品时,应双手递送、递于手中、主动上前。

> **小提示:手势语使用要适度**
>
> 手势语在服务中虽然有不可取代的作用,但它毕竟处于辅助位置。换言之,手势语要靠礼貌、得体的服务用语,热忱、微笑的面部表情,以及身体其他部位姿势的相互配合,才能使宾客感觉到"感情投入"、表里如一。
>
> 手势语应适度,如手势过多、过大,手舞足蹈,不仅与服务者的角色不相适应,还有轻浮之嫌,亦为社交所不取。只有恰当地运用手势语,才会给人以优雅、含蓄而彬彬有礼之感。

四、明确手势礼仪注意事项

(一)规避不恰当、不礼貌的手势

在任何情况下,不要用拇指指着自己或用食指指点他人。用食指指点他人是不礼貌的行为,食指只能指东西物品。谈到自己时应用手掌轻按自己的左胸,这样会显得端庄、大方、可信。

(二)切记手势语太大

服务人员的手势,在整个服务中是有严格规定的。首先,手不要高过耳,就是尽量不把手举得太高,超过耳朵就不符合礼仪了;其次是低不过腰,不要没事的时候,手一直在下面摆来摆去,而应该摆在台面上,应该在身体腰部以上活动,这样活动起来也比较舒服;第三就是手活动的幅度不超过80厘米。

所以在服务的过程中,手势一定要注意:高不过耳,低不过腰,80厘米为最宽。

拓展阅读

一、手势语的文化内涵

体态语和有声语言一样,也是文化的载体,有着丰富的文化内涵,在跨文化交际中会因文化差异而引起误会。

同样的手势符号,在不同国家、地区可能有着万千不同的含义。

(一)举大拇指手势的含义

在我国,右手或左手握拳,伸出大拇指,表示"好""了不起"等,有赞赏、夸奖之意;

在意大利，伸出手指数数时表示数字一；在希腊，拇指上伸表示"够了"，拇指下伸表示"厌恶""坏蛋"；在美国、英国和澳大利亚等国，拇指上伸表示"好""行""不错"，拇指左、右伸则大多是向司机示意搭车方向。

(二)举食指的含义

在多数国家表示数字一，在法国则表示"请求提问"，在新加坡表示"最重要"，在澳大利亚则表示"请再来一杯啤酒"。

(三)"V"形手势的含义

在世界上大多数地方伸手示数时用这个动作表示二。还可以用它表示胜利，据说是第二次世界大战时期英国首相丘吉尔发明的。不过，表示胜利时，手掌一定要向外，如果手掌向内，就是贬低人、侮辱人的意思了。在希腊，做这一手势时，即使手心向外，如手臂伸直，也有对人不恭之嫌。

(四)"OK"形手势的含义

在我国和世界其他一些地方，伸手示数时该手势表示零或三。在美国、英国表示"赞同""了不起"的意思；在法国，表示零或没有；在日本表示懂了；在泰国表示没问题、请便；在韩国、缅甸表示金钱；在印度表示正确、不错；在突尼斯表示"傻瓜"；在巴西表示侮辱男人，引诱女人。

二、手势语运用不当引发的"事故"

在跨文化交际中因为手势语运用不当而导致失败的案例不少，对手势语的错误运用，有时会引起不必要的麻烦。

案例一：不懂手势语而丧命。

在地中海沿岸的一个海军基地附近，一个哨兵使用英语的岗哨大声命令在附近游泳的人赶快离开，可惜那些人听不懂英语，不仅没有离开，反而继续朝前游。哨兵没有办法，只好大幅度地挥动手臂，示意他们离开，谁知在游泳的人以为让他们过去，纷纷奋力往前。无奈之下，岗哨开枪了，两个游泳者中弹身亡，造成了惨剧的发生。

案例二：不懂手势语而引起的误会。

1960年左右，苏联领导人尼基塔·赫鲁晓夫在访美期间，他的某些言行举止就引起了一些争议。他紧握双手，举过头顶，在空中摇晃，以表示问候和友好。但是他不知道在美国，这是拳击手击败对手后表示胜利的姿势，这使得很多美国人感到不高兴。

拓展训练

马阿姨，79岁，半年前入住某老年服务中心。护理员小王负责照顾她，为了使马阿姨开心，经常陪其聊天。小王生性幽默，爱讲笑话，常逗得马阿姨合不拢嘴。但是每次聊天，小王都手舞足蹈，好几次把桌子上的茶杯都给碰到地上。

请问：

手势语的使用应掌握什么样的原则？幅度是不是越大越好？

任务九
掌握行礼方式

学习目标

> 知识目标：了解基本的行礼方式；
> 　　　　　熟悉行礼的关键要素。
> 能力目标：掌握行礼知识，能恰当正确地行礼。

工作任务描述

> 　　牛爷爷，76岁，退休干部，想入住夕阳红老年服务中心。当天接待他的是照护员小江（女，23岁）。在会客室见面后，小江先施以90度角的鞠躬礼，然后她主动伸手要跟牛爷爷握手，并且长时间紧紧握住对方的手，直到超过十秒钟才放手。
> 　　问题思考：
> 　　1. 小江使用的行礼方式恰当吗？
> 　　2. 小江有哪几处不合适的礼仪，请指出，并给予正确地示范。

工作任务分解与实施

一、了解行礼的基本概念

何谓行礼？从古至今，行礼的概念有着时代性的差别。古代的行礼主要包含以下几个层面的意思：（1）按一定的仪式或姿势致敬；（2）行婚嫁之礼，谓致送礼物或礼金；（3）举行婚礼。人们初次见面时，往往需要行礼。见面行礼，是日常社交礼仪中最常用与最基础的礼仪。人与人之间的交往都要用到见面礼仪，特别是从事服务老年人行业的人，掌握一些见面礼仪，能给老年人留下良好的第一印象，为以后顺利开展工作打下基础。

二、熟悉行礼的几种常见方式

目前，我们常见的行礼方式有握手礼、鞠躬礼、拥抱礼、亲吻礼等。

（一）握手礼

1. 握手姿态

行握手礼时，通常距离受礼者约一步，两足立正，上身稍向前倾。伸出右手，手掌垂直于地面，四指并齐。拇指张开与对方相握，微微抖动 3～4 次（时间以 3 秒左右为宜），然后将手松开，恢复原状。

行礼时，应面带笑容，眼睛注视对方。握手时，可单手或双手，可全握或半握。需要注意的是，领导与部属间、长辈与晚辈间、主人与客人间、女士与男士间，除非领导、长辈、主人、女士先伸手，否则后者不宜伸手，此时可行欠身礼或注目礼。

> **小贴士：握手次序的讲究**
> 在正式场合，握手时伸手的先后次序主要取决于身份、职位；在社交、休闲场合，则主要取决于年纪、性别、婚否等。

2. 握手的力度

跟上级或长辈握手，只需伸手过去擎着，不要过于用力；跟下级或晚辈握手，要热情地把手伸过去，时间不要太短，用力不要太轻；跟异性握手，女方伸出手后，男方应视双方的熟悉程度回握，但不可用力，一般只象征性地轻轻一握，握女士全手指部位即可。（图 7-41）

女士与女士握手时，握食指位即可。（图 7-42）

图 7-41　　　　　　　　　　　　　　图 7-42

3. 握手礼的分类

（1）平等式握手：右手握住对方的右手，手掌均呈垂直状态，拇指张开，脱节微屈抬至腰中部，上身微前倾，目视对方。这是礼节性的握手方式，一般适用于初次见面或交往不深的人。

（2）手扣手式握手：右手握住对方的右手，左手握住对方的右手的手背，可以让对方感到他的热情真挚、诚实可靠。但是，如果与初次见面的人相握，可能导致相反的效果。（图 7-43）

（3）拍肩式握手：右手与对方的右手相握，左手移向对方的肩或肘部。这种握手方式只有在情投意合和感情极为密切的人之间才适用。

（二）鞠躬礼

鞠躬礼即弯身行礼，为中国、日本、朝鲜、韩国等的传统礼仪，用来表示对别人的尊敬。鞠躬礼除了向客人表示欢迎、问候之外，还用于下级向上级、学生向老师、晚辈向长辈表示由衷的敬意，有时也用于向他人表示深深的感激之情。鞠躬礼常见的适用场合有演员谢幕、讲演、领奖、举行婚礼、悼念等。

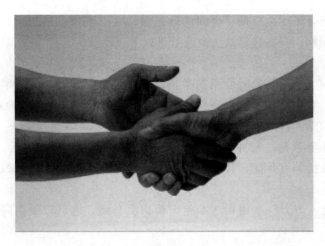

图 7-43

1. 鞠躬礼规范

行鞠躬礼时，施礼者通常距离受礼者 2 米左右，脱帽，呈立正姿势，面带笑容，目视前方，身体前部向前弯腰一定程度，以腰为轴，腰、颈、头呈一条直线。视线随之自然下垂，身体前倾到位后停留 1 秒再恢复原状，鞠躬同时致以问候或告别。一般来说，男士双手放在两侧裤线处，女士的双手则应下垂搭放在腹前。（图 7-44）

2. 鞠躬的深度

鞠躬的深度视受礼对象和场合而定。一般问候、打招呼施 15°左右鞠躬礼，迎宾 30°，送客 45°，而 90°大鞠躬通常用于悔过、谢罪等特殊情况。鞠躬的幅度越大，所表示的敬重程度就越大。

3. 鞠躬礼注意事项

（1）鞠躬时，目光应向下看，表示一种谦恭的态度。不可以在弯腰的同时抬起眼睛望着对方。也不可一面鞠躬一面抬头看受礼者。

（2）鞠躬后视线落在对方脚尖部位。

（3）鞠躬礼毕起身时，目光应有礼貌地注视对方。

图 7-44

（4）在我国，接待外宾时也常用鞠躬礼。如果客人施用这种礼节，受礼方一般也应该用鞠躬礼回之，但长辈和上级欠身点头即算还礼。日本人见面一般不握手，而习惯于相互鞠躬。在接待日本客人时，要尊重其风格，行鞠躬礼。

（三）致意礼

致意是一种不出声的问候礼节，常用于相识或不相识的人在社交场合打招呼。

1. 点头致意

在公共场合可用微微点头表示礼貌的一种方式。

要求：目视对方，面带微笑，头向前下微低。

同级或平辈间，如在路上行走时相遇，可以在行进中点头示意。对一面之交或不太相识的人在社交场合见面时，可微笑点头致意，表示友好和礼貌。在一些公共场合遇到领导、长辈，一般不宜主动握手，而应采用点头致意的方式，这样既不失礼，又可以避免尴尬。一些场合不宜握手、寒暄，就应该采用点头致意的方式，如与落座较远的熟人等。一些随便的场合，如在会前、会间的休息室，在上下班的班车上，在办公室的走廊上，不必握手和鞠躬，只要轻轻点头致意就可以了。

2. 举手致意

一般用来向他人表示问候时使用的举止。举手致意要伸开手掌，掌心向外，面向对方，指尖向上。当看见熟人又无暇分身的时候，举手致意可以立即消除对方的被冷落感。适合向距离较远的熟人打招呼，或者同事之间打招呼。

举手礼的动作要领是：行礼者与受礼者相距约 6 到 8 步。举右手，小臂向上弯曲，上臂与肩同高，五指伸直并拢，其中指和食指轻倚帽檐或眉梢附近，掌心微向外。

3. 微笑致意

微笑可以传播友好，一般用在与不相识者初次会面，也可以用在同一场合经常见面的老朋友身上。

4. 欠身致意

全身或身体的上半部分在目视被致意者注视的同时，应略微向上、向前倾斜。这是对他人恭敬的一种表现，可以向一个人或者几个人同时欠身致意。

具体方法：身体上部微微前倾，幅度在 15°以内。

致意规则：男士应先向女士致意；年轻者应先向年长者致意；下级应先向上级致意。在行非语言致意礼时，最好伴以"您好"等简洁的问候语，这样会使致意显得更生动、更具活力。

拓展阅读

一、中国古代见面行礼方式

中国自古就有"礼仪之邦"之称。在行礼方式上也是十分讲究的，与人相见或举行祭祀时，为了表示礼貌和敬意，行礼时要长幼分明、尊卑有别。现将古代通行的行礼方式列于后。

作揖，是古代通行的不分尊卑的相见礼。行礼时，身子略弯，双手合抱高举，自上而下延至胸前止。如《儒林外史》第三回："范进方才把银子收下，作揖谢了。"

拱手，又称作"拱"，多用于对尊长。行礼时，身体略俯，两手合抱在胸前。合抱时，通常是右手握拳左手则包在外。如《论语·微子》："子路拱而立。"若遇凶丧之事，则左手握拳右手包在外面。

叉手，两手交叉，犹拱手的一种行礼方式。如《西游记》第五十九回："行者叉手向前，笑道：'嫂嫂切莫多言。老孙伸着光头，任尊意砍上多少，但没气力便罢。'"

唱喏，给人作揖时并同时出声致敬。如《水浒全传》第二回："李吉，你今后有野味时，寻些来。李吉唱个喏，自去了。"

请安，即"问安"，通常用于下对上或平辈的礼节。女子请安为双手扶左膝，右腿微屈，身体往下蹲，口称"请某人安"。如《红楼梦》第七回："这会子请太太的安去。"

打千，是清代满族男子向人请安的通行礼节。左膝前屈，右腿后弯，上体稍向前俯，右手下垂，是一种介于作揖、下跪之间的礼节。如《红楼梦》第八回："因他（指钱华）多日未见宝玉，忙上来打千儿请安。"

叩头，俗称"磕头"。跪下后俯首至地，以额叩地行礼，是旧时最敬的行礼方式之一。如《史记·滑稽列传》："皆叩头，叩头且破，额血流地，色如死灰。"

长跪，多用于对长者或尊者。行礼时，双膝着地，上身挺直，以示庄重。如《孔雀东南飞》："府吏长跪告：'伏惟启阿母，今若遣此妇，终老不复取。'"

拜手，古代男子跪拜礼之一，多用于对尊长。行礼时，先跪下，两手拱合，俯头至手与心平，而不至地故称，亦叫"空首"。如《列子·仲尼》："颜回北面拜手。"

手拜，古代女子跪拜礼的一种。行礼时，先跪下，两手先到地，然后拱手，同时头低下去，到手为止。如《礼记·少仪》："妇人吉事，虽有君赐，肃拜；为尸坐，则不手拜，肃拜。"

顿首，跪拜礼之一，是下对上的行礼方式，主要用于对尊长。行礼时，先跪下，拱手至地，且引额触地，旋即抬起头，因其头触地时间较短故称顿首。如《周礼·春官·大祝》疏曰："顿首者，为空首之时，引头至地，首顿地即举，故曰顿首。"有时亦用于书信的开头或结尾，以表示敬重之意。如丘迟《与陈伯之书》："迟顿首，陈将军足下无恙，甚幸甚幸……一丘迟顿首。"

稽首，是古代跪拜礼中最庄重的一种行礼方式，主要用于拜君王或最尊者，行礼方式与顿首相同，但头触地停留的时间比顿首要长些。如《聊斋志异·劳山道士》："薄暮毕集，王（生）俱与稽首，遂留观中。"

稽颡，古代跪拜礼之一。行礼时，屈膝下拜，以额触地，多用于居丧答拜宾客或请罪、投降时行此礼。如《汉书·李广传》："若乃免冠徒跣，稽颡请罪，岂联之指哉！"

二、古代女子的行礼方式

古代汉人女子的万福礼分大礼和常礼。

大礼：两手平措至左胸前（右手压左手），右腿后屈，屈膝，低头。

常礼：右手压左手，左手按在左胯骨上，双腿并拢屈膝，微低头。一般性礼节，只是右手压住左手。

拓展训练

分组练习四种基本的行礼方式，掌握主动者，时间把握，幅度把握，请同学们分两个小组进行练习。

项目八　掌握老年服务沟通礼仪

 项目情景聚焦

　　沟通，是人与人之间传递、反馈思想与感情的过程。老年人随着社会角色的转换及生理功能的退化，心理上的失落感、孤独感、焦虑感、无能感及缺乏安全感等情绪会日益突出。作为老年服务人员，在与老年人沟通时，要充分考虑老年人的生理、心理特点，应本着主动、亲切、尊重的原则，科学掌握和运用沟通礼仪，进行真诚沟通、有效沟通。

任务一
恰当称呼

学习目标

知识目标: 了解称呼礼仪的一般要求、规范;
掌握恰当称呼老年人的基本原则。
能力目标: 能运用恰当称呼,快速打开与老年人的沟通之门。

工作任务描述

王阿姨,75岁,退休教师。平时喜爱看书、养花等,思维清晰,能与人顺畅交流。儿女在外地,与老伴居住一套两居室的房子里。刚刚大学毕业到某养老机构工作的小刘,受单位指派,去王阿姨家进行拜访。

问题思考:

1. 作为沟通交往的第一步,小刘该如何正确、恰当对王阿姨进行称呼?
2. 王阿姨本人对他人称呼自己有什么个体倾向?

工作任务分解与实施

一、了解基本的称呼礼仪知识

称呼礼仪是沟通交际礼仪中的一个基本内容。如何使用称呼,如何用好称呼,往往成为社交活动中的一个重要问题。得体的称呼是最悦耳的声音,是打开对方心扉的钥匙。

(一)一般称呼礼仪知识

一般性的称呼礼仪原则具有普适性,提前搜集并认真领会,会为我们提供一般意义上的指导和规范。

> **小贴士:**
>
> 人际交往,礼貌当先;与人交谈,称谓当先。使用称谓,应当谨慎,稍有差错,便贻笑于人。称谓要表现尊敬、亲切和文雅,使双方心灵沟通,感情融洽,缩短彼此的距离。正确地掌握和运用称谓,是人际交往中不可缺少的礼仪因素。
>
> 独立生活而每天必须反复进行的、最基本的、具有共同性的身体动作群,即进行衣、食、住、行、个人卫生等日常活动的基本动作和技巧。

(二)针对老年人的称呼礼仪知识

老年人，因其特殊的心理特征，在称呼时，更有其特殊的要求。要体现尊重原则，多用敬称、尊称。

(三)对老人个体倾向性的判断

老年人因其职业、性格、经历、知识结构、地缘结构等方面的影响，会对称呼有着个体不同的倾向。如曾从事教育事业的老人，一般会习惯被人们称为"老师""先生""教授"等；曾从事领导岗位的老人，则可能习惯于行政性职务的称呼；外向型的老人，倾向于生活化的称呼；拘谨性格的老人，则更认可正式的、职务或职业性的称呼。

> **小贴士：古代对老人的称呼**
>
> 50 岁——年逾半百、知非之年、知命之年、艾服之年、大衍之年；
>
> 60 岁——花甲、平头之年、耳顺之年、杖乡之年；
>
> 70 岁——古稀、丈国之年、致事之年、致政之年；
>
> 80 岁——丈朝之年；
>
> 80——90 岁耋耋之年；
>
> 90 岁——鲐背之年；
>
> 100 岁——期颐；
>
> 皓首——老年，又称"白首"；
>
> 黄发——长寿老人，头发由白转黄；
>
> 鲐背——长寿老人，老人身上生斑如鲐鱼背。

二、掌握正式沟通时的称呼技巧

(一)正式沟通前的准备

沟通者的自身应着装得体，姿态端庄，保持微笑、目光亲切。事先，还要选择好拜访时间(就餐、睡眠休息时间不宜)。

(二)对个体判断和称呼

通过之前准备阶段的工作，对拜访对象王阿姨的性格、职业、知识结构进行综合地了解和掌握。在此基础上，确定恰当的称呼：王老师、王先生、王老等。

> **小贴士：称呼叫得年轻让老人更自信**
>
> 有些老人尽管白发苍苍，甚至步履蹒跚，心态却仍然年轻，对新事物的接受度也比较高。这或者就有称呼上的原因，因为他们对男性均称"某某先生"，对女士都叫"某某女士"，就是在家里，小辈也可以直呼其名或昵称。
>
> 研究发现，把人叫得年轻，就像给老人灌输"您还年轻"的概念。久而久之，老人会更注重保养，心态也变得年轻。从今天开始，年轻人不妨试着换个称呼，把老人叫年轻点。

拓展阅读

一、永不消失的传统：古人的称呼礼仪

称谓，俗称"称呼"，是古代社会的重要交际语言。正如孔子所言："名不正，则言不顺。"准确、恰当的称谓，有利于社交的成功，更可以展现一个人的修养。

古代社交礼仪，一般遵循"尊人抑己"的称谓原则。对别人的称谓要使用尊称，对自己的称谓则要使用谦称。

秦汉时期对男性的泛用尊称是"公""子""足下""君""卿"等，对女性的尊称则为"夫人""母"；秦汉时期对自己使用的自谦语，常用的有"臣""仆""妾"等。"臣"是男性对自己使用的自谦语；"仆"是汉代流行的男性自谦词，广泛用于口头及书面语。此外，男性还可使用"不肖"和"敝人"表示自谦。"妾"则是女性的自谦用语。魏晋南北朝时期，称谓习俗基本沿袭秦汉，自称为"仆"，尊称为"卿"。

到了宋朝社会，流行以品德为标准的称谓习俗，对尊贵者称为"公"，对贤者称为"君"，对老人或者父辈称为"公""丈"表示尊敬，对别人父母的尊称为"尊甫（父）""令尊""令堂""北堂""高堂"等。

古代社会对他人的代称，一般包括对家人、亲属、朋友的称谓以及其他称谓。对亲属的称呼，尊称自己的父母为"家严""慈母""堂上"等。若是姻亲关系则加一"姻"字，如"姻伯""姻兄""姻翁"等。若有世谊关系的，则加一"世"字，如"世伯""世兄"等。若是姻世关系的加"姻世"二字，如"姻世伯"。对家人的称呼，妻子称丈夫为"夫君""良人""官人""外子"等，丈夫称妻子为"荆人""拙荆""糟糠""中馈""大嫂""大姐"等。

对别人的晚辈称"令郎""令嗣""令爱""令婿"等，对自己的晚辈称"弱息""犬子""小犬""息子""息女""息妇""东床"等。对朋友的称呼，一般的互称则加一个"仁"字，如"仁兄"。根据具体的关系不同，又划分为同学、同事等。同学之间的称谓为"同窗""同科""窗友""砚友"等，同事之间的称谓为"同人""同寅""同人""同僚""同年""同寅"等。

二、现代社会称呼礼仪的基本要求

在日常生活、工作中，称呼应遵循以下基本要求：

（一）采用常规称呼。常规称呼，即人们约定俗成的较为规范的称呼。

（二）要分清具体场合。在不同的场合，应采用不同的称呼。

（三）要入乡随俗。尊重并了解当地习俗。

（四）要尊重个人习惯。

三、现代社会称呼的五个禁忌

使用称呼时，一定要避免下面几种失敬的做法。

（一）错误的称呼

常见的错误称呼无非就是误读或是误会。误读就是念错姓名。为了避免这种情况的发生，对于不认识的字，事先要有所准备；如果是临时遇到，就要谦虚请教。误会，主

要是对被称呼人的年纪、辈分、婚否以及与其他人的关系做出了错误判断。

(二)使用不通行的称呼

有些称呼具有一定的地域性，比如山东人喜欢称呼"伙计"，但南方人听来"伙计"肯定是"打工仔"；中国人习惯把配偶称为"爱人"，而在外国人的眼里，"爱人"是"第三者"的意思。

(三)使用不当的称呼

工人可以称呼为"师傅"，道士、和尚、尼姑可以称为"出家人"。但如果用这些来称呼其他人，没准还会让对方产生自己被贬低的感觉。

(四)使用庸俗的称呼

有些称呼在正式场合不适合使用。例如，"兄弟""哥们儿"等一类的称呼，虽然听起来亲切，但不适合正式场合。

(五)称呼他人外号

对于关系一般的，不要自作主张给对方起外号，更不能用道听途说来的外号去称呼对方，也不能随便拿别人的姓名乱开玩笑。

拓展训练

刘爷爷，81岁，退休工程师。有轻度老年认知障碍，认识家人，对外人辨识度较低，能与人进行基本交流。家人照护困难，现已入住某老年护理机构。小张作为护理机构的工作人员，负责照顾刘爷爷。第一次见面，为了展示对刘爷爷的尊重，增进亲切感，小张大声对刘爷爷说："刘工，您好!"可刘爷爷听到了，几乎没什么反应。为此，小张有些失落。

请问：

1. 刘爷爷为什么对"刘工"的称呼没有明显的反应?

2. 在与刘爷爷沟通时，小张应怎么恰当使用称呼?

任务二

介绍他人

学习目标

知识目标：了解介绍他人礼仪的一般要求、规范；

掌握向老人介绍他人的基本原则；

掌握介绍他人时的重要细节。

能力目标：能恰当地介绍他人互相认识。

工作任务描述

刘爷爷，72 岁，设计院退休工程师，退休前主要研究机械制造。小张，设计院在职员工，与刘爷爷熟识。小张的好友小王，要随他去刘爷爷家，请教相关专业方面的问题。

问题思考：

1. 作为引见者，小张应如何对刘爷爷和小王双方进行介绍？
2. 在具体的介绍过程中，需要注意哪些细节？

工作任务分解与实施

一、理解介绍礼仪的作用

介绍他人，又称第三者介绍，是为彼此不相识的双方引见、介绍的一种交际方式。介绍他人，通常是双向的，即对被介绍的双方各自作一番介绍。有时，也会进行单向的介绍，即只将被介绍者中某一方介绍给另一方。

介绍他人是社交活动最常见，也是最重要的礼节之一。它是初次见面的陌生的双方开始交往的起点。介绍在人与人之间起着桥梁与沟通作用，几句话就可以缩短人与人之间的距离，为进一步交往开个好头。在与老人的交往中，恰当、自然的介绍，可以帮助我们更好地取得老人的信任，进而可以更好地交流。

二、查阅搜集介绍礼仪的基本知识

介绍他人时，应查阅介绍方面的礼仪知识，了解介绍礼仪的基本原则，明确介绍时

的前后顺序，掌握介绍他人的主要方式，熟悉介绍他人时的细节问题。

小贴士：礼仪精髓

为他人作介绍时，应牢记"尊者居后"的顺序原则，要坚持受到特别尊重的一方有了解对方的优先权，即把身份、地位较低的一方介绍给身份、地位较高的一方，以表示对尊者的敬重之意。

三、掌握正式介绍时的细节

在引见小王认识刘爷爷时，进入正式介绍阶段。在正式介绍两人认识时，需要明确和注意以下问题。

(一)明确介绍顺序

介绍，讲究次序。不论公务还是社交场合，一般是"尊者拥有优先知情权"(尊者指年长者、身份高者、女士、客人等)。因此，应当先为年长者介绍年轻者；先为身份高者介绍身份低者；先为上级介绍下级；先为女士介绍男士；先为早到者介绍后到者；先为外单位人士介绍本单位同事；先为客人介绍自己家里人；先为已婚女性介绍未婚女性等。

案例中，刘爷爷是长者，而且是身份高者。因此，介绍中，理所当然应先将小王介绍给刘爷爷。

(二)介绍人的神态、站姿与手势

为他人介绍，尤其为老人介绍他人时，介绍者应充分注意自身的神态、站姿等肢体语言，体现对老年人的尊重。与此同时，介绍时应请注意以下问题。

1. 介绍者的神态

作为介绍人在为他人作介绍时，态度要热情友好。在介绍一方时，应微笑着用自己的视线把另一方的注意力吸引过来。(如图 8-1)

图 8-1

图 8-2

2. 介绍者的站姿

介绍时必须离开座位，站立进行，上体略前倾(如图 8-2)。当介绍者走上前来为被介绍者进行介绍时，被介绍者双方均应起身站立。一般情况下，被介绍者应起立，注意优美的站姿，女士、长者有时可不用站起；如是宴会、谈判会，则略略欠身致意即可。

3. 介绍者的手势

作为介绍者，无论介绍哪一方，都应手势动作文雅。手的正确姿势应为掌心向上，四指并拢，拇指微张，胳膊略向外伸，指向被介绍者（如图 8-3）。但介绍人不能用手拍被介绍人的肩、胳膊和背等部位，更不能用食指或拇指指向被介绍的任何一方。

图 8-3

（三）介绍人的陈述

进行介绍时，介绍人的语言要亲切、自然、得体。介绍人的介绍语宜简明扼要，并应使用敬辞。在较为正式的场合，可以说："尊敬的××先生，请允许我向您介绍一下……"或说："×教授，这就是我跟您常提起的××。"

在我们的案例中，小张向刘爷爷介绍小王时，可以这么说："刘老，这就是我常跟您提起的小王。"或者说："刘老，这是我的朋友小王。"

（四）其他注意事项

介绍人在介绍后，不要随即离开，应给双方交谈提示话题。可以有选择地介绍双方的共同点，如相似的经历、共同的爱好和相关的职业等。

比如，我们的案例中，在刘爷爷和小王互相介绍了基本情况后，还可就他们双方的爱好、专业、特长、荣誉等情况，为双方继续深入交谈提供条件。当然，在介绍前最好了解一下双方是否有相识的愿望，不要贸然行事。

小贴士：

在介绍别人时，切忌把复姓当做单姓，常见的复姓有"欧阳""司马""司徒""上官""诸葛""西门"等。比如，不要把"欧阳明"称为"欧先生"。

拓展阅读

一、介绍他人的主要方式

由于实际情况的不同，为他人作介绍时的方式也不尽相同。

1. 一般式

也称标准式，以介绍双方的姓名、单位、职务等为主，适用于正式场合。如："请允许我来为两位引见一下。这位是××公司营销部主任××，这位是××集团副总××女士。"

2. 简单式

只介绍双方姓名一项，甚至只提到双方姓氏，适用一般的社交场合。如："我来为大家介绍一下：这位是谢总，这位是徐董。希望大家合作愉快。"

3. 附加式

也可以叫强调式，用于强调其中一位被介绍者与介绍者之间的关系，以期引起另一位被介绍者的重视。如："大家好！这位是××公司的业务主管张先生，这是小儿××，请各位多多关照。"

4. 引见式

介绍者所要做的，是将被介绍的双方引到一起即可，适合于普通场合。如："OK，两位互相认识一下吧。大家其实都曾经在一个公司共事，只是不是一个部门。接下来，请自己说吧。"

5. 推荐式

介绍者经过精心准备再将某人举荐给某人，介绍时通常会对前者的优点加以重点介绍。通常，适用于比较正规的场合。如："这位是张先生，这位是××公司的赵董事长。张先生是经济博士，管理学专家。赵总，我想您一定有兴趣和他聊聊吧。"

6. 礼仪式

这是一种最为正规的他人介绍，适用于正式场合。其语气、表达、称呼上都更为规范和谦恭。如："孙小姐，您好！请允许我把××公司的执行总裁刘先生介绍给你。刘先生，这位就是××集团的人力资源经理孙晓小姐。"

二、细节的力量

在介绍他人时，介绍者与被介绍者都要注意一些细节。

（一）介绍者为被介绍者作介绍之前，要先征求双方被介绍者的意见。

（二）被介绍者在介绍者询问自己是否有意认识某人时，一般应欣然表示接受。如果实在不愿意，应向介绍者说明缘由，取得谅解。

（三）当介绍者走上前来为被介绍者进行介绍时，被介绍者双方均应起身站立，面带微笑，大大方方地目视介绍者或者对方，态度要端正。

（四）介绍者介绍完毕，被介绍者双方应依照合乎礼仪的顺序进行握手，并且彼此使用"您好""很高兴认识您""久仰大名""幸会"等语句问候对方。

介绍他人认识，是人际沟通的重要组成部分。良好的合作，可能就是从这一刻开始。

三、谁当介绍人

社交礼仪中，不同场合，对介绍人也有着不同的要求。谁来当介绍人？这也是一个很讲究的问题。

第一种情况：喜庆、娱乐的场合。宴会、舞会、家里聚会，介绍人一般应该是女主人。这是女主人的天职。

第二种情况，一般性公务活动。在一般性的公务活动中，谁来当介绍人呢？大概有以下几种情形：第一，专业人士。比如我们到公司企业机关去，专业人士指的就是办公室主任、领导的秘书、前台接待、礼仪先生、公关人员等。因为是专业人士，他们从事的工作中有一个重要的职责就是迎来送往。第二，对口人员。比如王经理找张经理做生意，张经理就有义务把王经理跟外人做介绍，张经理就是对口人员。

这位是皮特先生

第三种情况：重要的接待贵宾的场合。贵宾到来，一般是应该由东道主一方职务最高者出面作介绍。这一点，礼仪上将其称作规格对等，这是对客人的一种尊重和重视。比如俄罗斯总统普京到北京大学来发表演说，是唐家璇同志陪他来的。在这种情况下，普京要跟北大的师生见面，谁来做介绍合适？直接让北大的校长办公室主任来是不合适的，因为他和普京互不认识，更不能找一个学生去做介绍。国务委员唐家璇的职务最高，向北大的师生做介绍的人，应该是唐家璇同志。这是一种礼仪，或者叫接待规格。

四、集体介绍：介绍他人的另一种形式

介绍他人，一般是介绍人在被介绍人之间进行介绍。除了对单个人进行介绍之外，介绍他人还有另外一种形式，即集体介绍。集体介绍，顾名思义，就是介绍人对两个集体或群体进行介绍。

集体介绍一般分为两种情况：一种情况是两个集体，两边都是单位。两边都是单位时，一般还要讲把地位低的一方先介绍地位高的一方，所谓地位低的一方一般就是东道主，所谓地位高的一方一般就是客人。这是要遵循的一般规则。第二种情况是一边是群体一边是个人，这种情况的话，一般是要把个人介绍给集体。因为个人比集体人少，相对就地位低，所以一般先介绍个人，后介绍集体。

五、关注两要素：时机、场合

为他人介绍，除了顺序、方法等基本要求外，介绍人还应关注另外两个要素：时机与场合。看准时机，注意场合。

首先，为他人作介绍，一定要掌握好时机。应在人们空闲、有心情、气氛融洽的时候，并且需征求双方同意之后方可为之。以下情况就不便介绍：当一个人正聚精会神忙于某项事务、与人谈话、急着赶路、手抱重物等，如果勉强邀其认识一位并不太想认识的人，他可能会心不在焉或感到厌烦，甚至感到难堪。另外，当某人心事重重、情绪欠佳时，也不要贸然为他介绍新朋友。

其次，为他人介绍，还要注意场合。在严肃的学术会议上，不谈学术，而是过度介绍某人生活细节，会让听众觉得"莫名其妙"。非正式场合，如在飞机上、列车车厢里为人作介绍，过分强调其人职务高、成就大，会让人觉得"追捧""阿谀"。别人正在办公，你却贸然推门而入，力荐、推销自己的产品，很可能会被轰走。

拓展训练

　　牛爷爷，81岁，居住在北京海淀某小区。思维清晰，身体欠佳，需专人护理。小区对门搬进一家住户，主人张爷爷和牛爷爷年龄相当。作为牛爷爷专门护理的小王，陪牛爷爷下楼时，在电梯口遇到张爷爷。这种情形下，小王理所当然为两位老人做起了介绍。

请问：

1. 小王该如何为牛爷爷和张爷爷进行介绍？

2. 在为两位老人进行介绍时，尤其应注意哪些问题？

任务三
递接名片

学习目标

知识目标：了解递接名片的一般要求、规范；
　　　　　熟悉名片存放、接受、递送、交换的基本程序。
能力目标：能恰当递送名片，增进与老年人的沟通与交流。

工作任务描述

　　王叔叔是退休教师，思维清晰、表达顺畅，行动略有不便。爱看书，每天不少于三小时的阅读时间。受朋友之托，在图书馆工作的小刘，要将几部新出的文化类图书送到王叔叔家。在进行自我介绍之后，小刘与王叔叔进行了深入的交流。

　　问题思考：

　　1. 作为与老人沟通交往的一个关键步骤，随身备有名片的小刘是否应向王叔叔递送名片？

　　2. 在向王叔叔递送名片时，小王应特别注意哪些礼仪？

工作任务分解与实施

一、认识名片

(一)明确递送名片的作用

　　在社交场合，名片是常用的交往手段。名片虽小，但上面印有单位名称、头衔、联络电话、地址。它可以使获得者认识名片的主人，与之联系。可以说，在某种程度上，名片是另一种形式的身份证。

　　在与老年人的沟通交流中，恰到好处地递出名片，可以显示自己的涵养和风度，也可以更快地帮助自己进入角色，与老人展开深入交流。

(二)查阅递送名片的基本礼仪

　　向老人递送名片时，应了解名片递送的基本原则，熟悉递送名片的主要方式，掌握递送名片的技巧，熟悉递送名片时应注意的细节。

二、掌握正式递送名片的要求与规范

在小刘正式向王叔叔递交名片时，需要注意和明确以下问题：

(一)名片的准备

1. 数量上的要求

携带的名片有数量的要求，尤其在正式的、大型的社交场合，携带的名片一定要数量充足，确保够用。

2. 要完好无损

名片要保持干净整洁，切不可出现折皱、破烂、肮脏、污损、涂改的情况。发送一张破损或脏污的名片，不如不送，破旧的名片应尽早丢弃。特别是与长辈、老年人的交往中，应尤其注意这一点。干净整洁的名片，是对老人最起码的尊重。

3. 要放置到位

名片存放的位置应是随手可取的地方，不该当着别人的面东摸西摸，半天找不到，或把它放在钱包、票夹内，用时一齐拿出来翻取、亮相一番，很不雅观而又失礼。

自己的名片应放于容易拿出的地方，建议用名片夹(不与杂物混在一起，不将别人的名片与自己的放在一起)；在着西装时，名片夹只能放在左胸内侧的口袋里。左胸是心脏的所在地，将名片放在这心脏的地方，无疑是对对方的一种礼貌和尊重。不穿西装时，名片夹可放于自己随身携带的小手提包里伸手可得的部位。将名片放置于其他口袋，甚至后侧裤袋里是一种很失礼的行为。

> **小提醒：**
> 拿出名片后要仔细检查一下，确定是否是自己的名片，不要把收到的别人名片又递出，闹出笑话。

(二)名片递送

名片虽小，递送却是一门大学问。在正式递送名片时，应从以下几个方面进行综合考虑：

1. 观察对方的意愿

递送名片要建立在双方均有结识意愿并想保持联系的前提下进行。切不可乱发名片，在递送之前，可以用"认识你(您)很高兴"等一些谦语来体现。如果在对方没有意愿的情况下递送名片，有故意炫耀之嫌。

在我们的案例中，小刘虽备有名片，但在向刘叔叔递送名片前，应首先观察老人家的意愿。在老人愿意进一步了解和保持联系的情感基础上，再向其递送名片。

2. 把握递送名片的时机

发送名片要把握适宜时机，一般选在初识之际或分别之时，切忌在用餐、运动、娱乐之时发送名片。

3. 注意递送前暗示

递上名片前，应当先向接受名片者打个招呼，令对方有所准备。既可先做一下自我介绍，也可以说声"对不起，请稍候""可否交换一下名片"之类的提示语。

案例中，小刘在向王叔叔递送名片前，应注意提示语的运用，避免太突兀。

4. 讲究递送顺序

递送名片时，有明确的顺序讲究。一般的原则是：客先主后；身份低者先，身份高者后；男士先向女性递名片(图8-4)；当与别人交换名片时，应依照职位高低的顺序，由尊到卑，或由近及远，依次进行，切勿跳跃式地进行，以免被对方误认为厚此薄彼。

图 8-4

在我们的案例中，按照晚辈先递给长辈的顺序，很显然，在合适的时机，小刘应先向王叔叔出示自己的名片。

5. 递送有礼

递送名片时应起立，上体前倾15°左右，示以敬礼状，表示尊敬。(图8-5)

递交名片以双手或右手持握名片，用拇指和食指执名片两角。为了使对方容易看，要让文字正面朝向对方(图8-6)。同时，递送时要目光注视对方，并微笑致意。在切忌目光游移或漫不经心。

递送的同时可以报上自己的大名，使对方能正确读出你的名字，特别是自己的名字有难读或特别读法时，如对方是老年人或听力、视力均受限制时，更要清楚地报出自己的名字或加以解释。最后，还要附上"请多多关照""请收下"之类的礼貌语。

在我们的案例中，小刘在向王叔叔递送名片的同时，也应清楚地报出自己的全名，并附上"请您多多关照"之类的礼貌语，以示对王叔叔的尊敬。

图 8-5

图 8-6

三、接收名片的学问

一般而言，在社交场合，双方可以互送名片。在小刘向王叔叔递送名片后，若王叔叔本人备有名片，并且也有意向小刘赠送名片的话，小刘应该得体地接收名片。

如何得体、有礼地接收名片？小刘尤其应注意以下环节：

(一)态度谦和

当对方递名片时，不论有多忙，应立即放下手中的事，并起身站立相迎，面含微笑，用双手的拇指和食指接住名片的下方两角，并视情况说"谢谢""能得到您的名片，真是十分荣幸。"

(二)快速阅读

接过名片后，先向对方致谢，然后花30秒左右时间认真阅读名片内容，遇有显示对方荣耀的职务、头衔可轻读出声，以示敬仰。有看不懂的地方，应当面讨教。

(三)精心存放

接到他人名片后，切勿将其随意乱丢乱放、乱揉乱折；忌接过对方的名片一眼不看就随手放在一边，也不要在手中随意玩弄，不要随便拎在手上，不要拿在手中搓来搓去，否则会伤害对方的自尊，影响彼此的交往。

接到名片后，应将其谨慎地置于名片夹、公文包、办公桌或上衣口袋之内，且应与本人名片区别放置。

还有一种情况，如果交换名片后需要坐下来交谈，此时应将名片放在桌子上最显眼的位置，十几分钟后自然地放进名片夹，切忌用别的物品压住名片和在名片上做谈话笔记，离开时勿漏带。

 拓展阅读

索要名片有技巧

社交场合，若想得到他人的名片，以增进交流，大家不妨尝试以下几种方法：

(一)交换法

这是一种很常见的方法，就是先把自己的名片递给对方，可以说："李先生，这是我的名片"，根据礼节上"有来有往"的原则，对方也会回递一张。

(二)谦恭法

当对方与自己的地位有落差时，可以用激将法，但是一定要注重说话语气，要做到委婉、谦虚。可以说："尊敬的李先生，很高兴认识你，不知道能不能有幸跟您交换一下名片。"为了礼貌，对方会递送名片。

(三)联络法

联络法就是以保持联络为由，索要对方名片，可以说："认识你很高兴，不知道怎么跟你联系比较方便?"对方明白用意，会递送名片。

 拓展训练

张爷爷，81岁，曾就职于省书画院。退休后，坚持研习书法。张爷爷身体不便，需要专人护理。小马，某护理院专业护理员，要前去张爷爷家进行初步了解。见面时，小马将向张爷爷递送了自己的名片。出于礼貌，张爷爷也回送了小马名片。小马坐着接受了张爷爷的名片，并将名片随意地塞到了自己的衣服兜里。

请问：

1. 在向张爷爷递送名片时，小马应注意哪些递送礼仪?

2. 在接受张爷爷的名片时，小马的行为是否合乎礼仪规范?

任务四
正确握手

学习目标

知识目标：熟悉握手礼仪的一般要求、规范；
了解与老年人握手的基本原则。

能力目标：掌握老年人个体的握手习惯，因人而异；
精确运用握手礼仪细节，与老人充分交流。

工作任务描述

刘爷爷因身体不便，子女工作繁忙，居住于养老院。重阳节到了，小陈要代表单位到养老院进行慰问。简单的开场之后，刘爷爷与小陈亲切握手。

问题思考：

1. 与刘爷爷初次见面，小陈与刘爷爷的握手顺序是怎样的？

2. 在与刘爷爷握手时，小陈应注意哪些礼仪细节？

工作任务分解与实施

一、认识握手礼仪

(一)明确握手礼仪的作用和意义

握手是大多数国家中人们相互见面和离别时的礼节，它可以说是世界上最通用的礼节。看似简单的握手，却蕴涵着复杂的礼仪细节，承载着丰富的交际信息。握手的力量、姿势与时间的长短能够表达出握手对对方的不同礼遇与态度，显露自己的个性，给人留下不同的印象。人们也可通过握手了解对方的个性，从而赢得交际的主动，为以后的深入交往打下基础。因此，与人交往，特别要掌握一些基本的握手礼仪。

名言提示：
手能拒人千里之外，也可充满阳光，让你感到很温暖……
　　　　　　　　　　　　　　　　——(美)海伦·凯勒

在与老年人的沟通交流中，握手尤其要注意握手的礼仪、礼节。老年人，在与人沟通交流中，特别需要获得尊重感、重视感。因此，与老人握手时，我们应特别重视握手的礼仪、礼节，握手的顺序、各种细节。

(二)掌握搜集握手礼仪的基本知识

与老人握手时，应提前查阅握手礼仪的基本知识。可通过网络查询，也可通过图书馆查询，包括咨询礼仪方面的专家。通过查阅和了解，掌握握手礼仪的一般规则、主要规范，并熟悉握手礼仪中的细节。

二、正式握手时的注意事项

正式握手时，有一些规范需要遵循。刘爷爷与小陈正式握手，小陈需要注意和明确以下问题：

(一)了解握手礼仪的使用场合

握手是一种重要的礼节礼仪，在促进交流、增进感情方面，发挥着重要的作用。今天，握手已经越来越成为一种人们习以为常的礼节。握手礼节的使用很广泛，但也有场合的限制。握手礼主要在以下场合中使用：

①遇到较长时间没见面的熟人；

②在比较正式的场合和认识的人道别；

③在以本人作为东道主的社交场合，迎接或送别来访者时；

④拜访他人后，见面和辞行的时候；

⑤被介绍给不认识的人时；

⑥在社交场合，偶然遇上亲朋故旧或上司的时候；

⑦别人给予你一定的支持、鼓励或帮助时；

⑧表示感谢、恭喜、祝贺时；

⑨对别人表示理解、支持、肯定时；

⑩向别人赠送礼品或颁发奖品时。

在我们的案例中，小陈和刘爷爷的见面是在正式场合，并且是在节庆表示祝贺的时候，因此，握手礼仪是合适而且是需要的。

(二)明确握手礼仪中的顺序

握手时，有明确的顺序讲究。弄错顺序，会贻笑大方。一般而言，握手顺序应遵循以下准则，见表8-1。

表8-1

原则	注意事项
"尊者决定"原则	年长者与年幼者握手，应由年长者首先伸出手来。长辈与晚辈握手，应由长辈首先伸出手来。老师与学生握手，应由老师首先伸出手来。
"女士优先"原则	女士与男士握手，应由女士首先伸出手来。
"已婚主动"原则	已婚者与未婚者握手，应由已婚者首先伸出手来。

续表

原则	注意事项
"职位、身份高"原则	职位、身份高者与职位、身份低者握手，应由职位、身份高者首先伸出手来。
"顺时针"原则	如果在餐桌上，或围坐在大厅时，可以按顺时针的方向握手。
"由近及远"原则	在平辈的朋友中，可由近及远进行握手。

(三)全面掌握握手礼仪

握手礼仪对姿势、时间、力度等都有着详细的要求。在正式握手时，应全方位把握握手礼仪的每一项要求和细节。

1．姿势

握手应用右手，四指并拢，手掌与地面垂直，拇指伸开，掌心向内，手的高度大致与对方腰部上方持平，彼此之间保持一步左右的距离，两足立正，上身略微前倾，注视对方，面带微笑，轻轻上下摇动3～4下。如图8-7、8-8所示。

图 8-7　　　　　　　　　　　　　　　图 8-8

与老年人握手，特别是行动不便的老年人，应本着尊重、照顾老年人的原则。下蹲，上身前倾，微笑注视，让老人心中感到慰藉。如图8-9所示。

2．时间

初次见面者，一般控制在3～5秒钟以内。老朋友见面时，握手时间可以稍长一点，但是不要超过20秒钟。

3．力度

握手力度要适中，稍微使点劲，以表热情，不宜过大过轻。力度过大，会给对方带来不适感，力度太小，会给人高傲、冷淡的感觉。

4．微笑、眼神

微笑能够在任何场合为任何礼节增添无穷的魅力。握手的同时给对方一个真诚的微笑，会使气氛更

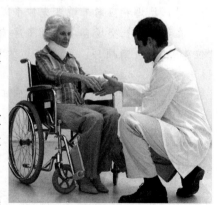

图 8-9

加融洽，使握手礼更加圆满；在握手的同时要注视对方，态度真挚亲切，切不可东张西望，漫不经心。

5. 其他

握手时，年轻者对年长者、职务低者对职务高者都应稍稍欠身相握。有时为表示特别尊敬，可用双手迎握。男士与女士握手时，一般只宜轻轻握女士手指部位。男士握手时应脱帽，切忌戴手套握手。

多人同时握手时应按顺序进行，切忌交叉握手；在任何情况下拒绝对方主动要求握手的举动都是无礼的，但手上有水或不干净时，应谢绝握手，同时必须解释并致歉。如果是戴着手套，握手前要先脱下手套。若实在来不及脱掉，应向对方说明原因并表示歉意。不过在隆重的晚会上，女士如果是穿着晚礼服并戴着通花的长手套则可不必脱下。

> **小贴士：握手"十忌"**
> 忌不讲先后顺序，抢先出手；忌目光游移，漫不经心；忌不脱手套，自视高傲；忌掌心向下，目中无人；忌用力不当，敷衍鲁莽；忌左手相握，有悖习俗；忌"乞讨式"握手，过分谦恭；忌握时过长，让人无所适从；忌滥用"双握式"，令人尴尬；忌"死鱼式"握手，轻慢冷漠；忌握手后立刻用纸巾或手帕擦手。

拓展阅读

一、谁先伸手的讲究

是否握手讲究"位尊者有决定权"，即由位尊者决定双方是否有握手的必要。在不同场合，"位尊者"的含义不同。

在商务场合中，"位尊者"的判断顺序为职位—主宾—年龄—性别—婚否。上下级关系中，上级应先伸手，以表示对下级的亲和与关怀；主宾关系中，主人宜先伸手以表示对客人的欢迎；根据年龄判断时，年长者应主动伸手以表示对年轻同事的欣赏和关爱；根据性别判断时，女性宜主动伸手，以表示大方、干练的职业形象；根据婚姻情况做出判断时，已婚者应向未婚者先伸手以表示友好。

在纯粹的社交场合，判断顺序有所不同，应以性别—主宾—年龄—婚否—职位作为"位尊者"的判断顺序。关系密切的朋友之间，有时以谁先伸手表示更加热情的期待和诚意。

在送别客人时，应由客人先伸手告别，避免由主人先伸手而产生逐客之嫌。

二、握手的几种形式

（一）平等式握手

双方掌心相对。同事之间、朋友之间、社会地位相等的人之间，采用这种形式的握手。

（二）支配式握手

将手掌心向下或左下方，握住对方的手。这种握手行为，表现出握手人的优势、主动、傲慢或支配的地位。在交际活动中，社会地位较高的一方易采用这种方式与对方握手。

(三)谦恭式握手

将手掌心朝上或向左上方同他人握手。在某些场合表示愿意从属对方,并乐意受对方的支配,以示自己的谦虚和毕恭毕敬,可以采取这种方式握手。

(四)双握式握手

主动握手者用右手握住对方的右手,再用左手握住对方的手背。这种形式的握手,在西方国家被称为"政治家的握手"。

(五)捏手指式握手

握手时,不是两手的虎口对握,而是有意或无意地捏住对方的几个手指或手指尖部。女性与男性握手时,为表示自己的矜持与稳重,常采用这种形式。

三、握手礼仪的异域习俗

握手反映着不同的民族文化。在许多国家或地区,由于民族文化和风俗习惯的不同,握手的形式也有所不同。如法国人在进出一个房间时都要握手。德国人只握一次手。一些非洲人握手之后会将手指弄出清脆的响声,表示自由。而美国人的握手像力量竞赛,典型的美国式握手是所谓"政客式"握手,美国人比较不拘礼节,第一次见面笑一笑,说声"嗨"或"哈罗"并不正正经经地握手。对意大利人不要主动握手,只有对方主动伸手时,才可以自然地伸手相握。日本男人往往一边握手一边鞠躬,而日本女士则一般不跟别人握手,只是行鞠躬礼。菲律宾有些地方,人们握过手会转身向后退几步,向对方表明身后没有藏刀,是真诚的握手。尼日利亚人在握手前要用大拇指在手上轻轻弹几下然后再握手。坦桑尼亚人则在见面时先拍拍自己的肚子,然后鼓掌,再相互握手。

拓展训练

王奶奶是退休工人,行动不便,不能站立、行走,需坐轮椅。小王,以前曾经和王奶奶是邻居。一次外出活动,小王偶遇王奶奶。见到小王,王奶奶倍感亲切,于是主动和小王握手。

请问:

1. 与王奶奶握手时,在姿势和神态方面应注意什么?

2. 与王奶奶握手时,小王应如何恰当掌握握手的时间和力度?

推荐阅读

1. 商务握手礼仪,http://abc.wm23.com/luoli11/130634.html

2. 必须懂得的握手礼仪,http://blog.sina.com.cn/s/blog_4e6ae42901000dgx.html

任务五
使用礼貌用语

学习目标

知识目标：明确礼貌用语的重要性；
　　　　　熟悉交往礼仪中基本的礼貌用语。
能力目标：掌握与老人沟通的基本礼貌用语；
　　　　　掌握不同场合具体礼貌用语的使用。

工作任务描述

吴奶奶退休后与老伴居住于北京东城区某小区。两位老人身体都不太好，需要专人护理。吴奶奶思维清晰，但听力不太好。小张作为吴奶奶的专业护理，需要定期去吴奶奶家进行照顾。

问题思考：

1. 在与吴奶奶的交往中，小张应注意哪些礼貌用语？

2. 在不同的场合，小张在使用礼貌用语时有什么具体的不同？

工作任务分解与实施

一、明确与老年人交往中礼貌用语的重要性

礼貌用语是尊重他人的具体表现，是友好关系的敲门砖。所以在日常生活中，尤其在社交场合中，会使用礼貌用语十分重要。多说客气话不仅表示对别人的尊重，而且表明自己有修养。多用礼貌用语，不仅有利于双方气氛融洽，而且有益于交际。

就个人而言，语言是评价一个人的重要因素。现今，许多粗俗的语言已成为人们的口头禅。在这种情况下，倘若你非常注重礼仪，将污秽拒之口外，且在日常生活中将"您好""谢谢""请""对不起""再见"等礼貌语言恰当地挂在嘴边，有一种"出污泥而不染"的感觉，那么你给人的第一印象一定不会差。众所周知，第一印象对一个人来说至关重要。文明用语就可以在无形中为个人树立良好的形象。相反，一个满口脏话的人就算再好也不会给初次见面的人留下很好的印象。

特别是随着我国老龄化时代的到来，我们需要越来越多地和老年人沟通、交往。那么，在与老人沟通交往的过程中，文明礼貌用语有助于增进与老人的交流，有助于老人

心理健康、心情愉悦，更有助于我们人际关系的和谐，因此我们尤其需要注意文明礼貌用语的使用。

二、掌握社交中基本的礼貌用语

在我们的社会生活中，礼貌用语的使用非常广泛。根据不同的内容，礼貌用语主要可归纳为以下三个种类。

(一)敬语

敬语是表示恭敬、尊敬的习惯用语。这一表达方式的最大特点是，当与他人交流时，常常用"您好"开头，"请"字中间，"谢谢"或"再见"收尾，"对不起"常常挂在嘴边。日常工作中，"请"字包含了对他人的敬重与尊敬，体现了对他人的诚意。如"请走好""请稍等"等。惯常用法还有"久违""包涵""打扰"等。

> **小贴士：**
> 　敬语使用基本要求：语言语调悦耳清晰；语言内容准确充实；语气诚恳亲切；普通话标准流畅。

(二)谦语

谦语是向人们表示一种自谦和自恭的词语。以敬人为先导，以退让为前提，体现着一种自律的精神。在交谈中常用"愚""愚见""请问我能为您做点什么"等；日常生活中惯常用法有"寒舍""太客气了""过奖了""为您效劳""多指教""没关系""不必""请原谅""惭愧""不好意思"，等等。

(三)雅语

雅语又称委婉语，是指一些不便直言的事用一种比较委婉、含蓄的方式表达双方都知道、理解但不愿点破的事。如当宾客提出的要求一时难以满足时，可以说"您提出的要求是可以理解的，让我们想想办法，一定尽力而为"。"可以理解"是一种委婉语，这样回答可以为自己留有余地。在日常生活中惯常用的有"留步""奉还""光临""失陪""光顾""告辞"等；称人时用"高寿""令堂""令尊"等。

三、了解与老人交谈中的特别礼貌用语

尊老爱老，不但要有物质上的关怀，而且要有精神上的关心。我国历来有语言上尊老爱老的优良传统，古时就有诸如黎老、太公、父老、阿公、老父、阿婆、尊翁之类的美称。到了近现代，像老先生、老人家、老前辈、老奶奶、老大娘、老师、老丈人等称呼，更让人觉得既中听又亲切。还有，凡60岁以上的老人，在新加坡就被称"乐龄"，在香港地区称为"长者"，而欧美许多国家称之为"乐年"等。所有这些文明的称呼，既体现了对老年人的由衷尊重，又反映了称呼者良好的道德素养。

然而，现在还有许多带有歧视老人色彩的贬义词在生活中流行，如老家伙、老糊涂、老东西、老妖怪等，确实令人很不自在。这是绝对应该规避的。与老人交谈，即便那些

不礼貌的用语提到的不是对方，对方也必定十分反感。与老年人交往，应多用敬语、谦语、雅语。

四、正式使用礼貌用语时的基本要求和注意事项

与老人交谈，不仅要使用礼貌用语，而且礼貌用语还要使用得正确、规范、合适。

(一)礼貌用语使用的基本要求

首先，与老人沟通时应自觉使用文明礼貌用语。

根据不同的场合与目的，我们常用的礼貌用语可以分为问候语、迎送语、请托语、询问语、应答语、夸赞语、致歉语等七种类型。

1. 问候语

问候语主要有以下两种：

(1)标准式：即直截了当地问候对方。如"您好!""大爷好!""阿姨好!"等。也就是在问好致歉，加上人称代词或称呼语。

(2)时效式：即在特定的时间使用的问候语。如"早上好!""大爷早上好!""阿姨周末好!"等。具体方式是在问好、问安之前加上具体的时间，还可在时间前加上对对方的尊称。

2. 迎送语

与老人交往，迎送语的使用应注意以下几点：

第一，要展现对老人的热情与友好。如"您慢走!""欢迎!""下次再来!"等。

第二，要体现出对老年人的重视。当与老人再次见面时，迎接语中应标明自己记得对方，使对方产生被重视的感觉。如"大爷，我们又见面了""叔叔，您老来了""大妈，多保重"等。

第三，在迎送老人的过程中，除了敬语的使用，还应辅助以点头、微笑、鞠躬、握手、注目等辅助姿态语。

3. 请托语

当我们与老人交往过程中，需要向他们提出具体要求时，前面加一个"请"字就会显得文明有礼。如"阿姨，请稍候""大爷，请这边坐""叔叔，请您让一下"

4. 询问语

与老人交流，在需要了解他们的需求和感受时，经常会用到询问语。常用的有"您需要什么?""你觉得这样合适吗?""您认为哪种颜色更好看?"等。

5. 应答语

应答就是我们对老人的回应或答复。使用应答语的基本要求是：随听随答，有问必答，灵活多变，热情周到，亲切有礼。根据不同的情况，应答语可以分为三种：

应诺式。用来答复老人的要求。如"好的，我明白了""放心，我会尽量做好"等。

谅解式。当老人为自己的过失或误会进行道歉时，应该表示宽容和谅解。如"没关系的""没事，您别放在心上"等

谦恭式。我们在得到老人的夸奖和赞扬时，应表达自己的谦虚。如，"您太客气了""没什么，这是我的分内之事"等。

6. 夸赞语

对老人适度的夸赞，不仅可以让老人感到愉悦和自我肯定，也可以为我们与老人的深入交流打下良好基础。因此，我们应学会合理正确地夸赞老人。合理就是恰到好处，宜少不宜多。如"您真有眼光""您今天气色真不错""我需要向您学习的地方太多了"等。

7. 致歉语

与老人交流，如果给他们带来不便，或者可能干扰到他们，就应用致歉语向他们表达歉意。常用的致歉语有"抱歉""对不起""请原谅""真是过意不去"等。

其次，了解一些常用的传统谦语。我国作为传统的礼仪之邦，几千年的传承和发展中，虽然有一些已经不适应现代社会的词语被淘汰了。然而，仍有一些具有深厚文化底蕴及实用意义的传统词语是我们可以学习和使用的。正确使用这些传统礼貌用语，可以帮助我们更好地和老年人进行沟通和交流。

(二)礼貌用语使用中的注意事项

1. 礼貌语的使用应简洁明白

由于老年人都存在着听力下降的问题，所以在与老人交流中，要充分考虑到他们的信息接受能力。

礼貌语的使用，可复杂、可简洁。但是在与老人的沟通中，切忌繁琐。与老人交谈中，态度诚恳、语言得体、礼貌语使用得当，就可以充分体现出对老年人的尊重。礼貌用语的使用，尤其不能使用别人听不懂的方言，因为老人连最起码的听懂就很难了，更别说把你的方言转化成普通话，再加以理解。

2. 注意使用老人习惯的礼貌用语

与老人交往沟通，要注意老人的知识结构、自身背景。年轻人与老人有代沟，在知识层次和大的形势环境都是有很大差距的，所以我们不能用现下流行语，也不能用句子成分结构过于复杂的敬语，因为这很可能会影响他们的理解。

3. 敬语使用，除了言辞，重在态度

礼貌语的使用，重在态度。因此，尊重老人，除了礼貌语的使用，我们还需注意自己说话的音量、面部的表情以及自身的态度。只有正确、诚恳的态度，才能将礼貌语的作用发挥得恰到好处。

老年人的听力不断下降，但是，我们是不是仅仅提高说话的音量就行了？在日常生活中，一旦我们听不清别人说话或是电视节目时，我们就让对方大点声，或是调高电视机音量，但是在与老人交谈的过程，千万不要这样做。试想，如果因为老人听不清你说的话，你就冲着老人大喊大叫，这是一件很不礼貌的事，在很大程度上会伤害到老人的自尊心。但说话声也不可以太小，那样的话，老人是真的无法听清了。所以要掌握个度，具体这个度是多少，还是需要你自己根据情况而定。

与此同时，在交谈的过程中，我们还应时刻面带微笑。因为笑容能够给人一种亲和感，拉近你们之间的关系，以更好地了解对方，加深沟通。

运用合适的音量、音调，面带亲切的微笑，再加上礼貌语的使用，相信，老人们对我们的信任度会得到很大提升。

拓展阅读

一、我国约定俗成的礼貌谦辞

初次见面说久仰，看望别人说拜访。
请人勿送用留步，对方来信叫惠书。
请人帮忙说劳驾，求给方便说借光。
请人指导说请教，请人指点说赐教。
赞人见解说高见，归还原物叫奉还。
欢迎购买说光顾，老人年龄叫高寿。
等候客人用恭候，接待客人叫茶后。
客人来到叫光临，中途要走说失陪。
送客出门说慢走，与客道别说再来。
麻烦别人说打扰，托人办事说拜托。
与人分别用告辞，请人解答用请问。

二、礼貌用语中的"四有四避"

礼貌是人类交际中言语和举止谦恭、得体的表现。语言的礼貌包括有分寸、有礼节、有教养、有学识，要避隐私、避浅薄、避粗鄙、避忌讳。概括起来为"四有四避"。

"四有"：

第一是有分寸。讲话要注意分寸，这是语言得体、有礼貌的首要问题。要做到语言有分寸必须配合以非语言要素，要在背景知识方面知己知彼，要明确交际的目的，要选择好交际的方式；同时要经常注意如何用言辞行动去恰当表现。

第二是有礼节。语言的礼节就是寒暄。有五个最常见的礼节语言的惯用形式，它表达了人们交际中的问候、致谢、致歉、告别、回敬这五种礼貌。问候是"您好"，告别是"再见"；致谢是"谢谢"；致歉是"对不起"；回敬是对致谢、致歉的回答，如"没关系"，或"不要紧""不碍事"之类。

第三是有教养。教养，表现在一个人的言谈举止、衣食住行、待人处事方面。就言谈而言，包括说话有分寸、讲礼节、内容富于学识、词语雅致，是言语有教养的表现。尊重和谅解别人，是有教养的人的重要表现。尊重别人符合道德和法规的私生活、衣着、摆设、爱好，在别人的确有了缺点时委婉而善意地指出。谅解别人就是在别人非礼时要视情况加以处理。如果允许的话，可以帮助、开导，使对方在礼貌方面的水准不断提高。

第四是有学识。高度文明的社会必然十分重视知识，十分尊重人才。富有学识的人将会受到社会和他人的敬重，而无知无识、不学无术的浅薄的人将会受到社会和他人的鄙视。

"四避"：

第一是避隐私。隐私就是不可公开或不必公开的某些情况，有些是缺陷，有些是秘密。因此，在言语交际中避谈避问隐私是有礼貌、不失礼的重要方面。欧美人一般不询问对方的年龄、职业、婚姻、收入之类，否则会被认为是十分不礼貌的。

第二是避浅薄。浅薄，是指不懂装懂；不懂而不知不懂，自以为很懂。"教诲别人"或讲外行话；或者言不及义，言不及知识，词汇贫乏，语句不通、白字常吐。社会、自然是知识的海洋，我们每个人都不可能做万能博士或百事通，要谦虚谨慎，对不懂的知识不可妄发议论。

第三是避粗鄙。粗鄙指言语粗野，甚至污秽，满口粗话、丑话、脏话。言语粗鄙是最无礼貌的语言。

第四是避忌讳。忌讳，是人类视为禁忌的现象、事物和行为，避忌讳的语言同它所替代的词语有约定俗成的对应关系。社会通用的避讳语也是社会一种重要的礼貌语言，它往往顾念对方的感情，避免触犯忌讳。下面是一些重要避讳语的类型：首先是对表示恐惧事物的词的避讳。其次是对谈话对方及有关人员生理缺陷的避讳。比如现在对各种有严重生理缺陷者通称为"残障人"，是比较文雅的避讳语。最后是对道德、习俗不可公开的事物行为的词的避讳。比如把到厕所里去大小便叫"去洗手间"等。

拓展训练

2012年，某知名高校医学院毕业生小马回到家乡医院，成为该医院老干部门诊的一名医生。小马性格外向开朗，每次问诊时，除了一般性的工作语言之外，还会主动与老人们聊天。可奇怪的是，他的主动友好并没有换回老人们对他的亲切和信任。某天，某位退休老干部过来就诊，小马看见老人过来，面带微笑大声招呼："嗨，来啦，这边坐。"

请问：

1. 案例中的小马有什么不当之处？请指出。

2. 为什么老人们不愿和小马亲近？

推荐阅读

1. 常用礼貌用语大全，http：//blog. sina. com. cn/s/blog_6ab371a60100m28m. html

2. 服务业的礼貌用语，http：//blog. meadin. com/1089502-views-41814

任务六
避免禁忌用语

学习目标

知识目标：了解一般的禁忌语；
　　　　　　理解不同场合不同禁忌语的使用。
能力目标：能针对不同个体的老人，灵活规避禁忌语。

工作任务描述

　　刘爷爷前段时间，因身体突发不适紧急入院。经精心治疗，身体已无大碍，但需专人护理。小张受机构委托，到医院专职照顾刘爷爷。小张认为自己照顾刘爷爷很尽心，经常和刘爷爷谈论老年病的发生和危害问题。但刘爷爷却在家属探望时反映小刘说话不当，老说自己不爱听的，影响了个人的情绪。

　　问题思考：

　　1. 与老人交谈，小张应注意哪些禁忌语？

　　2. 针对刘爷爷的具体情况，小张应避免说哪些话？

工作任务分解与实施

一、了解禁忌语的内涵

　　禁忌语是指人们在谈话时，由于某种原因，或者为了表示尊重，避免引起不快或顾及双方的面子，不能、不便、不愿或不敢说出某些不愉快联想色彩的词语，而用来替代的委婉语词。

　　例如，关于"死"，普通话里就有针对不同语境、不同对象、不同时间的多种说法，同样都是死，对皇帝称驾崩；对和尚称坐化、圆寂；对普通人可以说去世、逝世、仙逝、归西；对英烈则说牺牲、就义、捐躯、殉国等。总之，就是不直说"死"字。病也是随便说不得的，大理人称生病为"不好在""不舒服""不好过"，某种语境下，要是你说我"你有病啊？"，那是骂人话，相当于骂人神经不正常。这就是禁忌语。它是人与人文字或语言交流顺利和愉快的重要因素。

　　禁忌语的原则，大体上不外乎是出于礼教、吉凶、功利、荣辱，或保密的诸种考虑。语言禁忌，小到一个家庭，大到一个社会，下及平民百姓，上达王公大臣，几乎是无所不在，无时不有的。

从根本上来说，禁忌语是一种避讳。使用避讳是为了顾念对方的感情，以免引起不快，这是语言美的一种表现。因此，我们在与人沟通交流，特别是与老人接触时，应特别注意正确使用禁忌语。

二、掌握生活中一般的禁忌知识与禁忌语

生活中，常见的禁忌语主要体现在以下方面：

(一)称谓禁忌

称谓禁忌，就是指人们名讳方面的避讳。

我国历来有尊祖敬宗的习俗，所以祖先的名字和长辈的名字都不能直呼不讳。汉族、鄂伦春族、鄂温克族、哈萨克族、布依族、藏族等许多民族的祖先崇拜习俗中都有这一类禁忌事项。鄂伦春族认为直呼祖先的名字是对祖先的不尊，恐触怒了祖先而降灾于子孙。对于长辈，也不敢直呼其名，甚至不能把长辈的名字告诉别人。

更进一步，如果有什么事物与长辈的名字相同，要把事物改一下名称，换一个说法。汉族不论说写，都忌言及祖先、长辈的名字。如司马迁写《史记》，因司马迁的父亲名字是司马谈，所以在《史记》中把"赵谈"改为"赵同"，把"李谈"改为"李同"。

直到现在，子女仍然禁忌直呼长辈的名字，更不能叫长辈的乳名，与长辈名字相同或者同音的字也有所避讳。尤其忌讳的是，晚辈的名字绝对不能与长辈的名字相同，或者有谐音字、同音字。否则，认为不尊长。晚辈称呼长辈时，一般应以辈分称谓代替名字称谓，如叫爷爷、奶奶、姥爷、姥姥、爸爸、妈妈等。这类称谓可明示辈分关系，也含有尊敬的意思。不但家族内长幼辈之间是如此，师徒关系长幼辈之间也是如此。俗话说，"子不言父名，徒不言师讳"。

不但晚辈忌呼长辈名字，即使是同辈人之间，称呼时也有所忌讳。在人际交往中，往往出于对对方的尊敬，也不宜呼其名。一般常以兄、弟、姐、妹、先生、女士、同志、师傅等相称。在必须问到对方名字时，还要客气地说"请问尊讳""阁下名讳是什么"等。

(二)年龄禁忌

人的名字要避讳，人的岁数、年龄也有所避讳。

中原一带最普遍的岁数忌讳是四十五、七十三、八十四、一百岁等。据《北平风俗类征·语言》引《朔经》云："燕人讳言四十五，人或问之，不曰'去年四十四岁'，则曰'明年四十六岁'，不知何所谓也。"又据河南、河北一些调查资料表明，讳言四十五岁的由来是与包公陈州放粮有关。传说包公陈州放粮这年是四十五岁，中途遇盗，逃出险地，幸免于难。这些传说虽不一定确切，然而从传说中可以看出，忌言四十五岁，实际上是与遇险、凶祸等不吉之事相关的。这些事中任何一点都足以形成民间的禁忌习俗。河南、河北、山东等地，至今仍有此俗流行。岁数忌言七十三、八十四，据说与孔孟二圣的终年有关。传说孔子是七十三岁死的，孟子是八十四岁死的。因此人们以为这两个岁数是人生的一大关口，连圣人都难以逃避的，一般人更不用提，所以都很忌讳。岁数又忌称言"百岁"。百岁常常用来指人寿之极限，如"百年好和""百年之后"等都是暗指寿限之极的，所以若要问到某个人的岁数时，是忌讳说百岁的。真正是一百岁整，也要只说是九十

九岁。

(三)凶祸词语禁忌

民间有"说凶即凶,说祸即祸"的畏惧心理,因而禁忌提到凶祸一类的字眼,唯恐因此而致凶祸真正来临。

死亡是人们最恐惧、最忌讳的了。所以"死"字是不能提及的。《礼记·曲礼》云:"天子死曰崩,诸侯曰薨,大夫曰卒,士曰不禄,庶人曰死。"这是从贵贱、尊卑方面对死事的异称,是某种等级观念的表现,然而也含有对"死"字的避忌意义,除了社会底层的百姓外,其他人均以改称避之。后世人士庶阶层也极力想要摆脱、避开"死"字的不吉阴影,士大夫阶级又称"死"为"疾终""溘逝""物故"等;庶民百姓则把"死"称作"卒""没""下世""老了""走了"等。

如今在战场上为国家和民族而战死的人,也被称作是"捐躯""牺牲""光荣了"等。以这些满含褒义的赞词来讳避开那个"死"字。鄂温克族老人死了,不许说"死了",而要说"成佛"了。回族忌说"死"字,要用"无常""殁"等代替。其他各族及各种宗教中都有许多字词是用来代替"死"字的。

(四)破财词语的禁忌

旧时,中国人见面打招呼,爱拱手说"恭喜发财,恭喜发财"。因为财运好坏直接关系到人们的心情和利益,所以时时处处希望财运兴旺,也时时处处提防着破财。

春节期间,各家各户要祭典财神,民间有串胡同卖财神画像的。财神画像忌讳买卖,要说"送""请"。串胡同的,带着许多财神画像,挨门喊:"送财神爷来了。"一般人家,都赶紧出来,到门口回话:"好好,来,我们家请一张。"如不想买的,也不能说"不要",更不能撵送财神的,只说"已经有了"。

香港人过年从不说"新年快乐",平时写信也不用"祝您快乐"。因为"快乐"与"快落"(失败、破产的意思)听、说起来都容易混淆,是犯忌讳的词语。所以,一般香港人过年见面时总说"恭喜发财""新年发财""万事如意"等。

香港酒家饭馆的伙计及掌勺师傅最忌讳说"炒菜""炒饭",因为"炒"字在香港有"解雇"(炒鱿鱼)的意思,不吉利。河南一带做饭时,忌讳说出"少""没""光""不够""烂""完了"等不吉利的字眼。以为说了这些字,饭食就会真的缺少、没有了。这也是一种担心破财的禁忌心反映。如果问"年糕还有吧",没有的话,要回答"满了",不能直说"没了"。饺子烂在锅里了,也不能说"烂了",要说"挣了",挣是"赚钱"的意思。

河南一带,尤其是过年过节,计较得更厉害。包饺子时连数数都犯忌讳,因为数数本身就包括了"怕少"的意思。俗认为,饺子包好了越数越少,所以忌讳数数。放鞭炮拟声也忌说"砰砰砰",只能说"叭叭叭",因为在河南方言中,"砰"音谐"崩",有"砸锅""事情办糟了"的意思。而"叭"音谐"发",则有"发财"、"发家"的意思。所以有此忌讳。

三、掌握与老人交谈的禁忌

与老人交谈,除了一般禁忌语需要注意外,还要特别留意老年人的特点。老年人,随着年龄的增长、身体机能的衰退,再加上各种疾病的困扰,最终形成老年人特有的心理特征:自尊与自卑并存。因此,我们在与老人交谈时,尤其要注意和了解他们的禁忌,在言语上多加注意，给予老人更多的尊重。

（一）忌被称"老头儿""老太婆"

很多时候，我们会听到身边的人称呼老年人为"老头儿""老太婆"，而这样的称呼所传递的语言形象就是白发苍苍、步履蹒跚，言语中有轻慢无礼、心生嫌弃之意。这对于自尊心极强，渴望得到尊重的老年人来说，是很大的伤害。

（二）忌谈论"死亡"话题

对于身体机能日渐衰退，已经明显感觉到自己人生夕阳中的老人来说，他们对死亡有着一种本能的畏惧。不管是对死亡有畏惧，还是对死亡很坦然，死亡毕竟是在人心理留存的一种灰暗与绝望的情绪。所以，在与老人交谈中，应当尽量避免死亡话题。

特别是在我们的案例中，刘爷爷因病住院时，我们更不能与他提及死亡类的话题。

（三）说"您不要多管闲事""管好自己就行了"之类的话

这些话在日常生活中经常被我们用来劝慰哪些闲不住、爱管闲事的老人。其实，老年人在听到这句话往往不是怒气反驳就是心中生怨。这是因为，在老年人的内心深处，他们忌讳被当做"废物"。老人年纪大了，退休了，并不意味着他们什么都不能干了，他们最怕别人说他们"没用了"。其实，老人都乐意做一些有意义的事；即便身体真的不好，也愿意以自己的人生阅历为晚辈提供参考意见。而原本希望老人不要太操心、应多多休息的美意却因为语言不当而带给老人一种被否定及挫败感和失落感。因此，类似这种让老人感觉到无能感、挫败感的话应避免使用。

（四）忌否定他们经历的过去

每个人生活态度和价值观都和自己所处的时代有关。老年人的生活经历和所走过的时代记忆是他们生命中最珍贵的东西。无论是成功的还是失败的，是喜悦的还是忧伤的，老人都对自己经历的一切有着不可割舍的情感。我们应当尊重并保护老人的那种情感，而不是自以为是地去评价。

（五）忌评论家庭纷争与矛盾

在中国传统的观念里，幸福家庭应是父慈子孝，其乐融融。而幸福的家庭是所有老年人的追求和梦想。现实生活中，有许多家庭会有一些纷争和家庭成员之间的矛盾。但在老年人的心目中，这些"家丑"是不足为外人道的。因此，在与老人的接触中，特别是当我们对老人的家庭状况比较了解时，也不能太主动地和老人们聊他们家庭中的事，以免给老人带来不必要的困扰。

 拓展阅读

一、称谓禁忌的起源

称谓禁忌始于周，《左传·桓公六年》云："周人以讳事神名，终将讳之。"（孔颖达）

〔疏〕："自殷以往，未有讳法。讳始于周。"《礼记·檀弓》云："死谥，周道也。"（孔颖达）〔疏〕："以殷尚质，不讳名故也；又殷以上有生号仍为死后之称，更无别谥。尧、舜、禹、汤之例是也。周则死后别立谥，故总云周道也。"可见，自周朝开始，人们有了讳避称谓的习俗。当时，是在人死后，开始讳称他的名字。《礼记·檀弓》云："卒哭而讳。"如必称死者的名字时，应称其讳，即其神名。这种人死后称其讳，而不称其原名的习俗，是要将一个人的阳世与阴世区别开来，使得鬼神不能知晓他的原名，因而不能危害与其原名有着许多联系的阳世间的所有事物。周朝讳事初兴，并不完善。到了秦汉时代，避讳渐臻完备。《史记·秦始皇纪》中已有"秦俗多忌讳之禁"的记载。且不但人死后讳名，生前也要讳名了。这可能与当时用名字实施巫术的风习兴盛有关。俗以为，默念仇人的名字或是书写某人的姓名就可实施黑巫术，将其人置于死地。最初的避讳是在上层社会、权威人士之间实行，后来流行于民间，影响到各家各户，成为一种民间习惯。

二、中国人的属相禁忌

因属相可以推测一个人的年龄，且又指代自我的本命，所以俗间有忌言属相的禁事。旧时，艺人进宫唱戏除了记住当官中的"忌字"外，还要记住皇上、太后、皇妃等人的名讳、属相的忌字。否则，就要受责罚。清太后慈禧是属羊的，因而讳忌唱戏时提到羊字。连剧目、台词都要改。像《变羊记》《牧羊圈》《苏武牧羊》等都不能演，《女起解》中"羊入虎口，有去无还"也要改成"鱼儿落网，有去无还"。据《清稗类钞》云："盐城有何

姓者，其家主人自以子为本命肖鼠也，乃不畜猫，见鼠，辄禁人捕。久之，鼠大蕃息，日跳梁出入，不畏人。"可见此种视属相为本命忌言及的习俗是有着广泛的民间信仰基础的。

三、节庆禁忌语之"春节"

历来春节最最高兴的莫过于小孩子了，从前过大年之前，长辈都要叮嘱小孩子很多过年的规矩，比如说话方面都得特别注意，什么"破了""坏了""没了""死了""完了""灭""光""鬼""杀""病""痛""输""穷"等不吉利的字、词都不能说。像这包饺子、蒸包子面没了，就剩馅了。不能说"面没了"，得说"馅多了"。

这过大年，很忌讳孩子哭闹，因为哭闹预示着会有疾病、凶祸降临。所以大人在过年的时候都不教训孩子，孩子这几天就可以"无法无天"了。

进入腊月，长辈会叮嘱小辈儿，要说好话，说吉利话，办好事，要不然腊月二十三小年时，灶王爷上天，就不言好事了。从腊月二十三这天起，就不能动气。大家都尽量保持心平气和，忌讳吵架、抬杠。无论是你骂别人，还是别人骂你，那就可能会使你一年的运势都不好，而且对健康不利，春节是一年中最盛大的节日，大家和和气气、高高兴兴的，来年才能顺顺当当。大家不能说不吉利的话，来年才能和气生财。

谚语有"闲正月，忙腊月，蓬头长发是二月。"这是说腊月里大家要为过年忙活，到正月就可以好好的、高高兴兴地过大年了。而从腊月二十四扫完房，把屋里屋外都收拾干

净，也该搞好个人卫生，理发了、洗澡了，因为正月里忌讳剃头、剪发。而且大年初一、二忌洗衣、洗头、洗澡，传说这两天是水神生日，如果洗衣、洗头、洗澡，会将财富与财运洗掉。

过年忌打破东西，尤其是拿盘、碗、杯、碟、镜子等玻璃、陶瓷制品时更要小心。若不慎打坏了，在场的人要马上说两句吉祥话，如"岁（碎）岁平安"或"落地开花，富贵荣华""缶（瓷器）开嘴，大富贵"等来弥补，以防破财破运。并用红纸将碎片包起来，先放置在神桌上，默念吉祥话，等"破五"再丢掉。

腊月二十四或二十五进行了大扫除，年初一不能动扫帚，不倒垃圾，否则会扫走运气、破财。如果非扫地不可，须从外头扫到里边。另外，要备一个大桶盛废水，当日不外泼。

"破五"前不动针线和刀等利器，否则刺了神眼惹大祸。意为让辛苦了一年的妇女们也可以安心、轻松地过个年。

另有一个习俗是说大年初五之前不能吃鸡头或鸡脚，这表示新年能有头有尾。不可看蒸发面，否则发面无法蒸发，将影响全家运势。年初一这天，尽量不要吃药。除非病重，健康的人不宜在这天吃补药。否则，被认为会导致一年从头到底疾病缠身，吃药不断。大年初一不煮新饭，要吃除夕留下的年夜饭。寓意去年的东西吃不完，到今年还有剩余。初一的早饭忌吃荤，这有几种说法：一种是这一顿吃斋，其功用等于一年，大年初一忌杀生，所以也不适宜吃荤食；另一种是暗喻勤俭治家，不可铺张浪费，为趋吉避凶，祈求好运。

因为大年三十要守夜，很多人大年初一要睡个懒觉，这里要提醒的是，大年初一忌叫人姓名催人起床，这样会让对方整年都被人催促做事。另外，年初一忌睡午觉，依古训"禁昼寝"劝人不要懒散，如果大年初一睡午觉则会影响事业运。

拓展训练

张奶奶，71岁。退休工人，目前与大儿子住在一起。儿子一家人口多，房子小。因为一些琐事，家庭偶尔发生一些小的不愉快。为了锻炼身体，张奶奶参加了小区的老年人健身组织。作为健身组织的服务人员，小吴在工作之余会经常和老人们聊天。

请问：

1. 在与张奶奶聊天时，小吴应避免提起哪些问题？

2. 在与其他来人聊天时，小吴应避免哪些共性的问题？

推荐阅读

1. 职场称呼禁忌，http：//www.baike.com/wiki/

2. 漫谈禁忌语，http：//www.dalidaily.com/wenhua/20071031/095649.html

任务七
学会认真倾听

学习目标

知识目标：明确倾听的重要性；
　　　　　掌握倾听老人的主要原则。
能力目标：学会倾听，更好地与老人沟通。

工作任务描述

　　刘爷爷，82岁，退休工人。因子女工作繁忙，现居住在某养老院。刘爷爷身体欠佳，听力不好，需要佩戴助听器，表达也不太顺畅。但老人性格相对外向，爱与人交流，特别喜欢和别人谈他年轻时参军、干革命的事。小张作为养老院的护理人员，负责照顾刘爷爷。日常生活中，大家经常会看到刘爷爷和小张聊天。养老院的同事们见状，都会玩笑着说，小张又在"听故事喽"!

问题思考：

1. 听老人讲话需要细心、耐心，小张是如何做到这一点的？

2. 倾听老人讲话，需要注意哪些问题？

3. 倾听礼仪如何具体运用到与老人的交谈中？

工作任务分解与实施

一、了解倾听的内涵

　　根据美国学者统计，一个人每天花费在接受信息的时间如下：书写占14％，阅读占17％，交谈占16％，倾听占53％。显然，我们在接受信息时，倾听占据了绝大部分的时间。

　　那么，什么是倾听？倾听属于有效沟通的必要部分，以求思想达成一致和感情的通畅。狭义的倾听是指凭助听觉器官接受言语信息，进而通过思维活动达到认知、理解的全过程；广义的倾听包括文字交流等方式。其主体者是倾听者，而倾诉的主体者是诉说者。两者一唱一和有排解矛盾或者宣泄情感等优点。倾听者作为真挚的朋友或者辅导者，要虚心、耐心、诚心和善意为倾诉者排忧解难。

小贴士：
上天赐人以两目两耳，但只有一口，欲使其多闻多见而少言。
——苏格拉底

二、倾听的意义

倾听在人与人的沟通中起着非常重要的作用。心理学研究表明，人在内心深处，都有一种渴望得到别人尊重的愿望。而对方认真倾听自己的发言正是一种尊重的表现。倾听是一项技巧，是一种修养，甚至是一门艺术。事实上，倾听能够给我们带来许多益处。

(一)倾听能获得重要信息

通过倾听我们可以了解对方要传达的信息，同时感受到对方的感情，还可以推断对方的性格、目的和诚恳程度。耐心地倾听，可以减少对方的自卫意识，受到对方的认同，甚至产生同伴、知音的感觉，促进彼此的沟通了解。倾听可以训练我们推己及人的心态，锻炼思考力、想象力和客观分析能力。

(二)倾听能够掩盖自身的弱点

俗话说："沉默是金""言多必失"，如果你对别人所谈问题一无所知，或未曾考虑，那么保持沉默，静静地倾听别人说话，可以帮助我们掩盖这些尴尬的场面。

(三)善听才能善言

我们通常会由于急于表达自己的观点，而根本无心倾听对方在说什么，甚至在对方还未说完的时候，心里早就在盘算自己下一步该如何反驳。其实，这是一种消极、抵触的情绪，不利于自己的发言和交谈，结局可想而知。

(四)倾听能够激发对方的谈话欲

如果你专心地倾听，那么对方就会觉得自己的话有价值，从而激发他们说出更多更有用的信息。

(五)倾听能够发现说服对方的关键

如果你的目的是为了说服对方，多听他的意见会更加有效。因为，通过倾听，你能从中发现他的出发点和弱点，发现他为什么要坚持己见的原因，这就为你说服对方提供了契机。同时，你又向别人传递了一种信息，即你已经充分考虑了对方的需要和见解，这样他们会更容易接受。

(六)倾听可以使你获得友谊和信任

人们大多喜欢发表自己的意见，如果你愿意给他们一个机会，他们会立即觉得你和蔼可亲、值得信赖。自然你就比较容易获得对方的友谊和信任。

外国曾有谚语说"用十秒钟的时间讲，用十分钟的时间听"。而在人们面对面的交谈中，讲与听是对立统一的，认真地去听，可以收到良好的谈话效果。因为听，同样可以满足对方的需要。认真聆听对方的谈话，是对讲话者的一种尊重，在一定程度上可以满足对方的需要，同时可以使人们的交往、交谈更有效，彼此之间的关系更融洽。能够耐

心地倾听对方的谈话，等于告诉对方"你是一个值得我倾听你讲话的人"，这样在无形中就能提高对方的自尊心，加深彼此的感情。反之，对方还没有把将要说的话说完，你就听不下去了，这最容易使对方自尊心受挫。

在生活中，与人交谈，光做一个好的演说者不一定成功，还须做一个好的听众。只有善于聆听的人，才懂得"三人行，必有我师"的道理，才能够利用一切机会博采众长，丰富自己，而且能够留给别人讲礼貌的良好印象。

三、倾听的礼仪

倾听很重要，如何学会倾听？我们应注意以下几个方面：

(1)倾听的环境最好比较安静，这样可以减少外界的干扰。

(2)交谈时保持冷静的心态，不要受到其他事物的影响。

(3)要面带微笑，不要显示出不耐烦的样子；要让对方感到轻松自如，而不是拘束。

(4)倾听时不要挑对方的毛病，不要当场提出自己的批判性意见，更不要与对方争论，尽量避免使用否定别人的回答或评论式的回答，如"不可能""我不同意""我可不这样想""我认为不该这样"，等等。应该站在对方的立场去倾听，努力理解对方说的每一句话，并可以对他人的话进行重复。

(5)交谈过程中要少讲多听，不随意打断他人的讲话。

(6)倾听的过程当中要运用眼神、表情等非语言传播手段来表示自己在认真倾听。尽可能以柔和的目光注视着对方，并通过点头、微笑等方式及时对对方的谈话做出反应；也可以不时地说"是的""明白了""继续说吧""对"等语言来表示自己在认真倾听。

(7)如果对对方谈到的内容比较感兴趣，可以先点点头，然后简单地表明自己的态度，最后再说"请接着说下去""这件事你觉得怎么样？""还有其他事情吗？"等，这样会使对方谈兴更浓。

(8)要注意倾听对方说的内容，最好能够在对方讲完后简单地复述一遍，这样可以让对方感到被认真倾听，同时也确保理解了对方所讲的内容。

(9)如果对对方的谈话不感兴趣，可以委婉地转换话题，比如，"我想我们是不是可以谈一下关于……的问题？"，等等。

> **小故事分享：卡耐基的"倾听"**
>
> 美国教育家戴尔·卡耐基曾讲述了一个他的故事。一次，卡耐基同一位名人在晚餐会上交流。席间，卡耐基自始至终只是充当了一个专注地听名人讲话的角色。事后，名人却向晚餐会的主持者赞扬说"卡耐基是一个非常善于交流的人"。得知此事后，卡耐基不禁大吃一惊地说："我只是很专注地听他讲话而已。"

四、倾听老人讲话的原则要求

迎来了老年期，老年人总是喜欢向倾听者谈及往事，以此给自己的人生定位。我们应该使自己成为一个合格倾听者。每位老年人的人生经历，比任何戏剧都具有真实性，应耐心仔细倾听老年人的心声，尽可能要尊重他们。

首先，倾听绝对不能三心二意。

要想让老年人敞开心扉畅谈一番，必须具备一定的条件。他们需等待合适的谈话对象，选择合适的场所，等待时机成熟。我们，特别是护理老人的专职人员，要格外慎重与细心地把握其微妙的情感过程。倾听的时候不要左顾右盼，不要随便插话，可以恰当地用表情和手势迎合老人，使诉说者兴致勃勃，以达到情感宣泄的目的。

其次，倾听可以贯穿于我们与老人沟通交往的整个过程中。学会用零碎的时间，在日常的护理、照顾中，随时倾听老年人的诉说。例如，吃饭的时候可以了解老人的饮食习惯，询问这样的水果吃过吗，可以引导老人介绍个人喜好；通过窗外季节的变换，引发老人对大自然的美好向往等。

再次，倾听老人谈话，还应特别注意肢体语言的运用，用肢体动作传递倾听诚意。

事实证明，在倾听老人谈话过程中，如果能配合一些积极的肢体动作，对方将会更容易领会到你倾听的诚意。肢体语言包括以下几点：

1. 看着对方的眼睛

眼睛是心灵的窗口，是人际交往中最让人关注的部位，我们在倾听老人谈话时，要注意保持眼神的专注性。如果你希望给对方留下深刻的印象，就要凝视他的目光久一些，以表自信。注意，如果你想和别人建立良好的默契，应用 $60\% \sim 70\%$ 的时间注视对方，注视的部位是两眼和嘴之间的三角区域，这样信息的传达，才会被正确而有效地理解。

2. 身体微微前倾

与老人交谈，如果你后背靠在椅子上或者沙发上，跷着二郎腿，那么在对方眼中你的姿态是不谦虚不严肃的。注意，在交谈时要跟对方积极互动，要在倾听时将身体微微前倾，这是表示你对对方的话题感兴趣的身体语言。

3. 自然地微笑

心理学上的情绪效应认为，一个人的情绪会通过姿态、表情传达给对方，而在不知不觉中这种情绪会感染对方。因此，要想给老人留下美好的印象，就应该在交谈过程中微笑着看着对方，因为微笑会向对方传递"听你说话我很快乐/很高兴见到你"等信息。

4. 会意地点头

在交谈过程中，不时地点头是对对方谈话投入的表现。不时地点头，表明我们尊重讲话者的观点，虽然我们不一定同意他的观点，但是我们要表现出尊重对方看法的态度。只是认真地倾听而不向对方点头示意，可能会让对方产生担忧，觉得我们无法接受他的观点，而在这种担忧下，我们可能会错过很多机会，而且无法和对方建立融洽的关系。

拓展阅读

一、认真倾听要有"四心"

倾听时，首先要虚心。最高明的"听众"是善于向别人请教的人。他们能够用一切机会博采众长，丰富自己，而且能够留给别人彬彬有礼的良好印象。为了表明听者对对方所谈内容的关心、理解和重视，可以适时发问，提出一两个对方擅长而自己又不熟悉的问题，请求对方更清晰地说明或解答，这样做往往会令谈话者受到鼓励。但向人请教不能避实就虚，强人所难，对方不愿回答的问题不要追问。

其次要耐心。有时一个普通话题，自己知之甚多，但对方却谈兴很浓，出于对对方的尊重，应保持耐心，尽量让对方把话讲完，不要轻易打断或插话，也不要反对、反驳对方。

如果确实需要插话或打断对方谈话时，应先征得对方的同意，用商量的口气说一声："请等一等，让我插一句""请允许我打断一下"或"我提个问题好吗？"这样，可以转移话题又不失礼貌。

第三要专心。听人谈话应全神贯注，用心去体会对方的谈话。如一时没有理解对方的谈话，不妨尝试性地解释对方谈话的意义。这样不但能使自己的思路更明确，也使对方觉得你听得很专心，谈得很投机。

第四要细心。听人谈话还要有足够的敏感性。注意听清对方话语的内在含义和主要思想观点，不要过多地考虑对方的谈话技巧和语言水平，不要被枝节问题所冲淡。

同时要有呼应配合。当对方说得幽默时，回应的笑声会增添说话人的兴趣；当说得紧张时，听者屏住呼吸会强化气氛；当讲到精彩处可报以掌声。当然听者的表情反应要与谈话者的神情和语调相协调，不可大惊小怪，显得浮躁无知。听者还应随时利用听话的间隙将说话人的观点与自己的看法做比较，回味说话人的观点、意图，预想好自己将要阐述的观点和理由。

二、"听"的三种方式

一是漫不经心地听。持这种方式听人谈话最易伤人自尊心，是没有礼貌、没有教养的表现。二是挑剔式地听。这种听话方式使人处于戒备状态，堵塞言路，也是最不礼貌、最不受欢迎的倾听谈话方式。三是移情式地听。即站在对方的角度，随着谈话者情感和思路的变化而变化。采取这种听话方式的人，精力集中，全神贯注，仿佛完全沉浸在谈话内容之中。这种方式体现了克己敬人的精神，因而也是赢得对方尊重的基本方式。要获得交谈的成功，就得移情式地听。

三、学会倾听"四要素"

倾听是一门艺术。怎样才能掌握倾听的艺术？须注意以下几点：

（一）专注有礼

当别人与你谈话时，应该正视对方以示专注倾听，听者可以通过直视的两眼、赞许的点头或手势，表示在认真地倾听，从而鼓励谈话者说下去。一个出色的听者，具有一种强大的感染力，他能使说话人感到自己说话的重要性。

(二)有所反应

强调听人说话要专心静听，但并不是完全被动地、静止地听，而是要不时地通过表情、手势、点头，向对方表示你在认真地倾听。若能适时插入一两句话，效果更好。如"你说得对""请你继续说下去"等。这样便使对方感到你对他的谈话很感兴趣，因而会很高兴地将谈话继续下去。

(三)有所收获

倾听是捕捉信息、处理信息、反馈信息的需要。一般来说，谈话是在传递信息，听别人谈话是接受信息。一个好的倾听者应当善于通过交谈捕捉信息。听比说快，听者在聆听的空隙时间里，应思索、回味、分析对方的话，从中得到有效的信息。

(四)察言观色

在人际交往中，很多人口中所道并非肺腑之言，他们的真实想法往往隐藏起来，所以我们在听话时就需要注意琢磨对方话中的微妙感情，细细咀嚼品味，以便弄清其真正意图。

 拓展训练

王阿姨，81岁，居住在北京海淀某小区，思维清晰，身体欠佳，听力减退。刚刚大学毕业的小李，是王阿姨老家的亲戚。暑假期间，小李陪父母去北京看望王阿姨并在王阿姨家里小住几天。期间，父母外出办事，家里只剩王阿姨和小李。小李主动和王阿姨聊天，王阿姨就讲起了她退休后的生活和苦恼。

请问：

1. 在王阿姨讲话时，小李该注意哪些倾听细节？

2. 小李在倾听时，如何做到站在王阿姨的立场上体谅她生活中的苦恼？

 推荐阅读

1. 倾听的艺术，http：//www. mifengtd. cn/articles/listen－to－the－melody. html

2. 倾听老人的声音，http：//www. xiaogushi. com/wenzhang/zheliwenzhang/2012 07135091. html

任务八

选择交谈内容

学习目标

知识目标：了解一般谈话话题的选择；
了解老年人的谈话话题的喜好。

能力目标：掌握与老人交谈的话题选择的技巧；
学会选择话题，掌握与老人交谈的要领。

工作任务描述

刘老师，75 岁。身体欠佳，身体不能自理，现居住于某养老院。因身体、心理原因，刘老师平时不太爱说话，与人交流也不多。小张作为养老院的护理人员，负责照顾刘老师。对于不太开口的刘老师，小张一直努力想打开刘老师的话匣子，让老人的晚年生活多一点笑声和阳光。

问题思考：

1. 对待刘老师这样性格内向，同时又需要更多关心的老人，小刘该怎么让刘老师多开口？

2. 在与刘老师谈话时，小张应该选择什么样的话题？

工作任务分解与实施

在人际交往的过程中，要善于寻找话题。有人说："交谈中要学会没话找话的本领。"所谓"找话"就是"找话题"。写文章，有了个好题目，往往会文思泉涌，一挥而就；交谈，有了好话题，就能使谈话融洽自如。好话题，是初步交谈的媒介，深入细谈的基础，纵情畅谈的开端。好话题的标准是：至少有一方熟悉，能谈；大家感兴趣，爱谈。

一、了解人际交往时话题的选择

话题即交谈的中心内容。话题的选择不仅能够反映交谈者品位的高低，同时选择一个好的话题，往往能创造出一个良好的交谈氛围，取得理想的沟通效果。因此，人与人交谈时，首先应选择恰当的话题，同时要注意应当回避的话题。

我们不管与谁谈话时都要选好话题，即要说什么。其实，几乎任何话题都可能成为

好的谈资。只要在平时处处留心，就可以发现许多引人入胜的话题，如体育活动和近期赛事、小说、电影、话剧、食物、烹饪、天气、名胜古迹、电视节目、个人经历等。

　　一般在交际场合中，与刚相识的人交谈是最不容易的，因为不熟悉对方的性格、爱好，而时间又不允许多做了解。这时，宜从平淡处开口，而不要冒昧提出太深入或太特别的话题。最简单的是谈天气，或从当时的环境寻找话题。比如，"今天来得人真不少！""这儿您从前来过吗？""植物养得真不错！""您和这家的主人是老同学吗？"。另外，还有一个中国人惯用的老方法：询问对方的籍贯，然后就所知引导对方详谈其家乡的风物，这几乎是一个屡试不爽的打开话匣子的话题。

　　平时参加交谈，我们可以随时注意观察人们的话题，哪些吸引人哪些不吸引人，以便自觉地练习讲一些能引起别人兴趣的事情，避免引起不良效果的话题。

　　哪些话题应该避免呢？从自身来说，首先应该避免自己不完全了解的事情。一知半解、似懂非懂、糊里糊涂地说一遍，不仅不会给别人带来什么益处和收获，反而给别人留下虚浮的坏印象。其次，避免不感兴趣的话题。试想，连自己都不感兴趣的话题，怎么会引起对方的兴趣呢？如果强打精神，勉为其难，只能越发尴尬。

　　在人类社会生活的发展过程中，形成了各种各样的行为规范，这是一种公众的观念，大家都应该遵从。与人谈话，哪些话题可说，哪些话题不可说，其中有很多的讲究。一般而言，我们应避免的话题有：令人不快的疾病详情；令人生厌的虫子或动物；别人的收入与财产；对方的年龄和婚姻状况；对方的隐私或忌讳；对方以往的过失或隐痛；对于他人的评头论足；一些尚未辨明的是非；个人恩怨和牢骚；自己的成就和得意之处等。类似这样的话题，都是需要我们在与人交谈时应小心回避的话题。

二、掌握话题选择的原则与技巧

与人交谈，如何找到合适的、好的话题。我们可以遵循以下原则：

（一）中心开花

面对众多的陌生人，要选择众人关心的事件为话题，把话题对准大家的兴奋中心。这类话题是大家想谈、爱谈、又能谈的，人人有话，自然能说个不停了，可以引起许多人的兴趣。

（二）即兴引入

巧妙地借用彼时、彼地、彼人的某些材料为题，借此引发交谈。有人关于借助对方的姓名、籍贯、年龄、服饰、居室等，即兴引出话题，常常取得好的效果。"即兴引入"法的优点是灵活自然，就地取材，其关键是要思维敏捷，能做由此及彼的联想。

（三）投石问路

与陌生人交谈，可以先提一些"投石"式的问题，在略有了解后再有目的的交谈，便能谈得更为自如。如在聚会时见到陌生的邻座，便可先"投石"询问："你和主人是老乡呢还是老同学？"无论问话的前半句对，还是后半句对，都可循着对的一方面交谈下去；如果问得都不对，对方回答说是"老同事"，那也可谈下去了。

(四)循趣入题

问明陌生人的兴趣，循趣发问，能顺利地进入话题。如对方喜爱象棋，便可以此为话题，谈下棋的情趣，车、马、炮的运用等。如果你对下棋略通一、二，肯定谈得更投机。如你对下棋不太了解，那也正是个学习机会，可静心倾听，适时提问，借此大开眼界。引发话题方法很多，诸如"借事生题"法、"即景出题"法、"由情入题"法，等等。可巧妙地从某事、某景、某种情感，引发话题。类似"抽线头"、"插路标"，重点在引，目的在导出对方的话茬儿。

(五)一见如故

托陌生人办事儿时，必须在缩短距离上下工夫，力求在短时间内了解得多些，缩短彼此的距离，力求在感情上融洽起来。孔子说："道不同，不相谋"，志同道合，才能谈得拢。我国有许多"一见如故"的美谈。陌生人要能谈得投机，要在"故"字上做文章，变"生"为"故"。这也有不少的方法：

1. 适时切入看准情势，不放过应当说话的机会，适时插入交谈，适时地"自我表现"，能让对方充分了解自己。交谈是双边活动，光了解对方，不让对方了解自己，同样难以深谈。陌生人如能从你"切入"式的谈话中获取教益，实际上符合"互补"原则，奠定了"情投意合"的基础。

2. 寻找自己与陌生人之间的媒介物，以此找出共同语言，缩短双方的距离。如见一位陌生人手里拿着一件什么东西，可问："这是什么……看来你在这方面一定是个行家。正好我有个问题想向你请教。"对别人的一切显出浓厚兴趣，通过媒介物表露自我，交谈也会顺利进行。

3. 留有余地留些空缺让对方接话，使对方感到双方的心是相通的，交谈是和谐的，进而缩短距离。和陌生人的交谈，千万不要把话讲完，把自己的观点讲死，而应是虚怀若谷，欢迎探讨。

三、掌握话题选择的方法

一般而言，在选择话题时，可以采用以下几种方法：

(一)重复法

在对方讲完后，把对方没有讲清的问题，请他再谈一谈。如果没有正确理解对方，谈话可能难以持续。

(二)留心观察

从一个人的服饰，举止，谈吐可以看出他的心情，精神状态和生活习惯。开始谈话前首先看对方与自己有何相同之处。例如，他和你一样都穿了一双耐克气垫运动鞋，你可以以耐克鞋为话题开始你们的谈话。

(三)问路法

由于第一次交谈，不了解对方的情况，这样可以采取投石问路的办法，向对方提出一些问题，观察对方对哪些问题感兴趣，根据对方的反应然后再谈，逐渐引到正题上来。

同时还要善于找话题，不要牵强附会地提问题。

（四）归纳法

第一次交谈，双方都不很了解，即使你事先做了些调查研究，情况也不一定拿捏得很好，交谈中对方可能给你提供许多线索。因此要在听取对方谈话的前提下，将对方谈的问题进行归纳、提炼，然后再总结出新问题提出来，请对方给予回答。

（五）以话试探

两个陌生人相对无言，为了打破沉默的局面，首先要开口讲话，可以采用自言自语，例如，"天太热了"，对方听到这句话便可能会主动回答将谈话进行下去。还可以以动作开场，随手帮对方做点事，如推一下行李箱等。也可以发现对方口音特点，打开沟通交往的局面。例如，听出对方的上海口音，说："上海人吧？"。以此话题便可展开。

四、掌握与老年人正式交谈时的注意事项

除了一般的交谈话题选择方法和原则外，在与老年人交谈时，我们应着重考虑老年人自身的特点。

（一）考虑老年人的认知

老年人随着年龄的增长，他们身上最大的一个认知特点是：往事历历在目，近景一片模糊。几十年岁月的痕迹深深地烙印在他们的心里，过往的苦难与欢乐，让他们沉浸在遥远的回忆中，是支撑他们生活的一个很重要的精神支柱。而眼前的人和事，他们却绝大部分都记不住多少。

这一特点就决定了我们在与老人交谈时，话题的选择应以回忆过去为主。

大多数老年人都喜欢缅怀往事。如果你能引发他们谈谈他光辉的一页，这对于他们实在是一件最快乐、最得意的事情；而对于我们来说，借以了解一个历史的片断，熟悉一个动人的故事，这又何尝不是一个难得的学习机会？因为在老人的一生中，他们曾成就过许多值得骄傲的事情，这也是他们最激动人心、最令人感兴趣的事情，而他们也就喜欢谈论这些作为。

但也有一些老年人，喜欢向青年人谈他对当前社会各种事情的看法，而在他谈这些看法时，每每会拿他知道的过去的事情做对比。因此，当你与他交谈时，要注意引出一个他愿意谈的话题。他年轻时的装饰、他读书的第一所学校、他印象中的最好的一部电影，或那时的交通、娱乐、物价、奇闻；欢乐的、痛苦的、可笑的、严峻的；或炫耀、或悔恨、或愤慨、或遗憾——一旦打开老年人回忆的闸门，他们就会滔滔不绝，语无止境。而听他讲多少时间应随自己的兴趣而定。不管他如何漫谈，可以让他讲完一个完整的故事，然后借机离开。离开时对他有趣的谈话表示热情的感谢，再礼貌地告别。

(二)照顾老年人的经历、个性

一般来说，老年人的精神状态是比较复杂的，从心理上讲：一是喜欢沉湎于过去，喜欢回忆自己得意的年代、美好的日子；二是老来话多，讲起话来总是喋喋不休；三是少数老年人还有一种挣扎欲、好胜心特别强。从所处的环境来讲：居住在农村的和居住在城市的老年人，在交谈的内容与交谈兴趣上也有很大区别。从知识水平上讲：文化修养较高的同文化修养较低的人，交谈内容、交谈方式和交谈水平也会大不一样。从性别上讲：老年男子与老年妇女，他们之间的谈话内容与兴趣也存在很大的差别。

在与好胜心强的老年人交谈时，应避免与之争论，任其要强逞能就是，甚至可以对其多加称颂，等他高兴、得意后，再转入你要谈的话题。一般老年人喜欢谈历史，农村的老年人也不例外，当与这些人交谈时，可以请他谈村史、族史、家史等话题。

同文化修养较高的老年人交谈时，可请他传授知识，谈他那不平凡的身世及成功经验，称颂他的学识渊博，令人敬佩；可以大至天文地理、小至昆虫花草。总之，凡是他高兴的话题可以作为开场白。同老年男子交谈时，可侧重于事业、职业、工作经验、生活知识、轶闻趣事和人生之路方面的话题。同老年妇女交谈时，可偏重于家庭生活、子媳女婿、衣着茶饭之类的话题。这样，同他们交谈起来便会感到话题宽广、感情融洽。

拓展阅读

一、社交场合选择交谈话题的宜与不宜

话题即交谈的中心内容。交谈话题的选择不仅能够反映出交谈者品位的高低，同时选择一个好的话题，往往能创造出一个良好的交谈氛围，取得理想的沟通效果。因此，商务人员在交谈时，首先应选择恰当的话题，同时要注意应当回避的话题。

1. 交谈宜选择的话题

一般在与他人进行业务交往过程中，除了涉及公务的话题以外，为了创造一个良好而和谐的交谈氛围，在切入正题前和交谈中，还可以讲一些非公务的话题。例如：文艺、体育、旅游等，或选择一些时尚的热门的话题，如国内外新闻、政治、经济、社会问题等，也可以选择一些比较高雅的话题，如文学、艺术、建筑、历史等，但切忌班门弄斧，不懂装懂。

2. 交谈不宜选择的话题

(1)个人隐私。在交谈中，有关对方的年龄、婚姻状况、收入、经历、信仰等，都属于涉及个人隐私的话题，不宜谈论。

(2)非议他人。交谈中应尽量远离"人"的话题。不要在交谈中传播闲言碎语，制造是非。尤其不要对他人的隐私指指点点，妄加评说。更应避免攻击、漫骂、中伤他人的话题。

(3)令人反感的事情。在交谈中应避免出现有关疾病、死亡、丑闻、惨案以及探听对方物品出处、价钱等问题。尤其要避免一些无聊、低级、庸俗的话题的出现。

二、与陌生人交谈选择话题的原则

与人初次见面，选话题和问问题这时应注意的几个原则：

1. 交浅不言深

话题的选择总是由浅至深，和你与对方的交情成正比。比如在谈了关于对方的工作后，可逐渐深入了解对方是如何开始从事这一行的等。

2. 注意避讳

不谈死亡、事故、生病以及恶心的事。有些人在吃饭时特别喜欢谈这些事。不问收入、婚姻等私人问题。不批评，尤其不要对着和尚骂秃驴。

3. 不选择负面话题

遇到有人提起，则巧妙地岔开，或不予回应。高手甚至能转负为正。常见的是：服务员把碗碟砸碎了，我们马上接口"岁岁平安"。

4. 不做沉默的羔羊，也不做炫耀的孔雀

不抢主角儿的风头，把握好分寸。要知道言多必失，祸从口出。

拓展训练

吴阿姨，81 岁，居住于某养老机构。思维清晰，个性要强，喜欢谈论过去，并乐意成为大家的中心。刚刚大学毕业的小李，受朋友之托来养老院看望吴阿姨。到养老院后，小李主动和吴阿姨聊天。

请问：

1. 在与吴阿姨聊天，小李该注意哪些细节？

2. 交谈中，小李应如何巧妙选择话题？

推荐阅读

怎样选择最合适的话题同老人交谈，http：//www.zhywww.cn/student/xx/ge/kyjj/200711/3755.html

任务九
进行电话回访

学习目标

> 知识目标：了解电话回访的一般要求、规范；
>   掌握电话回访的基本原则。
> 能力目标：能正确进行电话回访。

工作任务描述

> 刘爷爷，75岁，一个月前，因糖尿病住院。期间，刘爷爷康复良好，已于一周前出院。小张作为医院方面的代表，要对刘爷爷进行电话回访。
>
> 问题思考：
> 1. 在进行电话回访前，小张应提前做好哪些准备？
> 2. 在进行电话回访时，小张应如何选择回访时间？

工作任务分解与实施

一、了解电话回访的一般礼仪

随着科学技术的发展和人们生活水平的提高，电话的普及率越来越高，人离不开电话，每天要接、打大量的电话，特别是相关服务人员还要进行专门的电话回访业务。电话回访，看起来很容易，对着话筒同对方交谈，觉得和当面交谈一样简单，其实不然，电话回访大有讲究，可以说是一门学问、一门艺术。

（一）电话回访前的准备

1. 一支笔、一个本做好记录。

2. 安静的环境。

3. 简单的回访内容提纲。

除此之外，还可以为自己准备好一杯水。另外，保持自己良好的心情，准备回访需要的相关资料以备查询。

(二)电话回访的基本流程

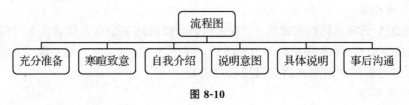

图 8-10

(三)电话回访基本要求

电话回访，要注意以下基本要求：

1. 声音

习惯大声讲话的人打电话时要有意识地把音量降低一些，但是说话声音小的人不要勉强大声说话，应尽量离话筒近一点，切忌大喊大叫似的和对方通话。同样，除非讲秘密的事情，否则不要用特别小的声音打电话。

2. 情绪

传递给对方的情绪要饱满热情，充满关切。一方面，打电话前要求充分调动积极的情绪，不要在情绪低落时打电话；另一方面，如果声音太低或离话筒太近，以及说话没有感情，没有抑扬顿挫的节奏，对方也会有冷冰冰的感觉。

3. 语速

说话语速尽量放慢，语气温和。多听少说，多让对方说话。

4. 其他

电话回访时，注意不要占用对方太多时间，以免引起反感。同时，还注意电话回访时间，尽量避开对方休息时间；如遇本人不在，则应向其家人询问并保持同等的尊重和礼貌。

电话回访结束后，务必有祝福语，如祝您健康长寿等。同时，还要及时记录回访内容，并加以总结提高。

小贴士：如何有好的回访"音质"

电话回访时注意自己的音质。语音清晰优美，悦耳动听，往往给顾客赏心悦目的感觉。这样的电话，顾客会耐心地听下去。而冷冰冰的声音，模糊不清的声音往往会失去顾客的欢心。做到语音清晰，就是保持嘴与话筒之间的距离。一般来讲距离 10 厘米为宜，说话声音小的人可以小于 10 厘米，否则应大于 10 厘米。

(三)常用的回访谈话法

电话回访，不管初次接触的，还是相对熟悉的，都有相应的打开话题的方法。

首先，针对陌生的回访对象而言：

1. 单刀直入法

如"喂，您好！请问吴阿姨在家吗？""我是糖尿病健康普及计划组委会的小王，我想就他的锻炼方法和饮食方面做一些建议。"

2. 回头邀请法

"喂,您好!请问吴阿姨在家吗?""我想约个时间跟您见个面,您看什么时间方便?您不反对我去您家吧!""如果去家里不方便的话,我想请您去×××,您一定要光临呀!"

对相对熟悉的回访对象来讲,常用的方法有:

1. 衷心祝福法

"阿姨,没什么事,给您打个电话,祝你身体健康。"

2. 表达挂念法

"阿姨,这几天比较忙,您托我办的事情,我刚办好了,过两天我给您送去。"

3. 节日祝福法

"叔叔,祝您生日快乐,我已准备了生日歌,唱给您听!"

4. 快乐分享法

"李奶奶,我心里可高兴了,我完成了一项非常艰巨的任务,打电话给您,也让您高兴高兴"。

总之,回访电话接通后,可以是开门见山式:"你好,是张先生吗?我是×××。"也可以是朋友问候式:"您好,是张先生吗?我是×××,还记得我吗?"根据情况运用准确恰当的称呼,比如某爷爷、某奶奶、某女士、某先生等,通话时面部应保持微笑,讲普通话,语言亲切,态度诚恳,让对方感受到你的诚意。

四、掌握对老年人电话回访的基本要求

(一)对电话回访人员相关素质的要求

首先,专业素质的要求。

对老年人进行电话回访,一般是医疗性或生活服务性的。这就需要从事电话回访的工作人员必须具有相关的医学基本常识,熟悉老年人的生活习性、身体特征,同时给予相应的健康指导。

其次,对综合素质的要求。

工作人员应具有较高的综合素质,不仅要有相关的边缘学科知识,掌握良好的语言沟通技巧,更要有爱心、同情心、责任心,有敬业精神,能够认真、耐心地倾听患者的诉说。只有这几方面完美结合,才能够细致、周到地为老年人提供相应帮助,才能迅速、准确地捕捉到对方所要表达的信息,并将对老人的关爱及时、准确地传递出去。

(二)对电话回访时间的要求

对老年人进行电话回访,一定要掌握时间技巧。否则会引起对方反感,达不到预期效果。老年人群一般以上午 8:30~10:30 为宜,早上 8:00 之前老年人在晨练或未做完家务事,10:40 左右开始做午饭,中午至 14:00 为午休时间,此时间段不宜打回访电话。

(三)对老年人进行电话回访的注意事项

老年人,因为其特殊的生理、心理特点,对其进行电话回访时,需要我们更加用心和细心。

1. 建立回访登记本

回访登记本的内容包括姓名、性别、年龄、家庭住址、电话、回访时间、回访内容等。回访登记本的建立，有助于我们更全面地了解老人的情况，并为后续的电话回访打下基础。

2. 选择回访语气

接通电话，首先需要对老人进行一句亲切的问候。这样，在无形中就拉近的双方的距离，使下面的谈话得以愉快地进行。谈话中，我们语气要柔和、语速要适中。柔和的语气能让老人更加放松，把自己的真实情况和想法讲出来；适中的语速，能让老年人听清楚、听明白。

亲切的语言、柔和的语气、适中的语速，是给老人拨打回访电话必不可少的条件。

3. 合理安排回访内容

进行电话回访时，老人及其家属最想知道的是老人的身体状况及相关服务情况，最想得到的是来自他人的关心。因此，在回访时，应首先反映老人最关切、最需要了解的情况，需要哪些帮助，在此基础上给予相关指导，并提出解决问题的办法。这样会使对方在心理上有一种亲切感，便于下一步的沟通和交流。然后可以向老人征询意见，询问时避免提问："您觉得怎么样""您对我们的服务还满意吗"这样的问题。这样的问题范围太广，老人会一时不知如何回答。可提一些具体的问题，如医生、护士的服务态度如何，每日清单是否落实，我们的工作还有哪些方面需要改善、提高等，老人往往会在不知不觉中告知其最真实的感受。

4. 谈话开始要有针对性

对老人进行电话回访，不能漫无目的。应由针对性，引导对方尽快进入正题，提高工作效率。

5. 回答老人的问题要准确

在拨打回访电话的过程中，老人们往往会提出问题需要我们回答。那么，在回答问题的时候，要做到回答问题准确、合理。

6. 避免与老年人及其家属发生争执

当个别老人对医疗、护理工作不满意而宣泄，甚至脏话出口时，回访人员切忌恶语相向，应耐心倾听，寻找机会给予引导和解释，最终取得老人的理解。

7. 结束礼貌祝福语的运用

与老人结束谈话时，务必有祝福语，如祝您健康长寿等。还要对病人或家属的配合表示感谢。等对方挂机后再放下电话，以示对对方的尊重。

拓展训练

牛爷爷，76岁，居住在北京海淀某小区。一个月前，牛爷爷购买了某药店新进的保健药品。小王作为该药店的负责人员，要对牛爷爷进行一个药品售后的电话回访。为了电话能顺利接通，小王选择中午11：30给老人打电话，想着这个时候老人肯定在家。

请问：

1. 小王选择的电话回访时间是否合适？

2. 在与牛爷爷拉开话题时，小王可采用什么样的方法？

请同学们以角色扮演的方式进行课堂表演。

 推荐阅读

1. 60 岁以上老人健康查体电话回访标准用语，http：//zyhh163. blog. 163. com/blog/static/420538472009622403229/

2. 针对空巢老人，如何建立电话回访？http：//www. 515919. com/article－2695. html

项目九　掌握老年服务拜访与接待礼仪

 项目情景聚焦

　　拜访与接待是老年服务中与老人及家属接触最多的工作之一，其服务水平如何将直接影响到他们对老年服务人员及机构的满意程度和印象。拜访与接待不仅是老年服务的核心任务，更是与老人及其家属之间联络的桥梁。作为老年服务人员，要意识到拜访与接待礼仪的重要性，能为不同照护需求的老人及家属提供咨询和指导，给他们留下良好的印象，为以后工作的开展打下良好的基础。

任务一
拜访老人

学习目标

> **知识目标**：了解上门拜访老人的基本流程；
> 　　　　　　熟悉拜访老人的基本礼仪规范。
> **能力目标**：能把握上门拜访老人的重要细节；
> 　　　　　　能掌握拜访老人的技巧，因人而异。

工作任务描述

> 王爷爷，75岁，近两年身体欠佳，行动不便；子女都在外地工作；语言沟通比较顺畅。家人已为其请了保姆，子女申请定期上门居家照护，希望照护员上门给予养老技术指导和服务。今天小李作为照护员第一次登门拜访王爷爷。
> **问题思考：**
> 1. 小李在拜访王爷爷前应做哪些准备？
> 2. 小李到了王爷爷家应注意哪些礼仪？
> 3. 小李离开王爷爷家应该注意什么？

工作任务分解与实施

一、做好拜访前的准备工作

拜访，是人际交往中的最基本、最常规的形式。人际关系中离不开拜访，拜访是联络感情、发展关系的一种必不可少的手段。无论是事务性拜访、礼节性拜访或是私人拜访，都应遵循一定的礼仪规范，从进门、落座、交谈、入席到告辞，都有一些约定俗成的做法。

（一）事先邀约

为了避免空跑和打扰他人，拜访前务必选好时机，事先约定，这是进行拜访活动的首要原则。一般而言，老人家属申请居家照护，会打电话咨询，如在电话中家属已经约好时间，一定要在拜访前再次打电话确认，确定后要按照事前约好的时间按时赴约，如不能按时赴约一定要事前告知。如没有事前约好就应主动与老人家属电话联系，联系的内容主要有四点：

1. 自报家门（姓名、单位、职务）。

2. 询问老人是否在家，是否有时间或何时有时间。

3. 提出拜访的主要目的和内容，使对方有所准备。

4. 约定双方都认为比较合适的会面时间。

小贴士：拜访他人的时间选择

　　拜访他人的时间要恰当、适宜。深夜、大清早或用餐时间不能上门拜访；节假日多为休息时间，也不宜为公事拜访。如果拜访的对象为外宾，要注意他们一般晚睡晚起，上午 10 点与下午 4 点左右登门拜访比较适宜，其他时间最好不要贸然打扰。

　　预约时要注意说话的语气、口气应该是友好、请求、商量式的，而不是强求命令式的。在社会交往中，未曾约定的拜访，属于失礼之举，是不受欢迎的。事先邀约时如果老人或家属答复在选择的时间另有安排和应酬时，应主动表示歉意，然后和对方商讨下次登门拜访的时间。

　　事前相约，还要注意时间安排，考虑到会见之前的活动以及交通等因素，尽可能把时间定得宽裕一些。一般这样约时间："我在晚上七点三刻到八点到达"，可以减少因交通、天气等意外原因不能准时赴约引起的不快。同时，如果因故不能及时到达，应尽早通知对方，并讲明原因，无故迟到或失约都是不礼貌的。

（二）拜访前计划

　　拜访老人前应根据前期与老人家属的沟通制订详细的拜访计划，做好充足的准备，避免拜访时被问得张口结舌，因为准备不足给老人及家属留下不好印象。准备内容具体如下：

1. 专业知识准备

（1）作为老人照护员必备的基本专业知识；

（2）老人的特点、照护需求及相关技术知识；

（3）自己所在养老服务机构的相关设施、机构及服务项目等；

（4）平时广泛积累的养老服务的相关知识。

2. 物品准备

（1）面巾、纸巾、手表等；

（2）笔和笔记本，记录老人的具体照护要求等相关内容；

（3）修饰仪表用品：镜子、梳子等；

（4）相关物品：拜访老人适宜的礼品以示尊重，进行技术指导需要的相关物品。

3. 仪容准备

（1）服装：选择合适的服装，一定要整洁大方，这是对老人的尊重；

（2）发型：女性头发过长时，不要披着，应扎起来或盘起来，防止在技术指导时头发遮挡视线或沾染老人的物品。男性修饰得当，头发长不覆额头、侧不掩耳、后不触领、嘴上不留胡须；

小贴士：

馈赠礼品是为了让对方高兴，为了增进友谊。那么，选择什么礼品才能既达到这样的目的，又不致使你过于破费呢？这里大有学问。1.投其所好。选择礼品时一定要有所考虑，有的放矢、投其所好，不要盲目。馈赠者可以通过仔细观察或通过打听了解受礼者的兴趣爱好，有针对性地精心选择合适的礼品。2.因人而异。因人因事地施礼，是社交礼仪的基本规范之一，对于礼品的选择也应遵守这一规范。一般说来，对家贫者，以实惠为佳；对富裕者，以精巧为佳；对恋人、情人，以纪念性为佳；对朋友，以趣味性为佳；对老人，以实用为佳；对孩子，以启智新颖为佳；对外宾，以民族特色为佳。3.注意禁忌。互赠礼品是必要的，但要了解对方的送礼禁忌。

（3）饰品：饰品不可过多，尤其不可戴戒指工作，以免划伤老人；女性可淡妆拜访，不可浓妆艳抹；

（4）仪表：应修饰一番，清洁、端正、美观。有口臭者注意拜访前必须清洁口腔。

二、掌握拜访中的举止礼仪

（一）准时赴约

一旦与对方约定了会面的具体时间，作为拜访者就应准时赴约。准时赴约是拜访的最高礼节，它意味着你对对方的尊重。在一般情况下，既不要随意变动时间，打乱老人及家属的安排，也不要迟到或早到，准时到达才最为得体。如因意外迟到，应马上向对方道歉，不要为自己辩护。如不能履约，应在事先向主人诚恳而婉转地说明情况，以取得谅解。

（二）讲究敲门的礼节

登门前要先按门铃或轻轻敲门，按门铃时切忌按得太久，敲门不能用力或紧促，要用食指敲门，力度适中，间隔有序敲三下，等待回音。如无应声，可再稍加力度，再敲三下，如有应声，再侧身隐立于右门框一侧，待门开时再向前迈半步，与主人相对。敲门要等到有人应声或出来迎接再进去，即使是夏天开着门，也要以其他方式使主人知道有人来访，听到招呼后再进门，否则是不礼貌的。

小贴士：如何敲门？

敲得太轻了别人听不见，太响了不礼貌而且会引起主人反感。敲门时，绝对不能用拳捶、用脚踢，更不要"嘭嘭"乱敲一气，如果房间里面有人正在休息，会惊吓到他们。如果遇到门是虚掩着的，也应当先敲门。这个敲门有两层意思：一是表示一种询问"我可以进来吗"，二是表示一种通知"我要进来了"。

(三)进门拜访的礼仪

1. 彬彬有礼，不要做无礼之客

拜访时如带有物品或礼品，随身带有外衣和雨具等，应该搁放到主人指定的地方，而不应当乱扔、乱放，进门前应主动在门垫上擦净鞋底，进门换鞋。夏天进屋后，再热也不要随便脱去衬衫和长裤；而冬天进屋后，再冷也应摘下帽子，同时还应脱去大衣和围巾，并切忌说"冷"，以免引起主人的误解。对室内的人，无论认识与否，都应主动打招呼，主动向老人问候致意，还要向在场的老人家属和其他客人打招呼。如老人及家属与你握手，要等对方先伸出手来再伸手呼应，同时要起立双手相迎，以示尊重。

小贴士：握手礼

握手是一种沟通思想、交流感情、增进友谊的重要方式。与他人握手时，目光注视对方，微笑致意，不可心不在焉、左顾右盼，不可戴帽子和手套与人握手。在正常情况下，握手的时间不宜超过3秒，必须站立握手，以示对他人的尊重。

---

2. 举止文明，不要做粗鲁之客

进门后要等主人安排或指定座位后再坐下，主人不坐，自己不能先坐，尤其先请老人就座。主人让座之后，要说"谢谢"。在老人家里要注意自己的仪表，站有站相，坐有坐相，要大方有礼。坐姿要端正，双腿轻微靠拢。坐下时双手可放在膝盖上方，两小腿在座位下方轻轻交叉，以减轻疲劳，坐下动作要轻，养老服务人员不能随意坐在老人家床上，切忌架二郎腿、双手抱膝、东倒西歪等不礼貌的行为。如老人家有其他客人，要微笑点头致礼；若主人递上烟茶，应从座位上起身前倾，双手接过，并向主人表示感谢。如果主人没有吸烟的习惯，要克制自己的烟瘾，尽量不吸，以示对主人习惯的尊重。主人端出果品，要等年长者或其他客人动手后，自己再取用。

3. 为客有方，把握拜访主题

与老人及家属交谈时态度要诚恳，眼睛看着对方，坐姿要文雅，谈吐要客气。不要对老人家的陈设评头论足，也不要谈论令老人扫兴的事。交谈时应用心倾听老人和家属谈话内容，不要随便插话或打断别人的谈话，注意观察老人情绪和环境变化。

拜访时应注意以下几个问题：

第一，要限定交谈的内容。交谈内容实际上指的就是交谈时的具体范围。这次来老人家拜访的主要目的是进行居家护理介绍和指导，建立与老人和家属的良好关系，使老人信任自己，所以交谈时应主要围绕老人需要和护理内容进行，不能跑题。当家属介绍老人的性格特征，兴趣爱好，生活习惯，健康状况及护理要求等个人情况时，要仔细倾听并做好相应记录，必要时可以就相关情况进行询问。当老人或家属进行居家养老咨询时，应认真、耐心地一一回答，作出解释，必要时可以进行相关服务的介绍指导，但切忌长篇大论，要简洁明了。当然，为了适当地调节气氛，减少初次见面的陌生感，拉近与老人的距离，可以说点轻松愉快的内容，但交谈之中大方向不能跑题。

第二，要限定交际的范围。在交谈的范围限定之后，还要限定交际的范围。拜访王爷爷，那小李的主要交际对象就是王爷爷，这就是小李的交际范围。所以小李就应该主要和王爷爷进行交流，而不是和其他人。

第三，要限定交际空间。进入老人家里，主要的活动范围应以客厅为主。未经老人允许，不要擅自进入卧室、书房，也不要在屋内乱翻东西，更不要在老人床上乱躺，不要随便乱翻老人东西，对老人的兴趣、爱好、意见、想法、态度以及生活习惯，都要非常尊重，尽可能适应老人，了解老人，欣赏老人喜爱的事物。除非当老人或家属要求到其他空间进行技术指导方可。

第四，要限定交际的时间。拜访老人，事先要和老人或家属约定好此次拜访的目的、交谈的内容，技术指导的项目，以免浪费双方的时间和精力。拜访任务完成后，就要适可而止，及时告辞。一般情况下，如无要事商谈，逗留时间以不超过 30 分钟为宜。在他人家中无谓地消磨时光是不礼貌的，也是令人讨厌的举动。

与老人谈话时要注意以下几点：

语言准确适当：要估计老人的教育程度及理解力，选择合适的语言来表达。言语要严谨、高尚，符合伦理道德原则。同时要清晰、温和，措辞要准确，尤其注意语调适中。当向老人交代护理意图时，语言要简洁，通俗易懂。

语言的情感性：服务人员一进入老人家里，就进入了服务的角色。应热情地对待老人，将对老人的爱心、同情心和真诚互助的情感融入言语中。

语言的保密性：对老人的隐私如生理缺陷、精神疾病等要保密。对老人不愿提及的内容不要过多追问。

三、掌握拜访结束离开时的礼仪

当从老人家离开时，应该怎么告辞呢？这也是一个礼节问题。拜访时必须讲究善始善终，告退有方。告辞的礼仪有以下几点要注意。

第一，要适时告退。适时告退有以下三层意思：一是按原来约好的时间，按时走；二是如果没有约定时间的话，当你感觉到自己拜访的目的已经达到或请教的问题已得到解释或有了答复，双方要说的话已经基本谈完时，就不宜再作停留；三是万一老人有事，比如老人家里来了别的客人，这时最好离开，如有事没谈完可另约时间。

第二，要向在场的所有人道别。不仅见面的时候要向老人及家里人问候致意，临走的时候也要向对方致意问候，握手道别，比如老人，老人家属和保姆等。临别时，要注意表示："打搅了""影响您休息了"，等等。

第三，要说走就走。也就是辞行要果断。不要告别了许久也不走，动嘴不动腿。这样很不礼貌。当老人或家属送至门口时，应主动与老人握手道别，用"请回吧""请留步"等客套话。出门后，应转身点头致意。

 ## 拓展阅读

中国古代礼节

中华民族，素有"礼仪之邦"的美誉，古代种种繁复的礼节，就是其具体表现。

古代礼节是中国传统文化的一部分，是古人传统社会生活的一个缩影，代表礼敬、和睦，集知识、趣味于一体。了解一些古代礼仪，不但能提高自身修养，对古代文言文的阅读，历史影视作品的理解，都是大有裨益的。

　　九宾之礼：是我国古代最隆重的礼节，原是周朝天子专门用来接待天下诸侯的重典。周朝有八百个诸侯国，周天子按其亲疏，分别赐给各诸侯王不同的爵位，爵位分公、侯、伯、子、男五等，各诸侯国内的官职又分为三等：卿、大夫、士，诸侯国国君则自称为"孤"。这"公、侯、伯、子、男、孤、卿、大夫、士"合起来称为"九仪"或称"九宾"。周天子朝会"九宾"时所用的礼节，就叫"九宾之礼"。"九宾之礼"是很隆重的：先是从殿内向外依次排列九位礼仪官员，迎接宾客时则高声呼唤，上下相传，声势威严。按古礼，"九宾之礼"只有周天子才能用，但到了战国时期，周朝衰微，诸侯称霸，"九宾之礼"也为诸侯所用，演变为诸侯国接见外来使节的一种最高外交礼节了。《廉颇蔺相如列传》中的"设九宾之礼"就是指此。

　　稽首：是臣拜君之礼。拜者头手着地，并停留较长一段时间。"稽"就是留的意思。是臣子对君王表示毕恭毕敬的隆重大礼。

　　顿首：即叩首、叩头。拜时头手触地，触后即起。由于头触地面的时间很短暂，所以叫"顿首"。是一种用于平辈间的，比较庄重的礼节。古人就常常在书信的头或尾书以"顿首"二字，以表敬意；另外，还有"空首"、"再拜"等。

　　空首：所谓"空"就是头并没有真正叩在地面。行礼时拜跪在地上，先以两手拱至地，然后行头至手。这是国君回答臣下的拜礼。

　　长跪：双膝跪地，上体伸直，离开小腿，叫"长跪"。行这种礼时以示庄重。

　　再拜：两手在胸前合抱，头向前俯，额触双手，叫"拜"，也叫"拜首"；拜两次叫"再拜"。行这种礼是进一步表示敬意的意思。

　　揖让："揖"是作揖，双手抱拳打拱，身体向前微倾；"让"表示谦让。这是一种大众化的礼节，一般用于宾主相见时，或平辈间、比较随便的场合。"打躬作揖"即是一种引见，也表示一种寒暄问候。这一礼节，最能体现中华民族"谦让"的美德。揖、长揖，都是拱手自上向下至膝为礼。上古即流行。

　　唱喏：揖的俗称。和揖不同的是，一面作揖，一面出声致敬。是平等的两人见面，相互拱手打招呼问好的一种礼节。

　　袒臂：又叫"左右袒"，是一种特定场合下的特殊礼节。所谓"左右袒"，是指露出左手臂或右手臂，以表示拥护哪一方面的意思。它一般用于事态严重的场合，通过"袒臂"表示拥护谁，借以解决争端。相当于今天的举手表决。这种礼节，大约产生于春秋战国时期。

　　虚左：古人一般尊崇右，故以右为较尊贵的地位。但乘坐车辆时，却恰好相反：车骑以"左"为尊位。如《信陵君窃符救赵》："公子车骑，虚左，自迎夷门侯生。"后来经过演变，"虚左"就表示对人的尊敬。在"待客"或"给某人留下官位"时，常谦称"虚左以待"。"虚左以待"的行为，就成为了尊重人的一种礼节。

　　下拜：对尊者、长辈行大礼，双膝下跪，双手按地，以头沾地叩首，叩拜1～3次，然后直身拱首问安。这时候尊者就扶起下跪者，说"贤侄免礼了"一类的客套话，下跪者顺势起立。

　　剪拂：对尊者弯腰，右胳膊伸直向外拂动施礼，口中说符合时令、场合、身份的礼貌用语。

寒暄：又叫"暄寒"、"暄凉"，见面问候起居寒暖的客套话。旧时多在拱手之同时道"久仰久仰"或"幸会幸会"，然后是询问其家人康泰否。

请教尊姓台甫：与人初次见面请问对方姓氏、表字，忌问名。"台"原为高而平的建筑物，亦用作官署名，如御史台。由此引发用作对高级官吏的敬称，如抚台，又用作对一般人的敬称，如称兄为兄台。"甫"原为古代男子之美称，多附缀于表字之后。后遂与表敬的台字连缀而成表字之代称。

抗礼、亢礼：是长揖不败，不分尊卑的平等礼节。

拱、拱手：两手合抱以示敬意；右手在内，左手在外。

鞠躬，两脚并拢，两手下垂于大腿两侧，弯曲上身以表敬意。

打恭：亦称"打躬"，屈身作揖行礼。

合掌、合十：两手当胸前，十指相合，表示敬意。原为印度的一般礼节，为佛教所沿用。

执手：古时国君用以待功臣之礼，在许多大臣的陪同下和乐声中，握住有功将领的手，以示亲热、慰问。

手拜：古代女子跪拜礼，两手点地而抬起拱合，同时低头至手。

敛衽：敛其衣襟，表示肃静之意。古代不分男女，均可说敛衽。后来专称女子之拜曰敛衽（亦作"裣衽"）。

道万福：古代妇女对人行礼，口里说着"万福"，意为祝对方多福。后来用做妇女行礼的代称。行礼时双手手指相扣，放至左腰侧，弯腿屈身以示敬意。

簪笔：古代行礼时的冠饰，用毛装在五寸长的簪头上，插在冠前，又示礼敬。

磬折：像石磬一样的弯折身子鞠躬。

侍、侍立：站在尊长的旁边。

回拜：亦称回访，客人来访后，主人亦应前往复见客人。

投刺：投名片（帖）求见或代为拜贺。

式（轼）：站在车上，俯身而抚车前的横木，表示敬意。

前行示敬：卑幼与尊长同行，不可率而领先，必推尊长前行，以示尊敬。

却行：向后退着走，表示对客人的恭敬。

侧行：偏侧着身子前进。

以趋示敬：卑幼拜见尊长，或经过尊长面前，均不得大摇大摆或不紧不慢地踱步，而要低头弯腰，小步疾行，以此示敬。

避席：离开座位站起来，表示对客人尊敬（另外还有表示郑重和严肃的意思）。

拂席：擦拭坐席上的灰尘，请客人就座，以表示敬意。

扫榻：拂除榻上的尘垢，表示对宾客的欢迎。

郊迎：到郊外迎接，表示尊重。

至门请：登门拜访。

为寿、上寿：古时进酒爵于尊者之前，一面致词祝颂。叫"为寿"或"上寿"。

奉觞：举杯敬酒。

拓展训练

吴奶奶，78岁，记忆力衰退，腿患风湿病多年，行动不便；子女平时工作较忙，家人照护困难。现向某老年服务机构申请居家照顾，并请照护员小王上门进行技术指导，今天小王第一次登门拜访老人，并向吴奶奶的家人了解具体照护需求和进行技术指导。

请问：

1. 在去吴奶奶家之前，小王需要准备哪些东西？

2. 到了吴奶奶家应注意哪些事项，了解哪些内容？

3. 在吴奶奶家应该如何与老人及家属沟通？

任务二
接待家属

学习目标

知识目标： 明晰接待老人家属的基本礼仪规范；
把握接待家属的注意事项。

能力目标： 掌握接待的相关知识内容；
快速、准确地解答家属的相关提问。

情感目标： 通过接待，建立良好的印象，架起沟通与交流的桥梁。

工作任务描述

张奶奶，77岁，子女工作较忙，一个月回来探望一次；张奶奶患高血压多年，近两年经常腰腿疼，记忆力衰退，时而忘记吃药，行动不便，走路缓慢。家人想申请入住某养老福利院。现在老人家属向福利院咨询相关入住事宜，小陈作为老人福利院前台工作人员负责接待张奶奶家属。

问题思考：

1. 小陈接待张奶奶家属前应该做哪些准备？
2. 如果老人家属在入住前先是电话咨询，小陈应如何接待？
3. 如果老人家属是到福利院现场咨询，小陈应如何接待？

工作任务分解与实施

一、明确接待工作的重要性

接待员是老人及其家属接触最多的人员，接待员的服务水平直接影响到家属对整个福利院的满意程度和印象。接待员为老人服务是从接受他们的房间预订起到接待他们入住、建立老人档案、出院等，接待员始终贯穿于老人与福利院之间往来的整个过程，可以说接待员是福利院的形象代言人。若接待员能以热情、周到、礼貌的态度对待老人，以熟练、专业的业务知识为老人提供服务，以认真、耐心的态度来妥善处理老人的投诉，专心地倾听他们对福利院的意见或建议，踏实、有效地帮助老人解决遇到的琐碎问题，那么，老人对福利院的其他服务也会感到舒心、放心和满意。反之，如果老人对接待员的印象不好，则对福利院的一切都会感到不满，这样的话，很可能因为一位老人的不满而给福利院的客源带来负面影响。

二、做好准备工作

在接待家属之前，小陈应该做以下准备：

(一)做好相关知识准备

1. 老人照护的相关专业知识。

2. 福利院相关信息准备。

全面、准确地了解福利院服务的对象、护理级别划分情况、服务的内容、服务的时间、服务及床位的收费标准和房间内的设施配置及在院老人的数据信息等，以便能够及时、准确地向咨询者提供有效信息。接待员应当随时保存最完整、最准确的资料，如老人预订资料、入住登记资料等，并按照资料的重要程度和实效性随时或定期对资料进行记录、统计、分析、预测、整理和保存。

(二)做好卫生准备

1. 做好个人卫生

仪容仪表大方整洁，具体来说，包括以下内容(如图 9-3、图 9-4)。

(1)头发：头发整洁，梳理整齐，定期修剪；发型端庄大方，男性短发，女性头发文雅、庄重，梳理整齐。

(2)牙齿：建议每日早、晚各刷牙一次；使用漱口水是很好的习惯，让你可以保持口气清新凉爽。

(3)手：保持双手干净，没有污垢；避免留长指甲，指甲长度切勿超过三毫米，尤其是女性。

(4)气味：少部分人有体味，应勤洗澡，并保持身体干燥；女性员工如使用香水，应用量适度，气味宜人。

(5)服装：应穿戴统一的工作服装；服装应经常清洗，穿着时熨烫平整；工作时必须戴戴带胸卡，胸卡上应标明姓名、岗位等；穿着深色袜子，皮鞋保持光亮干净。

(6)化妆：女性应淡妆，力求优雅端庄；男性应净面，勤刮胡须，保持形象整洁。

(7)饰物：工作时应注意不要佩戴夸张的饰品及硬物，以避免误伤老人，形成危险。

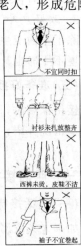

图 9-3

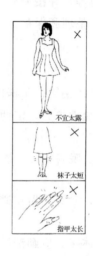

图 9-4

2. 做好室内卫生

福利院内的房间，一定要窗明几净，地无尘，房无垢，空气流畅，这是非常重要的。这会给前来咨询的老人家属留下良好的印象。

3. 做好户外卫生

除了室内卫生之外，做好室外周边的卫生也很重要。因为家属要到处看看，如果周围环境不干净也让人印象不好。

(三)准备好接待家属的基本物品

接待家属时，总有一些物品不能或缺。比如茶叶、热水、茶杯、纸、笔以及福利院的基本情况介绍，宣传资料，等等。接待人员要提前准备好。

三、明确接待中的具体礼仪要求

(一)电话接待

如果老人家属是打电话来咨询的，应注意：

1. 把握接电话的流程

(1)电话铃一响，拿起电话机首先自报家门，然后，再询问对方来电的意图等。

(2)电话交流要做到：

了解咨询者身份(老人本人，老人家属，或代他人咨询者)及老人的基本信息(年龄、性别、有无行动能力、行动能力如何、意识状况如何、有无疾病、有何疾病、有无医保、联系电话、子女状况、退休工资多少等)；

根据咨询者所提供的基本信息，向其说明老人可能所需的护理级别(自理、介护、介助或康复)、所享受的服务内容及承担的大概费用。

若符合入院标准的，可进一步邀请咨询者参观老年公寓，进行实地考察，并解说院内规模、养老服务产品及设施设备；若有入住意向的，接待员可填写"老年公寓入住咨询登记表"，详细记录有关信息，告知前台上班时间并欢迎、期待咨询者实地参观。

(3)应备有电话记录本，重要的电话应做记录。

(4)电话内容讲完，应等对方结束谈话再以"再见"为结束语。对方放下话筒之后，自己再轻轻放下，以示对对方的尊敬。

2. 必须使用礼貌用语

接听电话时忌用"喂喂"，而说"您好"；回答问题时"好，我马上去查一下，请稍等""让您久等了，这件事……""您留一下联系方式好吗？"；结束时用"欢迎您来我们这现场参观""再见"等。

表 9-1　接听电话对话比较

×喂喂	√您好，这里是××福利院
×你找谁？	√请问您找哪位？
×有什么事？	√请问您有什么事？
×你是谁？	√请问您贵姓？
×不知道！	√抱歉，这事我不太了解
×你等着，我看看	√您稍等，我帮您查一下
×把你们家老人的信息告我	√请您介绍老人的基本情况
×你等一下，我接个别的电话	√抱歉，请稍等
×就这样吧	√再见，欢迎您和老人一起来看看

3. 电话接待时把握的基本要素

(1)速度：电话一响马上走过去(三声铃内)，左手拿电话，右手准备好笔和纸。

(2)声音控制：

让声音充满表现力，使对方感受到你是位精神饱满、全神贯注的人，而不是睡眼惺忪、萎靡不振的。

声音要亲切自然，不要装腔作势，让人听了浑身不舒服。

说话时面带微笑，微笑的声音可以通过电话传递给对方一种温馨愉悦的感受。

（二）现场接待

家属来福利院咨询时，应注意以下几点：

1. 基本流程

首先，要热情接待，给家属一杯水，一把椅子，让家属坐下来休息片刻。接待时和家属面对面，先让家属将需要入住老人的基本状况和需要提供哪些基本服务简单介绍一下，机构工作人员对老人有一个大致的了解，再针对家属的需求，详尽地介绍福利院的基本情况，包括护理区域的划分、老人护理的内容、护理流程、从业护理人员的技能情况、后勤保障和医疗配置情况，使家属知道：养老机构在对失能老人的护理中有一支具备爱心、有一定的护理知识和经验、懂得老人心理的护理队伍，同时有护理工作标准和流程，有护理质量控制的手段。

其次，主动带咨询的家属实地参观，参观院区绿化带、回廊、室外健身器材、无障碍设施的马路；参观老人居住的房间和楼层公共设施：老人居室分单居室、双居室和多居室，居室中配置了有线彩电、小冰箱、空调、电热水器或太阳能、电话、床、床头柜、圈椅、写字台和传呼系统等，卫生间配有水池、衣架、便池、扶手；楼层公用设施配有微波炉、洗衣机、电梯、扶手、图书、报纸、麻将、扑克、笔墨等；安全措施：轮椅、扶手、床栏、防护栏、防滑垫等；医疗措施：从业的医护、医技人员均有执业资格，大多到三级医院进行过临床进修，有从事老年医疗工作多年经验，懂得与老人的沟通不仅是言语的沟通、肢体语言的沟通、还要学会察言观色，只有这样才能了解老人有无不适，需不需要提供医疗服务。

最后，若老人有入住意愿的，接待员应先请咨询者填写"××老年福利院住养人家庭与经济情况评估表"和"赡养人家庭与经济情况评估表"。经评估，符合入院要求的，接待员可与咨询者约定办理入院手续的时间及入院时应带的证件(老人一个月以内的县级以上人民医院健康体检证明、老人及其赡养人的身份证和户籍本、老人近照)和可带的物品。接待员应提前告知咨询者，老人入住前应先进行"入住老年人生活自理能力评估标准"的护理级别鉴定，而且老人入住后一个月的适应期及观察期(观察老人是否适应老年福利院的生活模式，是否适合该护理级别)。

(1)登记时间：咨询者咨询时间；

(2)咨询者：姓名、与老人关系、电话号码；

(3)老人入住基本信息：姓名、性别、年龄、老人基本状况(健康状况、思维、自理及行走能力、听力状况、个性、爱好、职业、收入、子女情况及特殊要求)；

(4)预订房型：标准单间、标准间、单套间、标准套间、大套间；

(5)暂定护理区域：自理区、介助区、介护区、康复区；

(6)备注：其他相关信息。

2. 接待中注意的礼仪要求

(1)仪态举止

a. 面部表情

接待家属时要始终保持微笑。微笑是一种国际礼仪，能充分体现一个人的热情、修养和魅力。在面对客户、宾客及同仁时，要养成微笑的好习惯。

温馨提醒：微笑的魅力

　　笑容能照亮所有看到它的人，像穿过乌云的太阳，带给我们温暖；用你的微笑去迎接每一个人，那么你就会成为最受欢迎的人；如果你希望别人喜欢你的话，请遵守一条规则："微笑"。

b. 眼神

当家属与你交流时，眼睛应该注视对方讲话，不可眼视它方。

c. 站姿

＊站立时腰杆挺直，不要驼背；

＊不要背靠墙壁，一脚站立一脚摇晃；

＊几个服务人员站立在一起，切勿勾肩搭背。

男性站姿：双脚平行打开，双手相握于小腹前。

女性站姿：双脚要靠拢，膝盖打直，双手握于腹前。

d. 手臂

＊站立时双手自然放于两侧，或双手交接置于背后、小腹前；

＊工作中与行进中，不要将手置放在口袋内；

＊与家属谈话不可双手叉腰，或两手交叉置于胸前。

e. 坐姿

＊坐时腰杆挺直，仪态优雅端庄；

＊双脚稍靠拢，女性须注意膝盖并拢；

＊不要将脚、头置于桌上；

＊与家属谈话，不要将一脚跷到另一脚上；

＊切勿双手置于脑后，状似伸懒腰的不雅动作。

坐姿也有美与不美之分，以下几种坐姿就是错误的。（图 9-5）

图 9-5

> **温馨提示：**
>
> 1. 如需搬动椅子，应尽量不要发出响声，并且落座要协调，声音轻，切忌猛起猛坐。
>
> 2. 在正常情况下，人体重心要垂直向下，腰部挺起，上身要直，不要给人以"瘫倒在椅子上"的感觉。

（2）礼仪操作标准

a. 站立时身体略前倾，双手相握，自然放于肢体前；

b. 眼神和用户交流，透出热情；

c. 面带微笑，体现热忱；

d. 礼貌问候用户："您好！欢迎光临，很荣幸为您服务。"

（3）与家属交流时的注意事项

接待员服务用语的措辞要简洁、专业、自信、积极、流利，并注意停顿，其基本要求有：

必须使用礼貌用语；时刻提醒自己要面带微笑；善于在工作中控制自己的情绪；学会艺术地拒绝。

与咨询者交流时的声音要注意以下几点：

积极的心态会使声音听起来充满活力；以热情的声音感染咨询者；语速不可太快、过慢，也不能擅自打断咨询者的话；语气要不卑不亢；语调不能太高；音量不能太大。

四、送老人家属离开时注意事项

接待的最后一个环节就是送客。家属离开时，一定要等客人起身后再起身；应充满热情地招呼家属"慢走"、"走好"、"再见"、"欢迎再来"、"常联系"，等等；至少送到电梯口、大门口；应在家属的身影完全消失后再返回；另外送毕返身进屋后，应将房门轻轻关上，不要使其发出声响。

 拓展阅读

做好养老服务机构接待工作

接待处主要担负着服务管理的任务，它是福利院管理体系中的重要组成部分。福利院在有形的服务上要为老人提供舒适优美的环境，在无形的服务上则应做到微笑、细致、周到、热情、友好、反应迅速。服务工作看似简单，其实包含着大量的知识、技巧以及烦琐的劳动。经营和效益主要靠接待的服务去完成。因此，没有良好的接待服务与管理，福利院在竞争与发展中是很难取胜的。

接待员必须拥有最新、最全面的"房态报告"，并从中了解房间的具体情况，如有哪些房间已有老人入住，哪些房间已经被预订，哪些房间没有入住，从而有利于迎接新的老人入住，在提高房间入住率的同时，也能更好地做好预订工作。

一、接待员的素质要求与技巧

1. 良好的职业素质

面带微笑，以端正的姿势、礼貌的语言、热情的态度、快捷规范的业务操作来接待每一位咨询者。

2. 把握咨询者的特点

在接待咨询者时，要注意从他们的衣着、言行举止等其他方面掌握他们的特点，根据其需求和心理做有针对性的介绍。

3. 销售房间，而非销售价格

对房间做适当的描述，以突出房间的功能、能享受到的服务及能够满足老人的需要，从而减少房价对咨询者的影响。

4. 做好迎接工作

老人到达时，接待员要礼貌地微笑点头致意，以示欢迎，并帮助老人卸下行李，搬运行李至房间。搬运行李时必须小心谨慎，不能用力过大，不可损坏行李，更不能用脚踢老人的行李。老人的贵重或易碎物品应让老人自己拿。

装行李时要注意将重物、大件、硬件的物品放在下面，轻物、小件、软件的放在上面。

5. 建立良好的宾客关系

老人是服务的对象，要充分理解、尊重和满足老人的需求，对老人的"不对之处"要多加宽容、谅解。掌握老人的需求心理：不仅要帮助他们解决种种实际问题、提供各种方便，还要注意服务的方式，做到热情、周到、礼貌，使老人感受到一种轻松、愉快、亲切和自豪。

6. 掌握与老人的沟通技巧：重视对老人的"心理服务"；对老人要彬彬有礼，要做到"谦恭""殷勤"；对老人要"善解人意"；掌握说话的艺术；投其所好，避其所忌。

7. 处理好投诉

福利院接受老人或老人家属的投诉能有效确保福利院的声誉，防止福利院在社会中产生不良影响。对于他们的投诉，福利院应反省自身，从老人的角度出发，寻找经营、服务中的问题，寻求快速、合理的解决方式，不断提高服务质量，赢得老人及其家属的肯定。

二、接待员职责

1. 在分管院长和部门主任领导下，做好来电咨询工作，重要事项认真记录并传达给相关人员，不遗漏、延误。

2. 热情接待来访人员，耐心介绍解答咨询人员需了解的问题，认真做好入院条件及入院手续等资料的介绍和宣传并做好床位预订。

3. 树立全心全意为老人服务的思想，及时解决老人提出的问题，尽可能地满足老人的要求。

4. 认真办理出入院手续，严格核定等级，适当安排老人房间。

5. 及时与生病和有特殊情况老人的家属联系。

6. 按月如实向上级交统计报表。

7. 根据老人身体和心理需求及服务员意见进行级别调整。

8. 及时向各部门和院领导反映老人的意见和要求。

9. 做好老人入院、出院的接待工作，始终贯穿于人文关怀，最大限度地满足老人及家属的要求，在老人及家属心目中建立起良好的职业形象，为养老机构的生存和发展树立起良好的服务品牌。

附：入住咨询登记信息

登记时间：咨询者咨询时间；

咨询者：姓名、与老人关系、电话号码；

老人入住基本信息：姓名、性别、年龄、老人基本状况(健康状况、思维、自理及行走能力、听力状况、个性、爱好、职业、收入、子女情况及特殊要求)；

预订：新院或老院；

预订房型：单间、套间、双人间、三人间或康疗区；

暂定区域：自理、介助、介护；

备注：其他相关信息。

附表：

表 9-2　老年公寓入住人员登记表

	姓　名		性　别		年　龄		民　族	
入住者基本情况	身份证号				入住时间	年　　月　　日		
	月缴费		备用金		指定医院			
	一般情况	血压　　mmHg		脉搏：　次/分		神志：		
	曾患病史							
	现在病史							
	饮食特点							
	性格心理							
	嗜　好							
	异常表现							
	体检证明							
送养方情况	姓　名	与入住者关系	联系电话	工作单位	住　址			
送养方要求								
送养方签字：								

表 9-3　入院通知单　　　　　　　　　　　　××年××月××日

姓名		性别		出生年月		收养类别	三无或自费
房间房号		服务等级		入院时间		管房服务员	
入院一次性缴费金额				入院收费金额			
押金			床位费		实收天数		
医疗备用金			护理费		实收天数		
被服费			伙食费	（包伙或自费）	预充金额		
体检费			协议人姓名				
手续费			协议人电话				
IC 卡			协议人住址				

声明

本人及本人的担保人郑重声明：

本人在贵院住养期间，如因本人行为或意外致本人损害或死亡（包括但不限于自杀），其后果或责任均应由本人自行承担；如因第三人行为致本人损害或死亡，由本人或本人家属向第三人主张责任。

本人及本人担保人承诺：

如出现以上情形，绝不以任何理由与贵院纠缠闹事，绝不要求贵院承担任何责任或费用。

特此声明！

供养老人：（签章）

担保人：（签章）

××年××月××日

表 9-4　入住适应计划表

姓名		性别		出生年月			民族	
文化程度			婚姻状况			兴趣爱好		
身体状况	好		护理级别		房号		入住时间	
	一般							
	不好							
			饮食、环境、服务、医疗适应度					
第一周			适应		较适应		不适应	
			评估					

续表

	与其他老人、工作人员沟通交流适应度				
第二周	适应		较适应		不适应	
	评估					
	参加公益活动、群体交流活动适应度				
第三周	适应		较适应		不适应	
	评估					
	饮食、睡眠、康复、医疗、文体生活人际交流综合适应度				
第三周	适应		较适应		不适应	
	评估					
综合评估	该老人适应、较适应、不适应本公寓入住生活。				
	护理员：（签字）　　　　　服务部主任：（签字）				
	分管领导审核意见： 　　　　　　　　　　　　　　　　　　签字：				

 拓展训练

　　李爷爷，76岁，诊断为轻度老年痴呆，冠心病10余年，经常服药；子女在外地工作，两个月回来一次；家人照护困难。现子女申请入住某护理型老年照护机构，入住前老人家属来咨询相关事宜，参观该养老服务机构，接待员小王需要为李爷爷家人介绍并回答相关事项。

　　请问：

　　1. 小王作为老年照护机构的接待员应该每天准备什么？

　　2. 李爷爷家属来后应该怎样接待？

项目十　掌握老年寿庆与探病礼仪

　　在我国，老人作为一个特殊的群体，也有着特殊的礼节、礼仪需求。随着年龄的增长，寿庆礼仪与探病礼仪，日益成为与老人密切相关的两个重要环节。

　　规范寿庆礼仪、喜庆的祝寿活动，不仅可以表达晚辈对长辈的敬重及良好祝愿，更可以让老人欣慰喜悦；而恰当亲切的探病礼仪，更可以给生病的老人以精神上的支持和抚慰，从而给老人们增添战胜疾病的信心，帮助其解除心理上的负担。

任务一
组织寿庆仪式

学习目标

知识目标： 了解寿庆组织的一般常识、要求；

掌握一般寿庆仪式的程序、要点；

了解寿庆中需要的基本才艺，祝寿礼仪和祝寿礼品。

能力目标： 具备组织和策划寿庆仪式的能力，能活跃活动气氛、灵活应对各种问题。

工作任务描述

孙大爷，65岁，退休干部。老伴因病过世较早，自己拉扯一对儿女长大。儿女事业有成，但人都在外地。老人性格内敛、喜欢安静，平日喜爱看书、养花。今年恰逢老人66岁寿辰，老人的儿女想为老人过一个像样的生日，委托你帮助策划和组织这次寿庆仪式。

问题思考：

1. 作为组织者，在具体策划和准备工作中，应做哪些布置和安排？

2. 筹备寿庆仪式过程中，作为组织者，应如何与委托人做好沟通？

3. 策划中，应准备一套什么风格的主持词，使整个活动气氛轻松又温情？

工作任务分解与实施

一、了解一般寿庆仪式的流程

一场别开生面的寿庆，不仅能愉悦老人的心情，更能重燃老人对生活的热情，增强老人的幸福感。而完美流程的策划，则是办好寿庆的重中之重。如何在形式和内容上做好安排，是整个策划工作的关键。

一般的寿庆流程包括：活动背景音乐的准备；主持人的开场和串词；寿星的登场和就座；子女祝福和致辞；亲友祝贺；寿星答谢；寿星点蜡烛、客人齐唱生日歌；分享蛋糕与寿桃；客主入席，宴会开始；文艺表演；宴会结束。

以上流程可结合具体情况，因繁就简、灵活调整。

二、做好仪式策划前的沟通

与老人充分沟通，不仅能了解老人的性格和喜好，更能把握老人内心的情感需求。

通常说来，六十岁以后的老人，都会从工作岗位上退下来回归家庭。这样一来，他们的情感寄托和生活期望就都转移到了家人身上。老人渴望家庭成员对他们的关注和重视，特别是每当生日的时候，他们更希望儿孙围绕，家人陪伴左右。因此，不管是否和儿女生活在一起，为老人组织寿庆活动，对仪式的形式和场面都会有较高的要求。

充分的沟通，不仅包括和老人的沟通，还包括与亲属的沟通。

首先，做好与老人的沟通。

活动组织前，可以主动创造机会多和老人谈心。通过聊天，对老人的性格有一个基本的判断。过程中，可对老人在聊天中谈论的细节及重要的生活点滴随时记录。老人的性格基础及生活细节、个人喜好，都是筹备寿庆活动的基础。

其次，要做好与老人子女、家人的沟通。

寿庆活动，是子女向老人表达孝心的方式，更凝聚了所有家人对老人的美好祝福。活动筹备前，应做好与老人家人的沟通。与家人、子女沟通，一则可以弥补老人单方面陈述的不足，掌握更多的信息；二则，可以更全面地了解家人的倾向和意愿，比如活动的风格、场景的布置、食品的口味，等等。与家属充分沟通，还可事先估计出席宴席的宾客人数，进而确定宴会使用的酒水和菜品种类。

三、明确正式举行寿庆活动的具体要求

(一)活动现场的布置

寿庆活动现场布置，应突出祝寿主题。比如可以在大厅挂一副寿字，贴上以寿果和寿桃为主题图案的剪纸，在接待处把老人照片贴到显眼处，也可在四周布置寿文化主题来烘托寿宴的气氛。

餐桌上应当铺上红色的台布，中间摆放葱绿鲜艳的植物。

与此同时，按预定内容、标准布置美化宴会会场，调试好音响、麦克风等，宴会主题词，主席台背景，会场氛围，灯光，均应符合宴会要求。

宴会入口处还可安排一两位寿星的子孙辈迎接客人。也可专门安排寿星的家属在门口，负责接受礼品，方便客人祝贺。

(二)寿宴仪式的具体流程

流程中，先由主持人或司仪宣布某人多少岁寿庆仪式开始，请寿星就位。一般是由儿孙辈中的最小者或儿孙辈中最受寿星钟爱者在旁边搀扶，坐于寿堂中礼案之前的椅子上。可以先让小朋友送上祝寿词，行鞠躬礼。此时应配以恰当的背景音乐，如生日快乐歌等。随后是家人为老人祝寿，并献上祝寿词。向寿星献祝寿词，顺序一般为：先是寿星晚辈，后是有关亲戚，最后是无亲戚关系的朋友、同事等。

祝寿词都不长，为了慎重，一般都事先写好。有的地方在祝寿时，晚辈要行三鞠躬礼，其余的可以灵活掌握，可以是一鞠躬。

如果来宾中有比较重要的人物而大家又不太熟悉的话，由司仪向大家进行介绍。如果到场的来宾送来的贺词、贺信、寿联、寿诗比较多的话，可以选择其中有代表性的由司仪当场宣读。

随后，主持人还要简要介绍寿星的经历以及对社会、家庭的贡献，表示对来宾的感谢。现在比较流行的利用现代媒体设备展示寿星的辉煌阅历和对社会、家庭贡献。

四、把握为老人做寿时的注意事项

老年人过生日比较讲究，给老年人主持和做寿，是一种传统文化礼仪的体现。因而，在做寿程序上和各个环节上，应注意一些禁忌和细节。

第一，选择礼品上面。

老年人讲究礼物的寓意，因此要挑选代表健康长寿的礼品。祝寿礼物，可以送补品、营养品，运动器材也不错。同时，送礼物时还要注意不送老年人忌讳的东西。比如：不能送手表、钟表。因为"送钟"音同"送终"，不吉利；不能送梨，因为"梨"与"离"谐音，意喻分离；不要送伞，因"伞"与"散"谐音；不送鞋，"鞋"与"邪"谐音，不吉利；最好不送灯，"灯"与"蹬"谐音，老人家也是很忌讳的。另外，还要注意不给健康的老人送药品。

第二，言语态度。

为老人祝寿，说话要得体，态度要谦恭。寿辰是大吉大利的日子，因此要以祝贺、颂扬等吉利的语言为主。不要说一些不吉利、老人忌讳的话。另外，老年人处在从社会舞台走向家庭舞台的转变阶段，心理方面丧失价值感，老年人最担心的是"老而无用"，所以给老年人的寿庆态度一定要谦恭，对其的尊敬也是老年人最看重的。

作为活动的组织与策划者，在主持词的撰写及向老人道贺的过程中，应尤其注意一项问题。

第三，着装方面。

出席老人的寿庆活动，衣服的颜色要喜庆，切忌全黑的或者全白的。活动主持人，应着正装，并且注意服装的颜色、款式。

第四，宴席座次的安排。

筹备和策划寿庆活动，座次的安排也很有讲究。老人是寿星，是大家祝福的对象，自然应该坐上座，座次是以靠近寿星接受拜寿的方位为重要席位。应安排寿星的直系亲属、亲戚和贵宾坐在主席位上，其余的则任由坐席。农村则仍讲究席位排列，一般是按长幼尊卑排定席位。

 拓展阅读

一、传统文化中对寿诞的不同称谓

在中华传统文化中，长辈过生日时，按不同的年龄使用不同的祝寿称谓。其中六十岁生日称为花甲、耳顺或还乡之年。七十岁生辰称之为古稀、悬车或丈国之年。八十或九十岁生日被称为耄耋或朝伏之年。寿过三位数老人的生日被敬称为期颐之年。

中华语言文字博大精深，前人们根据汉字造字的内涵、字的结构，针对不同高龄生辰日，用汉字的结构给予了生辰之日更加丰富的内涵及美好意义。在为长者祝寿时一般分为喜、米、白、茶四种。第一种：喜寿，因为草书写的"喜"字字形很像七十这两个汉字字形，故喜字就被用来专门祝贺七十岁的生日，称为喜寿。第二种：米寿，米字的结构中含有两个八字，一个十字，加起来刚好是八十八这个吉利汉字数字，故而，过八十八岁生日就是过米寿生日。第三种：白寿，汉字"百"如果字头少了一横就是"白"字，因而过九十九生日就被赋予了一个充满想象而美好的称谓"白寿"。第四种：茶寿，茶字的结构既是一个神秘的数字之和，更是一个美好的祝愿。茶字草字头为汉字的二十，接着是一撇一捺的八字，下面是一个十字和另外一个八字。二十加八十再加八之总和就等于一百零八这个神秘、美好且充满憧憬的数字。因此，茶寿就属于高寿老人过生日的专用称谓名词。

二、关于寿礼的文化与传说

传统的寿礼，一般有寿桃、寿面、寿糕、寿幛和寿屏。

寿桃：一般寿礼用米面粉或麦面粉制成，如果寿诞逢时，也有用鲜桃。寿桃由家人置备，或由亲友馈赠。庆寿时，陈于寿堂几案上，九桃相叠为一盘，三盘并列。寿桃之说，起源很早。《神异经》中就有："东方有树，高五十丈，名曰桃。其子径三尺二寸，和核美食之，令人益寿"的记载。神话中，西王母做寿，在瑶池设蟠桃会宴请众仙，因而后世祝寿均用桃。在蒸制面桃时，必用颜色将桃嘴染红。

寿面：相传寿面来源于彭祖。据汉代文学家东方朔记述，彭祖寿长，活至八百岁，是因其"脸长"。脸也即"面"，脸长也即"面长"，后世就用细长的"面"，来预示长寿，将祝寿的面称作"寿面"。寿日吃面，表示延年益寿。旧时，寿面要求长三尺，每束须百根以上，盘成塔形，置以红绿镂纸拉花，作为寿礼，敬献寿星，必备双份。祝寿时置于寿案上。寿宴中，必以寿面为主食。

寿糕：寿糕以面粉、糖和食用色蒸制而成。其形如寿桃，或饰以云卷、吉语等祝寿图案。寿联因男女性别、年龄等不同，措辞、用典也有区别。例如男八十寿联："渭水一竿头试钓，武陵千树笑行舟。"女七十寿联："金桂生辉老益健，萱草长春庆古稀。"双寿联："花放水仙夫妻偕老，图呈王母庚婺双辉"等。

寿幛：寿幛用整幅或大幅布帛题以吉语贺词，祝贺寿辰。一般大小如中堂，多金色或红色。从明代起盛行幛词，并形成寿幛。

寿屏：寿屏是祝寿用的书画条幅，上面题以吉语贺词或寿星老人、寿桃、八仙人画之类。一般为四条幅、六条幅或八条幅联列成组，挂于壁上。也有为雕刻镶嵌的祝寿用座屏或插屏，陈列于几案上。

三、现当代祝寿礼物

当今社会，祝寿礼物仍然可以送食物，如寿桃、寿面、寿酒、寿糕、馒头、肉、蛋、鱼、酒、苹果、石榴、桃等传统的老人过寿礼品。也可选择送生活用品，如衣服、帽子、手杖、软垫靠背椅、老花镜、放大镜等。另外，还可送鲜花和植物花，如康乃馨、兰花、松树、铁树、万年青、寿星草、长寿花、鹤望兰等。农村和生活条件差的地方，有时还会选择送钱。

现代发达城市，给老年人祝寿常送的寿礼有：(1)生日蛋糕和鲜花，(2)老年保健品，按摩器、按摩垫、足浴盆、磁疗器、护膝等礼物，都是很适合的；(3)如可以根据老年人具体的兴趣和爱好，买一些老人喜欢的礼物，比如茶叶、渔具、字画等。

四、寿典时间

民间一般从 50 岁开始做寿，寿典一般是在逢十的诞生日举行，且如上所说对整十的寿辰有特定的称谓。庆寿要比平日隆重得多。古时候的寿分上中下，100 岁称上寿，80 岁称中寿，60 岁称下寿。还有一种是以 120 岁为上寿，100 岁为中寿，80 岁为下寿。旧时做寿还有条件，一是要有孙儿，二是父母已经去世。一个人只要父母健在，哪怕自己已经过了 50 岁，也不能在家中做寿，只能是做生，这就是古人所说的"尊亲在不敢言老"。

五、男女做寿的不同习俗

所谓男做"上"，就是做九不做十，如 50 岁的寿庆在 49 岁的生日做，60 岁的寿庆在 59 岁生日做，以此类推。女的则恰恰相反，要做满，只有满了 50 岁、60 岁，才做 50 岁、60 岁的生日。这种习俗也叫做"男不做十，女不做九"。它来源于我国的阴阳观念。在阴阳观念中，古人单数视为阳，双数视为阴。

六、特殊的寿礼讲究

在有些地方，老人过六十六、七十三、八十四几次生日时，祝寿礼比较特殊。

六十六占两个六字，象征"六六大顺"，老人和子女都很看重，所以寿礼较为隆重。"六十六，娘吃闺女一块肉"，父母六十六岁生日这天，已出嫁的女儿除一般礼品外，还须买六斤六两一块肉，蒸六十六个小馒头为父母祝寿，以报答父母生养之恩。肉与小馒头须父母两人吃，其他人不得分食，否则谓之"夺福"。

七十三岁和八十四岁，被称为生死坎儿，谚云："七十三，八十四，阎王不叫自己去。"到了这个年龄，老人和子女都比较紧张，平时对老人加倍呵护，生日时也有个特别的破法，即子女买活鲤鱼为寿礼让老人吃，鲤鱼擅跳跃，吃了鲤鱼，就会跃过这道坎儿，获得平安健康。

拓展训练

刘阿姨，孤寡老人，居住于某社区。今年，正赶上老人家 70 岁生日。作为社区工作人员，小张要负责为老人办一次有意义的寿宴。

请问：

1. 小张该如何为刘阿姨策划一次寿庆活动？

2. 策划寿庆活动时，小张应着重把握刘阿姨哪方面的心理需求？

3. 在寿宴活动风格上，小张应如何把握和设计？

任务二
探望生病老人

学习目标

知识目标：了解探望病人时的一般要求；
　　　　　了解探望病禁忌；
　　　　　掌握探病时的基本说话技巧。
能力目标：掌握探病礼仪规范，熟练运用各种谈话技巧。

工作任务描述

　　刘叔叔，65岁，退休教师。因心肌梗死入院。经过手术，病情已得到有效控制。小王作为刘叔叔曾经的同事，在得到刘叔叔住院的消息后，准备前去医院探望。
　　问题思考：
　　1. 小王应如何选择探望的时间？有什么注意和禁忌？
　　2. 在礼品的准备上，小王应注意哪些细节？
　　3. 探病时，小王在语言、语气及动作上又应注意哪些方面？

工作任务分解与实施

　　生活处处有学问，而探望病人时的礼仪及注意事项也是一门学问。在生活中，亲朋好友难免会患病，这时候前往探望、慰问是人之常情，也是一种礼节。但是，人们在看望病人时如果不注意礼仪细节，就会影响到其他病人或所探望的病人的身心健康。所以，到医院探望病人，特别是探望老年病人，要注意相应的文明礼仪。

一、做好探病前的准备

（一）对老人疾病与病情要有初步了解

　　探望病人之前，应该先从病人亲友或者医生那里了解一下病人的病情，例如，病人得的是什么病，病情重不重，治疗情况如何，病人的心理和情绪怎么样，现阶段是否适合前往探病等，做到心中有数。

　　另外，应该同时弄清楚病人在哪所医院，哪个病房，床号是多少，医院准许的探望时间这些基本信息。

（二）探病时间的把握

选择什么时间探望病人，也是有讲究的。

探望病人时应选择适当时机，尽量避开病人休息和治疗时间。由于病人的饮食和睡眠比常人更为重要，所以不宜在病人吃饭或休息时前往探视。如果是探望住院的病人，还应在医院规定的时间内前往。若病人正在休息，不要打扰，可稍后再去。

多数医院对于亲属探望病人都有明确的规定和时间安排，在一些传染病医院、相关规定更为严格。因此，探望病人一定要提前预约，了解清楚探视时间和病人接受治疗的安排情况后再去探望。时间最好选在10：00～12：00之间，尽量不影响病人休息和用餐。另外，探望时间也不宜过长，一般以15分钟左右为宜。

（三）探病礼品的选择

探望病人所带的礼品是有一定的讲究的，既然送礼就要送到心坎里，不要送一些病人忌讳或华而不实的东西。目前，探病的礼品大致有鲜花、水果及食品之类的东西。

水果营养丰富，病人往往都需要。但是要根据病人的病情来选择对病人有益的水果。一般来说，苹果是多数病人均可食用的。它含钾较多，可以开胃，对高血压者能帮助降压。梨有清热、止咳、平喘等作用，对麻疹、慢性支气管炎、高热、半身不遂等患者尤其相宜。桃内含有苹果酸、柠檬酸和维生素C，如给病人送些罐装蜜桃，能帮助病人调整消化道的功能。橙子有治风热咳嗽的作用。杏有止渴、定喘、解瘟的作用。山楂适用于腰痛、高血压、冠心病或动脉硬化患者。香蕉含有维生素A、B、C、E，适合于便秘患者，更宜于老年人，但高血压病人则不宜多吃香蕉。

> **小贴士：探病之"水果攻略"**
>
> 探望患有高血压、动脉硬化症的老人，可送山楂、橘子、蜂蜜等食品，而不宜送一些高脂肪、高热量的食物；探望刚刚做完外科手术的病人，可送些鸡蛋、奶粉、水果等营养丰富的食物；探望患有糖尿病的老年人，不能带糖果、甜点、水果、果露汁等含糖量高的食品。

一直以来，鲜花是吉祥、友谊、美好、幸福的象征，也被视为温馨祝福的使者。给生病住院的亲友送上一束鲜花，已成为一种时尚。它能给人以美感，给单调的病房生活带来新鲜的生活气息，使病人得到精神上的调剂和享受。但是在送鲜花前，最好打听一下，该病人及病房是否允许送鲜花，会不会给病人的健康带来不利影响。

最好选择香味比较淡雅的鲜花，如唐菖蒲、兰花、金橘、六出花、玫瑰、康乃馨等，因为浓郁的花香会使体弱的病人感到头晕。另外，一定要注意不要送纯一色的白色、蓝色、黑色花卉，也不要送盆花，鉴于病人的心情极为复杂，要防止产生误会。另外，在花的数目上，也要尽量避免4、9、13这样的数字。兰花、水仙、马蹄莲等也是不错的选择，有利于病人怡情养性，早日康复。

> **小贴士：探病礼物之"四不宜"**
>
> 过敏性病人，不宜送有花粉的鲜花；肠胃病人不宜送固状食物；需长时间休养的病人，不宜送连环套书，此类型书籍最容易让人欲罢不能，熬夜看完，影响患者休息；刚开完刀的病人，不宜送逗乐的漫画书，容易让病人伤口裂开。

二、把握正式探病时的细节和技巧

(一)探病时的着装要求

探望病人时，容颜应干净整洁，服饰以庄重、素雅为宜。颜色鲜艳、时尚的衣服尽量不要穿，女性还要注意不要浓妆艳抹。因为，病人在生病期间往往有某种心理倾向，可能影响病人的情绪，这对康复没有任何好处。

(二)探病时的举止规范

进病房前要先轻轻敲门，经允许后再轻轻推门进去。问候、说话声音要轻柔，切忌大声喧哗、说说笑笑。如果病床周围有些医疗器械和瓶瓶管管，不要大惊小怪，也不要乱摸乱动。打招呼、握手要亲切自然，使病人感觉到你的真诚。

病房内，如有其他病人共处一室，应礼貌地问候，并说声："对不起，打扰您休息了。"

若两人以上同时进入病房，应站在同一方向，避免一人站一边，让病人为了兼顾礼节，左右转动头部，造成颈部不适。

探望老年病人要尽可能保持安静，走路要轻、要缓，说话声音要小，神情应该保持轻松和关切，不要显得过于担心，见到病人治疗用的针头、皮管及其他医疗器械，不要表现出惊讶的神态，以避免给病人带来压力。还要注意，用与平时一样的神情与病人握手、交谈，切忌冷漠、畏缩或过分亲昵、关切，以免引起病人的猜疑。

病床空间不大，进入病房后，与病人交谈，勿坐在床沿。坐床沿会占用病床空间，让病人产生压迫感。

(三)探病时的谈话技巧

由于特殊的心理状态，老人在患病期间都相当敏感。与他们谈话时，要认真倾听。说话时要看着病人的眼睛，不要东张西望，要使病人感到你在真心实意地关心他。

探望重病人，一定要同家属、医生口径一致，不可轻易当病人的面泄露"天机"，以免影响治疗效果。

谈话应该尽量让病人减轻心理压力。在谈话的内容上，针对患者的焦虑心态要多说一些轻松、鼓励、开导、宽慰的话，以利于增强病人战胜疾病的勇气。对于病人的病情可从侧面了解，如果病人自己没有提到，应尽量回避，千万不能对病人谈他的病情有多么严重，不要列举一些类似的严重病例。

谈话中，尽量不要谈及公务和家庭琐事，一般不要委托病人办事，更不要把其他坏消息向病人诉说。同时，还要让病人在交谈中尽量处于主导地位，在病情许可的情况下让病人多说些话。

(四)探病时间的掌握

对于身体恢复得不错，也善于交谈的老人，可以多陪他坐一会儿。到病人露出疲态时，可以告辞离去。而对于需要休息的重病号，就绝不能聊起来没完，简单的慰问仪式后应主动离去，这时的慰问更多的是一种礼节，一种象征。

一般而言，为照顾老人休息，与他们的谈话和在病房内逗留的时间不宜过长。探望时间一般为15分钟左右，最多不超过半个小时。要注意适时地、婉转地结束探望，一方面避免因为自己探视时间过长影响了病房里其他病人的休息，另一方面也可以让病人多休息，避免疲劳影响其身体恢复。

(五)告别时的礼节

探病结束，要和病人告别。一般来说，告别语应当包含几层含义：一是要劝慰病人既来之则安之，一定要安心静养到彻底康复为止；二是劝慰病人放下工作和家庭的负累，一切事务均可由慰问者们代劳；三是诚恳地问询病人有什么需要帮助的事情，一旦病人提出合理的要求，能够现场作答的一定要现场作答，不能现场拍板的，也一定要表现出足够的热情，给病人以必会获得完满答复的希望。最后，祝福病人安心休养，祝早日康复！

最高的慰问告别境界是，当探望结束很久以后，病人每每想起来，都会有一种感激之情油然而生。留给病人鼓励、留给病人宽慰，这是告别礼节的意义之所在。

(六)其他注意事项

探病时，除了一般的要求外，还有一些容易忽视的细节。

探病前，如自身感染了传染病，不要探访，可写书信函慰问或致电慰问；一般医院的停车场都一位难求，如果要暂时停车，不要停在急诊室门口，这会影响救护车的通行；探病时，要尽量不带幼儿前往，小孩子坐不住，又比较好奇，如果到处活蹦乱跳，或高声喧哗，不小心撞到药瓶、药剂，都是很危险的。况且幼儿抵抗力较弱，很容易感染病菌。

> **小提醒：**
>
> 上午 8：00～9：30 是病人复诊及换药时间；中午 11：30～14：00 是用餐及午休时间，晚上 5：00～7：00 是晚餐、沐浴时间，以上这三个时段，比较不适宜探病。

 拓展阅读

与病人和家属的沟通技巧

说话是一门语言艺术，探望病人时所说的话更是语言艺术的精华。一般来说，老年病人的精神状态比普通人要差，他们多愁善感，性格多疑，很容易受到他人情绪和语言的感染。善于运用语言艺术，使病人不再把疾病看得那么严重，增强了病人与疾病作斗争的坚强信念，让病人感受到亲朋好友对自己的关爱，从而受到精神上的鼓舞，激发自己与病魔战斗到底的决心。而这一切，恰恰是病人最需要的"精神维生素"，可以起到药物难以发挥的神奇力量，这对于病人恢复健康，无疑起着决定性的促进作用。

探望病人的目的在于对病人表示关心和安慰，使其心情愉快，积极协助医护人员同疾病作斗争，以便早日康复。如不注意探病时谈话的内容和技巧，有时会适得其反。探病谈话一般应做到：

一是语气委婉，语调亲切，情真意切。

二是要多谈些室外的新鲜事。问病情宜简要，多讲些外面生动有趣的新闻，使病人愉快，有利康复。

三是要说些有益于养病的话。向病人介绍自己或熟人治愈该病的经验，介绍报刊上登载的与疾病斗争的决心和信心。多讲讲病人家庭和睦、工作单位情况良好的事，解除病人的后顾之忧，专心养病。

四是要注意病人的忌讳。患了绝症的病人，探病谈话要忌讳提及真相。即使所患并非绝症，谈话也不宜触及病人最难受的症状。与其问："您常失眠?"不如较笼统地问"您近来感觉好些了?"病人最怕病情恶化，当发现病人脸色憔悴时，不能大吃一惊地问"您的脸色怎么这样难看?"而要说"这儿医疗条件不错，您的病一定会很快好转的。"

拓展训练

王阿姨，64岁，是小马母亲多年的好友。在上个月检查身体时，发现乳腺肿瘤。庆幸的是，发现及时。目前，王阿姨刚做完手术，术后效果也不错。小马母亲因为出差在外，不能及时赶回，委托小马去医院探望。

请问：

1. 小马前去医院之前，应该做哪些准备工作?

2. 小马应该带什么礼物去探望?

项目十一 掌握老年婚恋服务礼仪

 项目情景聚焦

　　国内外很多调查报告指出，老年人的一个共同的心理特点是：人越老越需要有伴。离异或丧偶老人，最容易孤独寂寞。这种情况下，仅靠照护人员照顾远远不够。鼓励老年人积极选择"黄昏恋"、寻找人生知己，无疑是使老年人摆脱孤独、重获幸福的一把"金钥匙"。

　　因此，掌握老年人婚恋交友的技术，灵活主动为老人牵线搭桥，已是现代护理人员的必备技能之一。

任务一

认知老年婚恋

学习目标

知识目标：了解老年婚恋的基本情况；
领会老年婚恋交友的影响因素。
能力目标：树立正确老年婚恋认知。

工作任务描述

　　三年前，朝夕相处、休戚与共多年的老伴去世，张大爷十分痛心，常常看着老伴的遗物发呆。久而久之，老人陷入孤独寂寞之中。子女看在眼里，急在心里。为此，他们专门找到某老年服务机构的小刘，对张大爷进行一对一的谈话和疏导。通过深入交流，小刘了解到，孤独的张大爷特别需要一个贴心的伴侣，但同时老人又担心子女的反对、邻里的嘲笑。因此，内心苦恼不已。

问题思考：

1. 面对张大爷的苦恼，小刘应该如何帮助他树立正确的婚恋认知？
2. 小刘应怎样与张大爷的子女进行及时、有效的沟通？

工作任务分解与实施

一、了解老年婚恋的基本情况

　　据我国第五次人口普查的数据资料，我国丧偶人数约为3900万。而这个数据中，丧偶状态的老年人所占比例就高达37.7%。这意味着，每3个老年人就有一个处于丧偶状态。而随着全国老龄化的继续发展，这一比例仍然在增加。

　　俗话说，千金难买老来伴，几十年的相濡以沫，深厚的感情是老年夫妻晚年的心理支持。若一朝丧偶，势必会给老年人带来巨大的心理打击。睹物思人、心情抑郁，甚至将自己封闭起来减少与外界的接触，在丧偶初期情况特别严重。通过种种努力和调试，有的老人能较快走出丧偶的阴霾。但不可否认的是，相当一部分老人会常年陷于怀念、忧伤的情绪当中。

　　为了重新找回晚年的幸福，有的老人选择勇敢地迈出再婚的脚步；但也有很多老人，迫于舆论和家庭子女的压力，宁可孤独寂寞，也不选择再婚。

一项研究表明，老年人中有85％存在不同程度的心理问题。而丧偶的空巢老人尤为严重，27％的老人有明显的焦虑、忧郁等心理障碍，0.75％的老人患有老年痴呆症。在这样的趋势下，鼓励老年人恋爱及结婚便显得尤为必要。

二、明确老人婚恋的重要意义

老年期是丧失期，将失掉金钱、健康、配偶等。正因为如此，也是容易丧失生存意义的时期。老年人要生活得充实，其最根本的条件有：(1)经济上的保障；(2)身心健康；(3)要有能够从心底里相互谅解的说话人；(4)要有益于别人的工作及作用；(5)能得到适当的性满足。老年期的恋爱与结婚，在多数情况下，起着能使这些条件得以满足的作用。

日本进行老年婚姻咨询的专家根据多年的经验发现，老年人找到接触的对象或结婚时，会异口同声地说："返老还童了"、"皮肤光洁了"、"不再受病魔折磨了"、"生活得更有活力了"，等等。在和异性进行接触、结婚以前，曾希望早日了此残生的日本孤身老年人，男女都为36％，而恋爱、结婚之后，这一比率几乎下降到了零。苏联对长寿村的调查和日本对百岁以上老年人的调查都表明，越是长寿的人，到晚年其配偶大多还健在。相反，在未再婚的丧偶者中，短命的或体弱多病的人很多。总而言之，老年人的恋爱、结婚是打消孤独感、提高生存意义的"特效药"。

大量的事实证明，做好老年人的再婚工作，对社会，家庭，老年人的健康长寿均是有益的，尤其是对鼓励、支持老年人充分发挥余热，完成未竟的业绩是不可缺少的，应当从法律上予以保护，从道义上给予支持。这样做不仅使希望再婚的老年人的合法权益得到保障，而且对整个社会也有多种好处。

一是有利于减轻子女的精神负担。多数独身老人的子女已建立了小家庭，他们忙于自己的工作，忙于抚男育女，忙于家庭生活，担心对老年人照顾不到，如老年人再婚的要求和愿望得到满足，就可以减轻一部分子女挂念老人的精神负担。二是有利于抚育下一代。家庭是子女成长的摇篮，目前我国的家庭多系双职工，夫妻早出晚归，对子女的抚育出现了不少问题，不利于下一代的成长。如果老年人再婚，不仅老夫老妻可以互相体贴照顾，而且他们精神愉快，身心健康，还可以分担抚育后辈的任务。三是有利于减轻国家对孤老者的负担。我国目前还不能把老年人特别是孤寡老人的生活问题全部包下来。如果有条件的丧偶老人求偶结合，这样可以使一些孤老者有新的归宿，可以减轻养老院和民政部门的负担。四是有利于减少和防止嫌弃和虐待遗弃老人行为的发生。五是有利于使老年人的精神得到安慰，心理健康地发展。

总之，老年人是否再婚是他们自己的权利，家庭和社会只能给他们提供参考意见。老年期恋爱、结婚是提高生存意义的"特效药"，无论是再婚还是独身，都应该得到家庭和社会的认可。而作为专业的老人护理人员，尤其应理解这一点。

三、掌握影响老年婚恋的主要因素

现实生活中老年人恋爱和结婚常常会遇到种种的干涉和阻力，引起家庭纠纷，家庭关系紧张，甚至造成悲剧者，也屡有见闻。

通常影响老年婚恋的因素主要有以下几种。

(一)老年人本身旧观念的障碍

传统的观念把老年人再婚看成是不光彩的事。老年人本身受这些观念的影响也往往给自己泼凉水，怕再婚会引起别人的耻笑。他们没有想到，老年人也是人，他有权利按自己的意志来自由地恋爱和结婚。

(二)子女造成的障碍

有许多老年人再婚受到子女的反对，他们反对老年人再婚一般有几种理由，如遗产会落入他人之手；会让人说是因为晚辈对长辈不孝，长辈方会出此下策；会愧对已故的

亲长；不愿照顾护理继母(继父)等。其中，因经济原因反对的占绝大多数。有积蓄的老年人再婚，受到子女干涉阻止的，比积蓄不多的老年人再婚要严重得多。无经济来源的老年人再婚，遭到子女的反对干涉就少些。

(三)居住及经济条件造成的障碍

在目前居住条件偏紧的情况下，增多的家庭人口，会影响现有的居住条件。此外，有些老人缺乏足以维持独立生活的收入。因而，造成老年人再婚障碍。必须健全社会性保障制度，同时，使老年人认识到应把遗产投资到自己的老年生活中去，才能消除这一障碍。

(四)社会因素造成的障碍

社会因素一方面指社会上舆论对老年人再婚的压力。有些人认为老年再婚是耻辱的；有些人认为老年人再婚不符合我国国情，特别是有的老年人与年龄比自己轻的中年寡妇结婚，社会舆论的压力更大，高龄老人要求再婚，更是舆论哗然。另一方面，社会缺乏为老年人恋爱、结婚服务的咨询机构和专家。即使有不少婚姻介绍所，也大多数是面向年轻人的。

掌握老年人婚恋的主要影响因素，会让我们在为老年人进行婚恋服务的过程中，提供有针对性的指导和建议。结合不同老人的具体情况，具体问题具体分析。

四、树立科学老年婚恋价值观念

人的本质是需要异性情感的，尤其到了老年，如果单身老人离开了工作，缺少子女的陪伴，寂寞感便随之而来，通常会给他们的心理、精神、生活造成一定的压力和负担。

目前，大部分单身老人都面临着孤独空虚的窘境，如果不及时排解，这种难以忍受的寂寞会抑郁致病。因此，单身老人再婚，不仅是生理上的需求，还是精神上的寄托和慰藉。鉴于此，从子女的角度讲，要主动关注老年人的情感问题，要尽可能报以理解的态度看待老人的情感问题，不要将年轻人的价值观念强加于老人，尽量减少与老人在思想观念上的冲突，满足他们社交的需求，让他们的生活感到充实。从社会的角度讲，应对老人婚恋积极支持，为他们营造良好舆论氛围，让单身老人放心地找另一半，勇敢地

追求幸福生活。从专业服务人员的角度讲，更应站在体谅、服务老人的角度，为他们考虑现实问题、替他们解决现实困难，帮助老人成功走出心理阴影，再建幸福乐观人生。

老年心理学家指出，随着时代的进步，单身老年人的观念也应该有更多的"时代特色"。因此，作为专业服务人员，更应从实际出发，结合老人生活实际，为老人的婚恋服务增添甜蜜、温馨、周到的"时代特色"。

 ## 拓展阅读

一、老年婚恋的几种常见心理

老年丧偶者，很想再找伴侣，他们认为子女各自已建立了小家庭，难以照顾自己的生活。虽然，子女大多能够体贴和尊重他们，但两代人在情感、需求和行为方式上都有一定的差别。子女的情感、行为以及多么周到的照顾均不可能替代老夫老妻之间那种特有的情感和行为。丧偶的老年人有很多难言的苦衷，哪怕是一般的生活琐事，也有不便让子女去做之处，何况性爱及情爱就更不用说了。

对于中青年守寡至老年的妇女，由于年轻时考虑子女尚小，其成长和教育等问题促使她们没有再嫁人。待辛辛苦苦把孩子抚养长大成家后，孩子们忙于经营自己的小家庭，对其母不加关心、照顾而要求再嫁。

有的老年人则是由于受子女虐待歧视渴望再婚。他们无法忍受子女对其冷淡、歧视、甚至仇视的生活，他们为得到精神上的慰藉，渴望寻找到新的伴侣，另找家庭的温暖。

还有少数的独身老人是因为中青年期离婚后，由于当时要抚养教育子女，经济负担或其他原因，当时没有再婚，现在年岁大了，精神上没有寄托，生活上需要照顾，希望再婚。

二、丧偶老年再婚时应注意的四大问题

首先，儿女方面问题（主要的是担心问题）。对于男方的儿女来说，他们已经失去了妈妈，担心再失去爸爸。这种担心不仅是可以理解的，而且是非常难得的，是十分令人感动的。做儿女都能这样想，做父亲的又何尝不这样想？自己已经失去了妻子，不能再失去儿女！事实上，谁都不会失去谁，谁都不会忘记谁。父子之亲，父女之情，血脉相连，天长地久！

第二，配偶方面问题（主要是名分问题）。他们要正式登记，要做合法妻子，并希望得到双方儿女的认同。这是正当的要求，应予以尊重和满足，从而使老年丧偶再婚成为真正的夫妻。

第三，法律方面问题（主要是公证问题）。家庭财产的处理的原则为婚前的财产，归原来的家庭所有，由双方各自子女合法继承；婚后的财产，归现在的家庭所有，由在一起生活并负有责任和义务的人依法享用。对双方婚前财产，一定要签订相关协议，并进行法律公证。

第四，两家方面问题（主要是亲情问题）。老年丧偶，选择再婚，都要面对两个家庭的问题。对于女方来说，由于善于管理家务，善于解决家庭问题，因此她们的儿女不会

产生失落感，仍然会感受到家庭的温暖；对于男方来说，由于不善于管理家务，不善于解决家庭问题，因此他们的儿女就会产生失落感，可能感受不到家庭的温暖。

拓展训练

22岁的小刘，大专毕业后，进入某老年服务机构工作，成为了一名专业的老年服务人员。小刘工作认真、做事严谨，但为人有些刻板。他总觉得，老人在服务机构里只要吃饱、穿暖、有人陪着聊天就足够了。机构的张爷爷，丧偶多年，虽然生活舒适，与大家相处也很融洽，但却很难看到老人会心的笑容。对此，小刘不太理解，觉得张爷爷不够乐观。

请问：

1. 案例中，小刘的认知是否存在偏差？

2. 小刘应该从哪个角度入手，找到让老人开心的突破口？

任务二
具备老年婚恋服务意识

学习目标

> **知识目标**：学习老年婚恋服务知识；
> 　　　　　　确立科学、正确的婚恋服务意识。
> **能力目标**：运用科学服务意识，指导老人婚恋活动。

工作任务描述

> 前不久，某市的一家老年婚介机构来了一位特殊的老年征婚者吴大爷。吴大爷年近七旬，可他的征婚条件让在场的人大吃一惊：要求 30 岁以下的未婚女子。并开出条件，如果征婚成功，他将有重金酬谢。小张负责接待吴大爷，在听取了吴大爷的征婚条件和要求后，小张委婉地说出了自己的看法，指出吴大爷的条件不现实，并对吴大爷进行了耐心的劝解和疏导。
>
> **问题思考：**
> 1. 你是否赞同小张的做法？
> 2. 作为老年婚恋服务人员，除了耐心、细心外，还应确立什么样的服务意识？

工作任务分解与实施

一、了解老年婚恋服务人员基本素质要求

老年婚姻介绍服务对服务人员有特定的要求，也有一些特殊的工作方法和工作礼仪规范需要我们了解和掌握。

服务人员应具备一定的职业素质：应了解、熟悉婚姻介绍行业相关政策、法规和服务标准；热爱本职工作，加强道德修养、提高自身服务技能；应熟知服务内容、服务流程、收费标准；应具备与征婚者交流、沟通的语言表达能力；善于了解征婚者，关注征婚者的需求，积极主动做好服务工作；应充分尊重征婚者的不同爱好、习俗、礼节、宗教信仰和禁忌等。

二、真诚耐心，为老人提供细致周到的服务

老年婚恋介绍服务的基本宗旨是为老年人婚恋提供帮助，在这个过程中服务人员应

做到真诚耐心、细致周到。

首先，要真诚。这就要求服务人员做到，一切以服务对象的利益为出发点。服务人员在婚恋介绍服务过程中，要采用各种办法保护服务对象的权益。例如，核实个人基本情况、提供真实信息、尊重服务对象的意愿、坚持自由恋爱原则等。

第二，耐心。服务人员要对在服务过程中出现的各种烦琐和波折，做好充分的心理准备并始终对工作充满热心和耐心。老年婚姻介绍成功率往往不太高，老年人在婚恋对象的选择上又大多非常慎重。因此，在整个服务过程中，服务人员要付出更多的精力用于帮助服务对象放下顾忌，为其树立成功婚恋的信心。很多服务对象会不断地对服务过程中的各环节提出质疑或是反复确认，对此，服务人员应始终保持耐心和热心。耐心不仅是对服务人员工作态度的要求，也是一种礼仪要求。

第三，细致。服务人员在与服务对象的接触与交往中，要善于观察和发现服务对象的情感和态度变化。老年婚姻介绍的服务对象是老年人，他们大多对婚恋方面的表达是比较隐讳的，也不习惯情感的外露和向他人倾诉。服务人员对服务对象的细致观察除了能及时把握服务对象的心理动向以便调整工作方式或内容为其提供更好的服务外，也能够使服务人员发觉服务对象的一些潜在的问题和困扰，主动积极地帮助服务对象减轻压力，解决问题。

第四，周到。服务人员对服务对象的周到服务，不仅体现在为其提供信息、介绍婚恋对象上，还表现在为其婚恋过程中出现的障碍和困难提供帮助。现代社会里，还有相当一部分人对于老年人再婚持质疑或反对的声音。老年人在寻找伴侣的过程中，会受到不同类型和不同程度的压力和影响。所以，老年婚姻介绍人员的服务不应只停留在婚姻介绍的表面，还应包括协助服务对象与其家人的沟通，帮助老年人解决在婚恋问题上的矛盾和困扰，为老年人婚恋权利维权、为老年人婚恋提供咨询等方面。

 拓展阅读

老年人征婚的禁忌

老年人若要征婚成功还应有"三忌"：一是忌常提旧伴。许多丧偶老人都会想念以前的老伴，与新人相处后容易将新伴与旧伴相比，特别是以旧之长比新之短，甚至在新人面前常夸旧伴，导致对方心理不平衡，引起摩擦。二是忌常带阴影。有了新的黄昏恋后莫将原来的家庭阴影带入新的环境中。如果把过去的阴影带进新的环境，事事提防别人，双方的感情势必会出

现隔膜。三是忌将钱物算得太精。不要让经济问题侵蚀双方感情。经济问题是再婚后双方最为关注的问题，如果双方都考虑自己的经济利益，私藏小金库或为金钱物件而斤斤计较，这也会给双方生活带来阴影，裂痕将逐渐扩大。

 拓展训练

周老师，65岁，老伴4年前去世。周老师现有一套150平方米住房，身体健康，爱

好广泛。半年前，他通过上网认识了刘阿姨。见过几次面后，两人正式确立了恋爱关系。可就在周老师向子女公开与刘阿姨的关系时，却遭到了子女们的强烈反对。周老师的子女很孝顺，他们反对的原因是，认为网上恋爱的方式不靠谱！周老师一筹莫展，向专业人士小陈请求帮助。

请问：

小陈应该怎样做好与周老师子女的沟通？

任务三
掌握老年婚恋服务技巧

学习目标

> **知识目标：**了解老年婚恋服务流程；
>
> 　　　　　掌握老年婚恋服务技巧。
>
> **能力目标：**娴熟运用服务技巧，为老人提供优质服务。

工作任务描述

> 　　周爷爷，78岁，生活自理。老伴3年前去世后，他一直独自居住。前段时间，老同事给他介绍了75岁的王阿姨。周爷爷对王阿姨比较满意，王阿姨也表达了进一步与周爷爷交往的意愿。但生性内向的周爷爷，不善表达，也迟迟不肯确定与王阿姨的关系。老同事替周爷爷着急，于是向就职于某婚介服务机构的侄子马明求助，希望他能帮助周爷爷早日步入幸福的婚姻生活。
>
> **请问：**
>
> 1. 马明应该采用什么样的方法让周爷爷主动向王阿姨表白？
>
> 2. 在为两位老人提供服务的同时，马明还应注意哪些事项？

工作任务分解与实施

一、给服务对象留下良好的第一印象

许多老年人在寻找婚恋服务时都有一些不好意思，有时甚至是带着焦虑和压力的。所以，他们在与服务人员初次接触时往往会带着试探与防备之心。这时候，服务人员能否给老年人留下良好的第一印象决定了接下来是否能得到他们的信任和配合。通常情况下，影响第一印象的因素主要包括以下几点。

（一）仪容表情

老年婚姻介绍服务人员应当仪容整洁，精神奕奕，表情和蔼亲切。精神状态是可以互相影响的，服务人员认真与热情的温馨服务会带给服务对象一种正能量，让他们也感受到积极与热情及对美好事物的向往。特别要指出的一点是：面容和善、笑容可掬是老年人最喜欢看到的一种神态。而且因为老年婚姻介绍服务内容的特殊性，服务对象更容

易接受年纪稍长一些的中老年服务从业人员的服务。

(二)服饰要求

为老年人提供婚姻介绍服务的人员应当服饰统一，着装端庄大方，通常不宜穿戴太过时尚与个性化的服饰。服务人员应让服务对象感受到自己的生活态度和审美趣味与其相差不大，从而获得服务对象的亲近和信任感。

(三)语言

从事服务工作的人员，在语言的使用上一定要根据服务对象的年龄及心理特征来把握。对于老年服务对象来说，服务人员的语言应当用词贴近生活、语速适中、文明得体、内容朴实，应避免语气的过大起伏及修饰词语的大量使用。当然，在语言中体现对服务对象的尊重是第一重要的，服务人员应用语准确、称呼恰当、问候亲切、语气诚恳、文明用语、有问必答。

二、明确老年婚恋服务人员应提供的服务

为老年人提供婚恋服务，应该包含以下几个方面的内容：

一是为老年征婚者提供约会、纪念日提醒服务，防止征婚者忘记了约会的时间、地点或重要的纪念日，耽误了交友；二是耐心倾听老年征婚者平时生活中遇到的情感困惑或者其他的心灵困惑，帮助老年征婚者减轻压力；三是每年定期为结成良缘的老年佳偶送去祝福，也鼓励其他老年人不要停止追逐爱情的脚步。

三、善始善终，做好婚恋工作的后续服务

老年婚姻介绍服务大体可分为三个步骤：一是个人信息采集和登记；二是通过信息比对，安排属意者见面交流，不合则另外安排信息比对，合则推动双方达成婚姻共识；三是对找到合意人选的服务对象进行后续服务，提醒其加强婚前了解，了解对方的脾性、爱好、文化素养、经济状况以及家庭成员组成，尤其是双方子女对老年人再婚的态度。后续服务还包括帮助婚恋双方明确权利和义务，确定双方未成年子女的抚养责任和双方子女对两位

再婚老人应尽的赡养义务；帮助考虑财产问题对婚姻生活的影响，最好在婚前进行公证，以免婚后发生争执等。除此之外，有始有终的服务还要求服务人员为每一位服务对象登记备案，关注其后续的发展，并向服务对象说明随时可为其今后婚恋中遇到的问题提供咨询及帮助。对于婚恋成功的对象，则应贺喜并送上祝福，给予持续关注。

四、保护服务对象个人信息，保护老人健康平静生活

服务对象在寻求婚姻介绍服务时，大多留下了比较完备且详细的个人信息，老年人个人信息的外泄很可能会给对方带来不必要的麻烦，干扰其正常生活。服务人员应当对于这些信息给予妥善保存，不能外泄，更不能为了经济利益而使之成为商业信息。

拓展阅读

老年婚恋中应注意的约定

(1)婚前财务约定：如住房权，大件家具，存款，有价证券等，达成协议，为各自所有。(2)生活方式约定：如生活费支付办法，是一方全拿还是双方各半；同居一室还是有分有合的假日制，或自由来往的两边都住的生活方式等等。(3)婚后财务约定：共同财产是双方出资还是一方出资，日后归谁所有等。(4)与"前房"子女相处办法约定：是一起共同生活，还是各自尽抚养义务；百年后继承权的确认等。(5)双方或一方因年岁过大生活不能自理后的约定：是双方均由各自子女养老，还是共居老年公寓养老。(6)后事约定：是双方各自子女养老送终，还是双方平均每人留笔养老费作防老安葬费用。(7)其他约定：凡能想到可能发生的纠纷达成协议后去公证，然后领证结婚，即使日后发生矛盾诉至法院也好判决执行。

拓展训练

王奶奶，86岁，三年前入住在某老年服务机构。王奶奶身体欠佳，生活部分不能自理。爱清洁，喜清净。王奶奶隔壁的刘爷爷，入住机构以来一直与王奶奶相处融洽，并向护理员小刘表示希望和王奶奶牵手。

请问：

在为王奶奶和刘爷爷牵线搭桥时，小刘应注意把握哪些要素和技巧？

项目十二　掌握老年心理健康服务礼仪

　项目情景聚焦

　　进入老年，老人们不仅面临着社会角色的变化和生理功能的衰退，心理状态也会随之发生变化。老年人的心理，会呈现出失落感、孤独感、焦虑感、无能感、缺乏安全感以及对生命丧失的恐惧感等种种负面性征。

　　伴随老年心理健康问题的日益突出，对从业人员的专业素养也提出了更高的要求。如何针对老人不同的心理需求，帮助老年人进行心理调适，最终做好老年人的心理服务，已成为一个亟待重视和研究的问题。

任务一
认知老年心理健康服务

学习目标

知识目标：了解老年心理服务的意义；

把握老年心理健康服务的内容与形式；

掌握老年人的心理特征、心理需求及其常见的心理问题表现。

能力目标：能够识别老年人的心理特征和问题表现；

能够根据不同的老年心理需求，选择不同的心理服务形式。

工作任务描述

李阿姨，69岁，退休职工。退休之前，李阿姨性格开朗，古道热肠，是居委会调解员，自打退休后，就开始闷闷不乐，觉得自己没有用。加上儿女常年不在身边，更觉得孤独苦闷。久而久之，李阿姨开始严重失眠，常有绝望感、委屈感，觉得自己已经被人群抛弃了。了解到李阿姨的情况后，社区服务中心专门委派小张，对李阿姨进行心理健康方面的护理。

问题思考：

1. 作为心理健康护理人员的小张，应该如何看待李阿姨的心理变化？

2. 李阿姨的现状反映了什么样的心理问题？小张该如何看待李阿姨的心理需求？

3. 小张该如何针对李阿姨的现状小张应该如何开展心理健康服务工作呢？

工作任务分解与实施

一、明确老年人心理服务的意义

在一个人步入老年这个人生阶段时，随着肌体的衰退，生理功能的改变，对社会环境的适应能力的逐渐下降，退休带来的角色改变以及各种负面生活事件，会产生各种心理健康问题。研究表明，老年人群体是心理健康问题的多发人群。

老年人的心理健康，不仅需要老年人的家属和亲友来关注，更需要老年服务工作人员的关注，这样我们才能更好地有针对性地去跟老年人打交道。诸如有些老年人罹患身体疾病时，就会出现各种负面情绪，可能会过度担心，焦虑，恐惧，极大地影响老人的心理健康；有些老年人受家庭因素的影响，尤其是空巢老人，子女常年不在身边，老人觉得孤独苦闷，没有安全感；有些老年人在退休之前，扮演者重要的社会角色，一旦退休回到家里，这种生活方式的改变，给老人的心理带来了重要的影响。老年这个阶段不仅具有其特殊的心理特点，而且容易出现各类心理问题。

另外，对老年人来说，拥有健康的心态尤为重要，心理健康对老年人养生有很大的帮助，身体的衰老是阻止不了的，但心理衰老的步伐是可以遏制住的。所以，对老年人的心理健康的关注和服务也是老年人服务的一项重要内容，老年人的心理健康不仅关系到老年人的心情愉悦度、主观的幸福感、对生活的满意度，同时，也影响到老年人的身体健康。

二、掌握一般的心理健康的知识和服务形式

心理健康对于一个人是非常重要的。健康的心理，就是一个人的生理、心理与社会都处于相互协调的和谐状态。在这种状态下，人才能很好地适应环境，生命才具有活力，才能体会到真正的幸福感。

> **小贴士：什么是心理亚健康？**
>
> 心理亚健康就是一个人的心理介于健康心理和不健康心理之间，是非常危险的状态。因为在这个过程中，虽然表面上看是健康的状态，但是实际上是很危险的，就相当于保险丝即将断开之前的状态。心理亚健康表现为脑力的疲劳，长期的不良情绪，记忆力下降，注意力不集中，反应不够灵敏，做事效率低，缺乏安全感，忧心忡忡等。

针对心理健康的心理需求，常见的心理健康服务形式有：心理健康的知识讲座、心理影片赏析、心灵故事演讲、心理咨询与治疗、心理危机干预，团体心理辅导等。

老年人心理健康服务的内容和形式体现在以下几个方面。

(一)创设良好的心理服务环境

社区或者社会福利老年机构为老年人提供安静、舒适的心理服务环境，比如安静、温馨的心理咨询环境，舒服、干净的老年团体心理辅导环境，这样的环境本身对于老年人身心的健康都是有帮助的，同时，更有利于老年人的精神恢复和身心愉悦。

(二)开设专门的心理健康宣传讲座

开设关于老年人心理健康方面的讲座，讲座的主题针对老年人普遍的心理特征、常见的心理问题表现、老年人自我的心理调适以及如何保持健康的心理、如何觉察自己的心理状况、老年人的心理保健常识、大众为何对心理健康服务偏见和排斥等。

(三)制作宣传老年心理健康的知识小册子或者杂志

针对老年人喜欢安静的读书看报的特征，社区或者老年心理服务机构印刷老年人的心理健康知识以及自我心理调适、心理保健的知识，让老年人能够通过阅读小册子，对心理健康获得知识层面的了解和认识，加强老年人心理健康的意识，接纳心理健康的理念。

(四)进行专业的老年人心理咨询与疏导

老年心理服务机构为老年人开设心理咨询与疏导服务。针对心理状态欠佳或者出现心理问题的老年人，能够通过专业性的心理咨询与疏导，让他们走出心理阴影。比如针对老年人丧偶的适应问题、老年人的空巢适应问题、老年人离退休心理问题等，帮助老年人度过适应期，重新回归健康生活。

(五)开展人性化的老年人心理危机干预

主要针对个别心理问题严重的老人在心理危机时期或者有自杀意向的老人，有极端固执心理的老人，可能做出极端之事，如自杀、伤人或自伤，或者某些老年人突发的心理症状等。老年机构在心理健康服务中，心理服务人员要善于发现一些危险信号，防患于未然，及时开导与排遣，打开老年极端的心结，帮助他们驱散烦恼与暴躁。

(六)开展多样化的老年人团体心理活动

针对老年人防备心强，不愿接受心理疏导的普遍状况，为了增加老年人对心理健康服务理念的接纳程度，又能缓解老年人的压抑、孤独、失落等心理问题，可以通过团体心理活动的形式，让老年人在不知不觉中宣泄情绪，打开心扉。具体可通过开展一些心理体验式活动，让老年人在活动中体察自己的心理变化，进行自我发现和觉察。比如：针对老年人普遍对戏剧、小品的热爱，把现实中子女教育问题、邻里关系问题、婆媳关系、退休适应问题、老有所为等心理教育问题改变编戏剧或者小品的形式，让他们排演，让老年人获得宣泄和领悟。再比如：心理服务人员组织一个老年小组，提出一个心理健康问题，让他们自发讨论，工作人员进行引导。灵活的、通俗的团体心理活动的形式也是受老年群体欢迎的。

总的来说，不管什么样的心理健康服务的形式都得先摸清老年人的心理状态和心理特征才能有针对性的工作。

> **小贴士：**
>
> 美国 Jane N. Kogan 等调查发现，约有 23％的老人（65 岁及以上者）有某些达到诊断标准的心理障碍。日本厚生省根据全国各地调查结果和人口统计分析，日本 65 岁以上老人的老年痴呆患病率是 6.9％。莫斯科，老年人情绪障碍的发生率是 11.6％，其中严重抑郁的发生率是 0.2％，轻度抑郁症发生率为 11.4％。

三、掌握老年人的心理特征、心理诉求

进入老年时期，是人体经全盛转向衰退的阶段。生理、心理诸方面都发生了一系列变化。人体的各组织器官和结构、功能方面都逐渐地出现了种种退行性的衰老变化现象，感知觉减退、记忆力下降、智力结构改变、出现情绪不稳定、人格发生某种变化。了解老年人常见的几种心理问题，可以帮助我们打开对方的心扉。

老年人常见的心理特征表现为：

(一)孤独失落心理

老年人的孤独和失落感是相当普遍的心理。老人在面临生活方式、生活环境、社会

角色的改变时，很难适应，内心常常觉得孤独、失落。尤其是很多退休人员，比如上面案例中的李阿姨，在退休之后，生活重心改变、社会角色也都发出了改变，这让她闷闷不乐，不能适应，于是倍感孤独。

(二)焦虑恐惧心理

老年人的焦虑和恐惧情绪也是不安全感的体现。人到老年，随着生理功能不断衰退，常患各种身体疾病，所以他们担心自己的身体状况，对身体变化敏感，害怕被疾病折磨，思虑较多，觉得生命无常。有些老人担心女子不赡养自己，焦虑自己以后的生活没有保障，尤其是丧偶的老人。

(三)固执刻板心理

老年人随着认知能力的下降，不易接受环境的改变和新的事物，思想上变得固执，行为上趋于刻板。尤其是很多患病老人，变得注意力狭窄，固执坚持自己的治疗理念，甚至拒绝接受更安全、更新颖的治疗方案。

(四)价值感丧失心理

随着生理机能的衰老，社会关系的逐渐减弱，许多老年人觉得自身的价值感也逐渐丧失。很多老年人因此陷入"怀旧情绪"里，试图从往日的辉煌中找回自我存在的价值。

拓展阅读

一、老年人常见的心理问题

老年人常见的心理健康方面的问题，主要体现在以下几个方面，掌握这些知识，对我们做好服务工作非常重要。

(一)认知方面障碍

老年人随着年龄的增长，生理机能的衰退，认知能力的下降，可能会出现老年型痴呆，思维不清晰等认知方面的障碍。

(二)老年性抑郁、焦虑类的障碍

在各类老年心理问题中，特别需要指出的是老年抑郁症，这是一种常见且最具危险的老年心理疾病。随着人口老龄化的加速，老年抑郁症的发病率有上升的趋势。

(三)离退休适应障碍

退休后，老年人面对这种生活方式的改变、社会角色的转变和生活重心的转移，如果没有足够的心理准备，就会产生失落、焦虑、孤独、恐惧、失眠，兴趣丧失等症状。

(四)丧偶适应问题

老年人随着身体的衰老、生活方式的改变，更加需要精神的慰藉，丧失伴侣会让不少老人产生孤独、不能适应方面的心理问题。

(五)对患病的不安和对死亡的恐惧问题

很多老人在罹患身体疾病之后，面临很大的压力，既有经济方面的，更有心理方面的，情绪变得消极被动，注意力全放在疾病上面，不断的焦虑、担忧，加之对死亡的未知、恐惧,会产生愤怒、抑郁、甚至绝望心理。

(六)疑病问题

老年人过度关注自身的健康问题,总是怀疑自己得了某种身体疾病,甚至在医院就诊后仍然不能消除疑虑,情绪上表现出焦虑、痛苦、不安、恐惧等症状。

二、老年人的心理需求

想要打开老年人心灵的房门,与老年人进行良好的交流、沟通,就要了解老年人内在的心理需求。老年人心需求主要表现在以下几个方面:

(一)渴望尊重的需求

老年人风风雨雨地走过漫长的人生之路,有着丰富的社会经历和人生经验,可是,离开了原有的工作岗位,如果得不到尊重,就会产生悲观情绪,为疾病埋下祸根。因而老年人渴望获得尊重,尤其是晚辈的尊重。另外,老年人有自己的生活方式、固有的思维习惯和自行选择的权利,在通常情况下都希望受到晚辈的尊重。作为子女或者照料者,不仅要让老年人生活得舒服,也应该让老年人活得有尊严,受到应有的尊重。

(二)依赖的需求

老年人在离退休之前,有着各种社会关系网络,在工作中,能够获得群体的归属感,可以从工作的群体、朋友圈子中获得归属和依赖。退休之后,离开了原来的圈子,社交也明显减少,老年人心里很不安,因而此时,更需要家人给予依赖感,让老人从家庭的温暖港湾中获得依赖,获得爱,获得归属,或者从养老院老年生活场所中获得依赖和归属。

(三)情感陪伴的需求

作为老年人的子女,以及老年护理工作者,更应该注意不仅应该关注老年人身体方面的需求,同时也应该关注老年人的情感方面的需要。不仅应该让老年人吃好、用好,更应该让老人心理获得陪伴,获得情感的关怀。很多老年人离退休后,脱离了以前社会交往的圈子,渴望能够与人交流,获得情感的陪伴。子女应该花时间多陪老人聊天,多认真倾听老人的想法。另外,对于丧偶的老人,需要考虑老人重拾情感伴侣的需求。

(四)自我价值的需求

工作是实现自我价值的重要途径,老年人离退休后,随着生活方式和生活重心的改变,工作中原有的价值感、满足感、荣誉感、成就感逐渐丧失,工作带来的成就感消失,社会价值下降了;老年人从社会财富的创造者转变为社会财富的享受者,对社会和家庭的无用感增强,因而有着强烈的自我价值的需求。如何让老年人从新的生活中获得价值和成就,培养老年人新的兴趣,是子女和照料者应了解的。

三、心理老化小测试

心理老化的小测试(16个问题)(以"是"或者"否"作答)	
1. 是否变得很健忘	9. 是否经常束手无策
2. 是否总把心思集中在以自己为中心的事情上	10. 是否觉得生活枯燥无味,没有意义

续表

心理老化的小测试（16个问题）（以"是"或者"否"作答）	
3. 是否喜欢谈起往事	11. 是否渐渐喜好收集不实用的东西
4. 是否总是爱发牢骚	12. 是否常常很冲动
5. 是否对发生在眼前的事漠不关心	13. 是否常会莫名其妙地伤感
6. 是否对亲人产生疏离感，甚至想独自生活	14. 是否不愿与人交往
7. 是否对接受新事物感到非常困难	15. 是否常常无缘无故地生气
8. 是否对与自己有关的事过于敏感	16. 是否觉得自己已经跟不上时代
温馨提示： 　　如果你的答案有7条以上是肯定的，那么你的心理就出现老化的危机了，要小心保护自己的心灵了。	

拓展训练

周爷爷，76岁。经常下棋的好友忽然患病住院，周爷爷前去探望。探望时，目睹了好友患病的痛苦。前几天，好友不幸去世。好友的去世，令周爷爷悲伤又恐惧，他担心自己也会突然死去。为此，他紧张、失眠、不时感到肝区疼痛。恐慌不已的周爷爷，认为自己也了患肝癌。可多次就医检查，均被告之未患任何疾病。周爷爷却不信，长期情绪低沉、郁闷不乐、吃不好饭，睡不好觉。

请问：

1. 周爷爷的现状反映了什么样的心理问题，原因是什么？

2. 如何对周爷爷开展心理健康服务工作呢？

任务二

明确老年心理健康服务规范

学习目标

知识目标： 了解心理咨询与辅导中的职业道德和行为准则；

掌握对老年人心理咨询与辅导的礼仪和规范。

能力目标： 掌握对老年人心理健康服务的原则和宗旨；

恰当地运用心理咨询中的礼仪规范，做好老年人的心理服务。

工作任务描述

李叔叔，68岁，退休干部。两个孩子都在外地工作，三个月前，相依为伴的老伴突然患病去世，李叔叔心情备受打击。老伴去世后，性格一向开朗的李叔叔变得沉默寡言。社区工作人员小马，受大家委托，要对李叔叔进行专业的心理疏导。

问题思考：

1. 在为李叔叔服务时，小马该如何恰当地运用职业服务礼仪？

2. 小马该用什么样的态度给李叔叔进行心理疏导？

3. 在给李叔叔心理疏导中，作为专业心理服务人员的小马应该注意些什么？

工作任务分解与实施

一、了解心理服务人员专门的职业礼仪

心理服务人员应当具有良好的形象和符合道德伦理规范的职业行为。整齐干净的着装、良好的仪表、得体的举止、端正的坐姿、平和的表情、礼貌的接待语言等，是对心理服务人员尤为重要的。

（一）具有良好的外在形象

心理服务人员要注意外在形象。着装上既不能过于正式，给人以刻板、严肃的印象；也不能过于随意，让心理咨询工作像随意的谈话聊天，缺乏专业性和权威性。心理咨询师在具体着装上应该符合自己的年龄段，体现整洁、干净、得体的特点。值得注意的是：不能穿过于暴露的服装，如果是裙装，不能短于膝盖两寸。在化妆方面：不能化浓艳的面妆，得体的淡妆，或者整洁干净的面容即可；头发最好不要披散，给人凌乱感。另外，

也不要佩戴过多的首饰，对咨询起干扰作用。尤其是老年心理健康服务人员，服务对象是老年群体，在着装方面更加应该注意符合整洁、干净、得体、大方的要求。

(二)举止得体、表情自然

一个人的姿态表情是传递信息的另外一个重要途径，是对言语信息的补充，因此，也被称为第二语言，具有独特的意义。姿态表情无论是在心理咨询接待还是心理咨询疏导中都起着重要作用。比如：接待来访的老人时，身体微微前倾，既体现出心理工作人员的精神风貌，也体现出心理咨询师对来访者的尊重。老年心理服务健康工作中，心理咨询人员的表情十分重要，表情要平和，既不可刻板严肃，也不要喜笑颜开。眼神的表现也很重要，眼睛是心灵的窗户。倘若心理咨询师说我很尊重你，关心你的痛苦，而眼睛却东张西望，游离不定，咨询者就无法感受到你的尊重和关心，这是需要咨询师切记的。当然，眼睛也不能一直盯着对方，这会使咨询者感觉不自在的，下面的小贴士对你的工作可能有所帮助。

> **小贴士：心理咨询中的距离和角度**
>
> 进行心理咨询时双方的空间距离，要保持正常的社交距离，距离为 1 米左右为宜。每个人需要跟他人保持一定的距离，来维护心理上的独立、隐私、安全感的需要，如果他人不恰当地闯入，就会引发情绪上的不安，心理上的防御。因而，在心理咨询中，本着彼此适宜的原则，合适的空间距离有助于心理咨询关系的建立，心理咨询的顺利进行。另外，心理咨询的角度最好是直角或者钝角而坐，避免太多的目光接触带来的压力。

二、熟悉心理咨询的接待和咨询过程

(一)接待过程中的规范原则

1. 运用心理服务人员礼貌用语

礼貌的接待用语不仅给老年服务对象良好的第一印象，同时，也能够让老年人放下强烈的心理防御，减轻对心理咨询的不安和猜疑，对后续心理咨询的开展创造良好的氛围。

2. 向服务对象说明保密原则

心理咨询服务人员在接待老年求助者的时候，应先给说明心理咨询中非常重要的原则：保密性原则以及保密例外的情况，这不仅是心理咨询中的职业道德和应有的职业礼仪，更是心理咨询本身的性质所决定的。让老年来访者了解，他们的个人情况信息，包括在咨询过程中老人所袒露的内容，以及双方的互动过程，都是有权得到咨询师的保密的。在没有老年求助者的允许下，不得将咨询的信息透露给别人。只有在对方同意的情况下，才能对咨询的过程录音或者录像，在进行专业案例讨论或者研讨学习时，需要将重要个人信息隐去。让老年人了解心理咨询的保密原则，放下紧张、不安，放松地接受咨询。

3. 向服务对象说明心理咨询性质

简要地说明心理咨询的帮助范围和性质，比如什么是心理咨询、心理咨询能做什么、不能做什么。向服务对象阐明可以给他们提供的是心理学范围内的帮助和支持，不能提供超越心理学之外的帮助，比如物质层面的帮助，法律层面的帮助等。

4. 向服务对象说明知情同意原则

知情同意的原则体现了心理咨询的职业规范。向老年来访者阐明对心理咨询知情同意的原则，签订知情同意书，既是尊重对方的表现，更是保障心理咨询双方能够顺利咨询的重要方面。让服务对象通过了解心理咨询的性质，双方的权利和义务、咨询的时间、费用、咨询遵循的设置等，是双方进行工作的一种承诺。例如：让老年人明白心理咨询双方的权利和义务，这时，老年来访者是有权利选择适合或者匹配自己的咨询师、有权利终止心理咨询的过程等。

5. 向服务对象说明时间限定原则

心理咨询有一定的时间限制。咨询时间一般规定为每次 50 分钟左右（初次接待时咨询可以适当延长），原则上不能随意延长咨询时间或间隔。让老年人明白，心理咨询不是随意的交流聊天，需要遵循心理咨询行业的时间限定。

（二）心理咨询过程中的规范原则

1. 尊重和真诚的态度

首先，尊重的态度不仅是咨询双方信任关系的基础，也是推动咨询进行的重要因素。尤其对老年求助者，尊重的态度让老年人觉得自己是受尊重的，生命是有价值的。因为尊重态度本身满足了老年人对尊重的心理需求，一定程度上减轻了老年人的心理问题。同时，也给老人创造了一个相对安全、能够自我表达的氛围，促使老年人面对心理师能够敞开心扉，说出自己的故事。

其次，真诚的态度是心理服务中的重要礼仪，关系到咨询双方的关系和咨询的效果。真诚要求心理咨询人员是以"真实的我"、"诚恳的我"，怀着真诚的心，诚挚的情感、没有伪装，表里如一，不把自己隐藏在角色背后，不是戴着心理咨询师的"权威面具"来对待服务对象的。

2. 接纳、非批判性的原则

带着非批判性、中立的态度来接纳各种各样的来访者是心理健康服务中的重要礼仪规范。无论来访者是因为怎样的心理问题而来，无论来访者的心理问题是多么的难以启齿或者违背道德伦理，无论来访者有着什么样的金钱地位，无论来访者有着多么丑陋的外貌，心理咨询人员都要真诚地接纳来访者，不能为这些条件的不同而歧视来访者。对来访者的问题、文化水平、地位等不做价值、道德、对错的评判，不把自己的价值判断强加到咨询中。保持中立、非批判、接纳的原则对待来访者，比如有位老人者因为孩子们不同意自己再婚前来求助，这时，我们不能把自己对再婚的看法强加给老人，而是应用真诚的态度接纳老人，去理解老人的心情和处境。

3. 语言、语调、语速规范

规范的咨询语言、清楚的语言表达、温和悦耳的语调、平和的语速是心理健康服务中的良好职业规范。由于心理咨询就是涉及"听"与"说"的工作形式，所以咨询中的语言表达、语气、语调是情感交流和沟通的重要因素。尤其我们心理服务的对象是老年群体，悦耳的声音刺激、温和的语气，让老年人能够在咨询中获得舒适感、放松感；同时，得体的咨询用语、清楚的表达能够让老年人感受到心理咨询的力量。

> **小贴士：优秀心理师的语言表达规范**
>
> 　　优秀心理师要思维清晰、善于表述，要从心理学视野，使用生活化的语言。通俗地说，就是要用专家的视野说老百姓的话，要多举例子，少空谈道理。优秀的心理咨询师要有很强的感染力，要和来访者平等对话，语言简洁，富于智慧，让对方深受启发，备受鼓舞。

4. 非言语举止规范

非言语行为是交流信息、表达情感的重要途径，也是心理健康服务中的重要礼仪规范。

非言语行为举止会不经意间渗透到心理咨询的过程中去，作用于心理咨询的方方面面，因此我们也要重视非言语行为方面的礼仪。

目光是非言语举止中的重要部分。目光不仅是咨询态度的传达，也是最细腻情感交流的体现，因而在心理咨询中，如何恰如其分的使用目光，直接关系到咨询的效果。一般来说，目光最好落在来访者的面部，会给人一种舒服、有礼貌的感觉，但是不要盯着来访者的某一点看，这样会给人一种压迫感；目光也不能随意扫射，不断游离，这样显得不尊重对方，更不礼貌。

 拓展阅读

一、掌握心理健康服务中的用心和禁忌

(一)老年心理健康服务礼仪的五个用心

1. 爱心：对老年来访者表现出充分的尊重与爱护，并对其处境表现出真诚的理解与关注。

2. 耐心：在心理健康服务中，对待老年人一定要有耐心，不着急，不急躁，慢慢来，让老年人体会你的耐心。

3. 诚心：在老年人面前要真实诚恳地展现自我，不矫揉造作，不装腔作势，不摆架子，要将心比心地理解老年人的处境。

4. 虚心：老年人有着丰富的人生阅历，在心理服务中，不但要充分尊重、接纳老年人，更要用虚心的态度向老年人澄清所遇到的问题，以及问题背后的情绪。

5. 细心：心理咨询人员在心理咨询过程中不但要留意老年人的言语，对非言语举止也要细心察觉，关注咨询中的每一个细节。

(二)心理健康咨询礼仪的五个禁忌

1. 心理咨询不是生活帮助。心理咨询是在心理学理论的框架下，双方特殊的人际互动，心理咨询提供的是心理方面的支持和帮助。心理咨询不能提供生活范围的帮助。

2. 心理咨询不是社交谈话。心理咨询是在一定的心理学设置、背景下，比如在心理咨询室，遵循时间限制，以来访者为中心，遵循保密原则的新型人际关系。

3. 心理咨询不是逻辑分析。心理咨询不是通过摆事实，讲道理让来访者信服，而是

要用专家的视野说老百姓的话，要多举例子，而不是空谈道理，让来访者心灵获得滋养和成长。

4. 心理咨询不是劝解安慰。心理咨询是让来访者获得心灵层面的成长，让来访者获得自我领悟和力量感，而不是对来访者进行说服、劝解、安慰。

5. 心理咨询不是交朋寻友。心理咨询是一种以来访者为中心，在心理学的设置下的促使来访者助人自助的新型互动，双方的互动关系发生在咨询室内，而不是交朋友，获得友谊的过程。治疗师与患者之间是治疗关系，而且应该只限于治疗关系。

二、老年心理健康服务礼仪中的注意事项

(一)始终强调保密原则

老年群体更加敏感，在观念上对心理咨询的顾虑较多，因而在心理咨询的过程中，始终不忘向老年来访者强调心理咨询的保密原则，保密的内容，让老年人觉得这个氛围是安全的，能够放松，卸下心理防御，将内心的情绪真实地展现出来。

(二)交谈中吐字清楚、用语通俗、尽量使用普通话

在给老年人进行心理服务时，力求吐字清楚，让对方听清楚，避免使用方言，这不仅是一种礼貌行为，更能够使得心理咨询过程得以顺利进行的因素。

(三)语态上要有修养

在跟老年人交谈过程中，语态要有修养，体现对老年人的尊重。有亲和力、态度和谐、目光慈祥、语气温和，只有这样才能清除老人的阻抗心理，建立信任关系。不可用逼问的方法，也不能态度生硬，强词夺理，还应该避免用教育者的语气。

(四)交谈中不随便打断对方的话

要善于倾听老年人说话，不可随便打断了，或者中途进行插话，让老年人把话说完，意图表达清楚，即使在需要打断的情况下，也一定注意礼貌，委婉一些。

(五)交谈中不可接听手机，随意出门

在跟老年人交谈时，心理服务人员应该将手机调至静音或者关机状态，这个时间是要全身心来关注求助人员的。在交谈过程中，接听电话或者看自己的手机不仅是非常不礼貌的行为，还会分散注意力，直接影响到心理服务的效果，让对方觉得不舒服，没有被全然关注。也不可在交谈中，被其他琐事所打扰，随意出门。

拓展训练

秦阿姨，64岁，退休教师，老伴很早就去世了。近两年，单身的李叔叔一直追求秦阿姨。尽管秦阿姨也觉得李叔叔不错，但是儿子并不赞同母亲再婚。秦阿姨为此焦虑、矛盾，晚上还经常失眠。社区工作人员小赵，在社区心理咨询室对秦阿姨进行了心理疏导。

以下是小赵和秦阿姨的对话片断：

小赵：秦阿姨，您好！您有什么心理问题就请说吧，我是心理咨询方面的老手了，

您看墙上挂的都是我的证书，您放心吧，我会帮助你的！

秦阿姨：嗯，你是心理专家吧，我觉得我没有心理问题，就是心情不好。况且，自己的事，我也不想让别人知道。

小赵：心情不好就是心理问题的表现，您应该说出来让我帮您解决。

……没过几分钟，秦阿姨就逃的似地离开了心理咨询室。

请问：

1. 秦阿姨为什么会离开心理咨询室？
2. 小赵应该用什么样的态度给秦阿姨进行心理疏导？

任务三
掌握老年心理健康服务技巧

学习目标

知识目标：理解并掌握老年心理健康服务的技巧。

能力目标：能够有效地运用心理服务的关系建立技巧，打开老年人心灵之门；

能够有效地运用心理服务的影响性技巧，解决老年人心理健康问题。

工作任务描述

李阿姨，72岁，退休职工。三个儿女都不在身边，尽管每周都会有儿女来看望李阿姨，但李阿姨情绪一直很低落。特别是最近做了白内障手术，她总是抱怨儿女不关心自己，反复说自己不中用了，动辄就发脾气，甚至伤害自己。老年社区委派心理咨询师小张给李阿姨进行心理疏导。

问题思考：

1. 小张应该用什么样的服务技巧和李阿姨建立信任的互动关系？

2. 小张在对李阿姨进行心理疏导和问题解决中应该运用哪些技巧？

工作任务分解与实施

一、掌握建立良好互动关系方面的技巧

要想让老年人打开心灵之门，作为心理服务人员首先要和老年人建立良好的互动关系。有了稳定的关系基础，才能更好地给服务对象实施心理影响。在构建良好互动关系方面，心理服务人员可使用以下几个方面的技巧：

（一）无条件接纳和积极关注

所谓无条件接纳和积极关注指的是在尊重、真诚的基础上，无论服务对象的品质、情感和行为如何，对其不加价值评判、不戴有色眼镜，以开放性的姿态，接纳对方，尽量给他们营造一个安全、尊重、温暖的心理氛围，并对其言行的积极方面给予及时关注，让服务对象觉得自己是一个独立、有价值的个体，拥有改变自己的内在动力。在心理工作中，接纳和积极关注不仅有利于建立良好的沟通关系，同时，也有利于增强咨询的效果。

(二)倾听的技巧

倾听是心理健康服务中一项重要的基本功,是心理服务的第一步。倾听不仅是心理服务理念的体现、心理健康服务技能的展示,更是和服务对象建立良好沟通关系的基础。同时,倾听也是一门心理服务的艺术。

倾听是在尊重、真诚、接纳的基础上,认真地、积极地、主动地、专注地听来访者的言语,并细读来访者的非言信息,并在适当的时候恰当的反应和参与。跟生活中听是不一样的,倾听更是用心在听,对服务对象赋予了更多的积极关注和思考。倾听不仅表达了对服务对象的尊重,同时也给服务对象创造了一种安全、宽松、信任和关注的氛围,积极鼓励他们说出自己的困惑,宣泄情绪,发现问题。

倾听是一种互动,不是来访者的独角戏,心理咨询师时刻关注着来访者,也不是不言不语,毫无反应,是用理解、接纳的姿态适度地反应,比如"嗯,我一直在听,请继续说"、"对,是的"、"请说下去"、"然后呢"等简单的语言反应,或者用点头、目光接触等表示,鼓励让来访者继续话题。

> **小贴士:倾听时的"目光"**
>
> 倾听对方讲话时,目光可直视对方,表示积极的关注,切忌目光散漫,东张西望,挠头等,在自己反馈时,目光接触可以少一些,可短时间离开对方。注意不要盯得太紧,令对方产生压力,不自在。

(三)共情的技巧

共情在心理健康服务中是很重要的技能,是每个心理服务人员的一项基本功,因为只有被他人理解了,才能真正地打开心扉,信任心理服务。心理咨询师能够设身处地地站在来访者的立场上感受来访者的内心世界,也就是站在对方的立场上,感受他的感受。作为一种态度,它表现为对他人的关切、接受、理解和尊重;作为一种能力,它表现为能充分理解别人的心事,并把这种理解以关切、温暖与尊重的方式表达出来。

很多人以为共情很容易,其实真正的共情很难。打个比方,真正的共情,其难度就像是你不懂手势语,却要和聋哑人交流。真正的共情,是当你和聋哑人打交道时,耐心地去了解和学会他们的手语,而不是按照你固有的语言去尝试和他们交流。

二、掌握促进良好心理服务效果方面的技巧

在老年心理健康服务过程中,哪些技巧能够体现心理服务的效果?心理工作服务人员应该如何运用这些技巧实施服务呢?

(一)提问的技巧

心理健康服务的过程,尤其是进行心理疏导的过程,就是如何发问、寻找发问的节点、探索问题、共同解决问题的过程,所以,在对老年人心理健康服务中,掌握提问的技巧相当重要。提问是否得当,会影响到对服务对象的理解、双方的咨询关系、咨询的重心以及心理服务的最终效果。

1. 开放式提问和封闭式提问

提问的方式较多，但是总的可以分为开放式提问和封闭式提问。开放式提问是问题没有预设的答案，无法用一个词或者简单的一句话来回答。经常以"是什么原因"、"如何"、"因何而怎么样"等来发问。比如："你是如何看待这件事情的?"而封闭式的提问，对方只要用类似"是"或"否"这样的词就可以回答，经常使用"是不是"、"好不好"、"对不对"、"有没有"等来发问。比如："你失眠了吗?"如何掌握这两种提问技巧，通常的规则是，开放性的问题有利于掌握对方的情况，体察对方的心理，提问方式也比较多，所以运用较多。封闭式提问不宜过多使用，这样不仅会让服务对象陷入被动，连续的封闭提问，也会让人处于被讯问的压抑状态，剥夺了服务对象的表达需求，妨碍心理服务效果。

2. 提问的技巧和注意事项

在具体提问技巧上，需要注意以下事项:(1)尽量不直接用"为什么"，以避免让服务对象觉得是在被"审问"，从而产生逆反心理。可以改换为"谈谈是什么原因""怎么样"等语言。(2)避免连续性发问，或者多重提问。比如:"你现在什么感觉，是孤独还是委屈?你的痛苦是因为老伴的去世还是退休的后一直这样?"这样连续多重发问，连珠炮似的追问让人无所适从，又表现出心理服务人员急躁和没有耐心，对老年人，尤其不能这样提问。(3)避免责备性问题。用反问的形式责备对方，比如"您凭什么觉得是您的儿子不对呢?"在对老年心理服务中，这会让对方产生被威胁感，从而不利于心理健康。应该坚决抵制。(4)要善于运用积极暗示的语言来提问。比如不应问:"你是从什么时候开始，一到人多的地方就不敢讲话呢?"而应问:"你是从什么时候开始，一到人多的地方就不能自如表达呢?"

(二)具体化技巧

具体化技巧，也叫澄清，指的是心理服务人员帮助服务对象清楚、准确地表达他们的观点，他们所经历的事情，并弄清楚他们背后的情感体验。服务对象由于文化背景、受教育程度、逻辑分析能力等不同，尤其是老年群体，很多情况下，他们的问题是很混乱、不确定的，模糊的，过度概括，抽象的，所以服务人员应该运用具体化技巧，帮助他们理清真正的问题还有原因，让对方领悟事实的本来面目。

(三)情感反馈和表达技巧

心理健康服务是针对人的情感层面的工作，因而情感方面的技巧直接影响到服务的质量。

心理服务人员将服务对象的情感、情绪体验的主要内容加以整理，用自己的话反馈给对方，这就是情感反馈。另外，心理服务人员也把自己的情绪、情感以及对服务对象的情感表达给对方，以影响服务对象。心理人员通过情感的反馈和情感的表达，让服务对象感受到被理解，捕捉到对方瞬间的感受，让对方更深刻地认识自己;同时，通过情感表达跟对方产生共情，促使心理疏导顺利进行。在情感反应层面，比如说:上面案例中的"我理解您此刻的感受，丈夫去世，您为儿子付出所有，现在儿子安定了，却不同意您追求幸福，您觉得痛苦，烦恼，孤独"就是情感反应表现。再比如"经过多番的尝试，您终于找到了您的兴趣点，而且您的心理也在慢慢变化，我真的为您的改变高兴、欣慰。"也是一种情感反应表现。

(四)自我暴露的技巧

自我暴露也叫自我开放或者自我表露，心理咨询人员诚恳地拿出自己的感受、情感、体验、经历，跟服务对象分享。恰当的自我暴露不仅促进双方形成信任、稳定的互动关系，更重要的是，会让服务对象觉得有人分担了困惑，觉得心理师也是有血有肉的普通人，同时，也给来访者树立榜样让对方更多地打开心扉。所以，在心理健康服务中，自我暴露也是一项比较重要的技巧。自我暴露的形式有两种：一是向服务对象表明自己当下在心理服务中的一些体验、感受和情绪；二是为了让服务对象理解当前的问题而告诉对方自己人生中与此有关的体验、经历和体会。值得注意的是，自我暴露不是为了抒发自己的情绪、谈论自己，而是借助自己的开放让对方有更多的思考和探索，重点始终是围绕服务对象的。

 拓展阅读

一、心理健康服务中的特殊技巧——对非言语信息的识别

心理健康服务，除了语言的信息交流外，双方的视线和表情也是信息交流的重要手段，这些被称为非言语性信息。所以在心理健康服务中，不但要重视心理服务人员的参与、影响性技巧，也要学会对服务对象运用非言语信息进行不同意义的理解和识别。

(一)目光的识别

俗话说：眼睛是心灵的窗户。心理服务人员从来访者的眼神能觉察到自己的话是否被认真听取，是否被理解，被接受。比如：对方眼神不敢正视心理服务人员，说明此话题敏感，对方还没有足够的心理准备。

(二)面部表情的识别

人的面部表情集中在五官上，与人的内心体验紧密相连，没有经过刻意的训练，人的喜怒哀乐都会通过面部透露出来。比如：来访者尽管表示自己已经释怀了，但是言语中，却不停地皱眉头，有时还会紧绷下颚，显示出并没有完全释怀。还是有很多情绪在里面。

(三)身体语言的识别

来访者身体动作、手势、坐姿的变化往往在心理服务中起着重要作用。比如：人处于紧张或烦躁不安状态时，往往出现这样的动作：身体坐不稳、膝盖或脚尖有节奏地抖动，手指不停地转手里的东西，互相摩擦，乱摸头发等；人处于压抑状态时，往往身体紧缩、僵化、可能双手紧握，有时可能不停地咽口水等，这些动作往往是内心世界的自然反应，作为心理服务人员，对服务对象的身体语言应保持敏感性。

(四)声音特征的识别

心理服务是通过双方的声音来相互沟通的，通过语调、语速等来传递内心的情感、情绪，所以心理服务人员要学会观察服务对象的声音特征。比如：语调低沉、语速慢表明不同意，或正在思考或谈到了使之感到痛苦抑郁的部分。再比如：声音清脆，语速适中表示内心的一种轻松和舒适。

二、针对老年人心理健康服务的方法性技巧

考虑到老年群体的人生阅历和心理发展特性，尤其是很多老年人心理防御很强，对心理健康服务理念排斥或者不理解，所以需要一些特殊的方法打开老年人的心扉。

(一)老年人故事分享

由于老年人人生阅历丰富，经历过很多人生课题，所以可以通过叙事的视角，让老年人重新述说发生在生命中的印象深刻的故事，并把这些故事进行整理和重新回放。从心理学角度讲，这些故事往往是老年人心理发生变化的拐点，老年人在把内心深处的故事重新回忆和述说的过程中，宣泄了压抑的情绪，打开了内心世界。

(二)老年人心理剧

选取一些老年人经常出现的问题，或者老年人经历过的时代故事、艺术故事，让他们自编自导自演，在这个过程中获得心理疏导和领悟。

拓展训练

陈爷爷，70岁。性格开朗，爱下棋。最近两个月，家里遭遇变故，唯一的儿子突然遭遇车祸去世，对老人带来巨大的打击。老人在老年公寓郁郁寡欢，常常默默流泪，十分想念儿子，睡眠情况也不稳定。

请问：

1. 如何运用心理服务技巧跟陈爷爷进行良好的沟通？

2. 在对陈爷爷进行心理疏导时，应该运用什么样的心理咨询技巧？

3. 在跟陈爷爷沟通时，应该注意什么？

项目十三　掌握老年用品营销礼仪

 项目情景聚焦

　　快速繁忙的现代生活让子女对家中老人的护理越来越心有余而力不足，而老年用品成为分担子女照顾老人部分责任的最好载体。在目前中国老年用品市场尚未成熟、产品混乱的情况下，如何帮助老年人及其家人选择正确的老年用品就变得非常重要。只有加强对老年用品的认知并掌握其营销礼仪，才能更好地满足老年人的生活物质需要和精神文化需求，赢得老年人及其家人的信任。

任务一

认知老年用品

学习目标

> **知识目标**：具有正确的老年用品认知和专业的老年用品知识；
> 熟悉老年用品的特点和老年人对用品的选择特点。
> **能力目标**：熟练掌握商务拜访礼仪及同老年人沟通技巧；
> 熟练完成老年用品的销售及确保老年人对产品的满意度。

工作任务描述

> 王奶奶，74岁，有高血压、冠心病等疾病，需要长期定时吃药。然而近两年王奶奶身体逐渐变差，记忆力下降严重，经常记不起吃药，而导致血压增高，甚至出现连着几天都忘记吃药而血压增高导致昏迷住院。医生建议家人时刻陪护提醒，而王奶奶子女平时工作都很忙，家里经济条件一般，请不起保姆。所以家人向老年用品销售经理小李求助，希望小李能到家里给王奶奶推荐一些有帮助的老年用品。
>
> **问题思考：**
> 1. 王奶奶的自身情况对老年用品有什么需求？
> 2. 小李去拜访王奶奶的时候应该注意什么事项？
> 3. 小李应该如何向王奶奶及其家人推荐老年用品？

工作任务分解与实施

一、做好拜访前准备

(一)老人情况了解

首先需要跟老人家属沟通，了解老人的家庭情况，掌握老人的各方面情况，特别是身体状况及重点需要帮助的方面；掌握老人平时的作息时间以方便确定拜访时间。对于老人情况掌握得越多就可以准备得越充分，成功帮助老人的可能性就越大。

(二)物品准备

根据老人的情况，列出此次拜访的详细计划，包括目的、路线、开场白等，想好拜访老人可能会发生的一切情况，做好应对准备；准备好名片、笔、纸、手表等工具，带好体验产品、产品资料及相关的成功案例等。

(三)专业知识

作为一个老年用品营销者,需要具有老年用品相关的专业知识,具备老年人对老年用品需求的专业知识,具备销售者的勇气和信心,并做好被老人拒绝的准备,调整好自己的心态,整理好外部形象,着装得体大方。做好充足的准备是完成商务销售的前提。

二、电话预约

(一)电话联络

拜访前首先要和老人及家人电话预约。打电话时,必须注意使用礼貌用词,称呼要用敬语,要开门见山介绍自己,说明自己打电话的原因及目的,及时让老人知道你是谁、是干什么的、找老人什么事等。比如:"王奶奶,您好!我是××老人用品店的小李,您的女儿昨天给我打了电话,说您最近身体不是很舒服,向我咨询有没有适合您的产品。我给您打电话是想向您了解一下情况。"注意语气要轻柔,语言要尽量简洁,抓住要点,要使老人在情感上感到被尊重、被重视,同时强调是老人子女向你求助。这样,一方面可以增加老人的信任感,另一方面,也可以让老人感受到子女的关心。

(二)电话问症

和老人电话沟通的首要目的就是要通过老人的自述,了解老人的具体情况。电话沟通期间,要做好电话记录,问清楚老人的详细情况,确认老人个人信息、日常生活状态、精神状态、平时活动爱好等,重要关注健康史、现在的健康情况及药物服用情况、过敏史等。电话问症语气要委婉有重点,语气不能太硬、太直接。比如不能直接问老人:"你得的是什么病?严重不严重?"这样会让老人觉得不舒服,应该委婉询问:"王奶奶,您不舒服医生是怎么判断的?现在是哪个阶段?"这样问起来会让老人不至于直接想到生病而不舒服。

接下来需要根据老人的情况进行扩展性了解提问,比如:"王奶奶,您最近食欲不振是什么原因呢?是不是胃口不太好,家里有没有给您改善伙食?""最近有没有什么心事影响您的身体呢?"等这类能够帮助了解情况的问题;详细全面地了解老人情况,做好记录,然后凭自身的专业知识做出分析,方便有针对性地准备物品。

(三)提出要求

礼貌地向老人提出要到家中拜访的要求。首先要得到老人的同意,并向老人确认是否需要儿女家人陪同;和老人商量好上门拜访的时间(就餐、休息、睡眠时间不宜),再次和老人确认时间,最后礼貌地与老人道别。

(四)家人确认

和老人电话沟通完毕后,要给老人的子女等家人再次确认,向老人的家人说清楚本次和老人的电话沟通情况,征求老人子女的同意,询问是否需要子女陪同老人,最后确认拜访时间。

三、入户拜访

(一)拜访准备

前往老人家里拜访前,要确认好所有需要准备的资料、产品等齐全,服装要整齐,仪表要大方，出门时要充满自信。

(二)电话确认

出发前需要再次与老人确认其是否在家，是否方便等，并再次确认老人家庭住址，算好大概到老人家所需的时间，告知老人到达的大概时间。

> **小贴士：老年用品营销者名片特点**
>
> 作为老年用品销售者，名片最好使用字体较大、简洁素雅的名片。一是方便老年人看得清楚，二是符合老人的审美观。

(三)进门拜访

进门之前先按门铃或者敲门，老人开门后，要经过老人同意再进门，微笑面对老人，主动问好，说话态度亲切。先主动介绍自己："王奶奶，您好，我是××老年用品店的销售人员小李，上次我跟您电话沟通过，今天特地来拜访您，初次见面请多多关照，这是我的名片，您以后有任何关于老年人用品的事情都可以跟我联系。"同时递交名片，名片名字朝上方，双手递给老人，告诉老人自己公司地址以及产品方向等情况。如果要握手，要注意握手的礼节，长者先伸出手才能握手，一定要双手握；在进入老人房间后，待老人落座以后，自己再坐在老人指定的座位上。如果老人递上茶水等，需要双手接过并表示感谢。

(四)沟通开始

开门见山，切忌啰嗦，跟老人说话，简单的寒暄是必要的，但时间不宜过长，之后就应该直接进入正题。跟老人沟通后，需要再次确认老人最近的身体情况，了解老人的情况在上次沟通后是否发生了变化。当确认无误后，根据老人的情况，提出自己的解决方案："王奶奶，根据您的情况，我觉得我们有几样产品还是很适合您的，我今天把它们带来了，您可以体验一下。"拿出产品，并解释为什么推荐这些产品以及这些产品对老人有什么帮助，如果老人使用了这些产品后多久能够达到什么效果。

(五)把握时间

根据老人的情况要注意拜访时间不宜拖得太长，否则会影响老人的休息，老人的身体不宜特别劳累，要礼貌地跟老人告别。

四、产品体验

(一)准备用品

拿出自己根据老人身体情况准备的几款适合老人用的产品，要根据功能、价位分低、中、高三等，并备齐用品的说明书、质量保证书、成功案例等文件。

(二)体验阶段

在跟老人详细说明用品功能后，如果需要体验的产品一定要自己亲身体验后再给老人体验，在老人体验的同时跟老人沟通自身体验的感觉，老人体验后需详细问清楚老人使用时的感觉，并详细记录；征得老人同意后让老人分别体验各种产品，并详细介绍每一款产品的价格、功能、感受、效果等不同之处。

(三)沟通选择

在老人体验过所有产品后，把具体的价位和后续的服务及保修等相关情况告知老人，最好列出单子方便老人选择，给老人时间斟酌，并建议老人与家人商量，最好是当面给老人子女打电话沟通选择。

(四)产品收费

在老人及家人做出选择后，跟老人及其家人确认选择产品无误后准备收费。告知老人收费金额及方法，根据老人的选择来进行收费，是由老人自己付费还是由家人付费；假如老人自己付费，如果是刷卡支付，需要给老人详细解释如何使用，是否有手续费等情况；如果老人是现金付费，费用务必要当着老人的面点清楚，如果需要找钱，注意帮助老人点清钱款。

(五)销售完成

当整个销售环节完成后，帮助老人收拾好产品，如果有必要，帮老人安装好；带齐剩余物品，跟老人再次确认是否能够独立使用产品，再次告知老人你的联系方式以方便老人随时可以联系到自己，确保后续服务等；最后礼貌地跟老人道别；离家后跟老人子女再次确认，告知老人家人本次上门服务的详细情况，跟老人家人确认自己的联系方法，确保后续服务。

五、售后服务

(一)售后目的

了解老人对推荐产品的使用情况是否满意，使用是否方便，有没有一些使用上的问题。确保产品满意度，以方便跟厂家沟通改进，同时增加老人满意度。

(二)沟通方式

电话回访，笔记记录；必要时需要到户回访。

(三)时间节点

定时多次电话及上门回访，随时沟通掌握老人身体状况。

(四)家人沟通

不仅要对老人进行回访，同时还要跟老人子女沟通，了解老人产品使用情况，确保老人全家满意。

拓展阅读

一、老年用品的定义

所谓老年用品，可以理解为适合老年人使用的物品。老年人需要购买的衣食住行物品，晚年保健娱乐产品，生病时急需的物品和药品，平时生活需要的辅助物品，适合老人的生活物品等都可以称为老年用品。我们日常见到的像血压仪、助听器、健康枕、老人手机、伸缩拐杖、坐便器等涉及日常用品、运动产品、健身品、礼品等都属于老年用品。

二、老年用品产业

老年用品产业，是指专门为老年人提供商品、服务和信息的产业。老年用品产业是 1997 年由中国老龄委员会提出的概念，它涵盖了因老年人特殊需要而产生的、涉及日常用品、运动品、健身品、礼品饮食、服装鞋帽、化妆品、健身器材、保健用品、银发旅游、托老服务、老年病医院、房地产、老年玩具、保健、金融保险、老年教育、文房四宝等相关产品等多个领域。老年用品产业生产的产品主要分为六大类：养生食品类、护理类产品、治疗类产品、检测类产品、康复类产品、休闲锻炼类等。

在国外，老年用品产业已经有了很成熟的产业规模，许多老年产品已经发展出很知名的品牌和完整的产业链，甚至有老年用品专卖店、连锁店等；很多老年人的护理产品也进入了大规模批量化生产，老年服务业也比较成熟，整体市场发展健全。然而在国内，老年用品产业大部分还处在基本生活的基础消费上，很多针对老年人的用品消费领域还是空白，未来中国老年用品市场的发展壮大，将是整体市场经济的重中之重。

三、老年用品市场走向

目前，老年生活用品市场已经基本成熟，只需根据市场情况进行一些调整，老年用品产业的新兴市场亟待引起我们的关注。

（一）家政服务市场

未来一对年轻夫妻可能要照顾四个老人，有的甚至多达六个、八个老人，这势必会成为沉重的负担，带来了新的民生难题。传统的家政服务只是为家庭提供简单的服务，如清洁、家务(像保姆、钟点工)等。尽管随着居民对家政服务内容及质量要求的不断提高，如今的家政服务已由简单的家庭服务延伸到日常生活的方方面面，涉及日常保洁、家务服务、家电维修、水电维修、房屋装修、家教培训、购物消费、订餐送餐等20

多个领域200多个服务项目。专业化分工越来越明显，老年化服务细分却需要进一步突出。随着老龄人口数量增多和服务需求的增加，如何为老年人提供更好的照顾和精神慰藉，是我们应该研究和重视的问题。未来我国的家政服务市场需要重点发展家政服务、社区服务、养老服务和病患陪护，增加诸如陪老、托老、陪护、钟点照顾等服务项目，满足家庭的基本需求，因地制宜地发展家庭老年用品配送、老年人心理服务等，满足家庭的特色需求。鼓励各种资本投资创办家庭服务企业，培育家庭服务市场。推进公益性信息服务平台建设。实施社区服务体系建设工程，统筹社区内家庭服务业发展。

（二）银发旅游市场

"银发旅游"主要指的是中老年人的旅游市场。这个市场是目前新兴的旅游市场，潜力无限。现在的老年人出门旅游有很大的优势：一是时间不受限制。大多老年人已经退休，随时可以出去旅游；二是经济不受制约。现在的老年人都有积蓄、退休金、加上子女的支持，经济来源不是问题；三是健康观念的更新。现在的老年人都愿意出去走走，把年轻时候没有去过玩过的地方都去看看；四是交通方便快捷。以前老年人出门受到交通方式的制约，往往时间长、很辛苦，很多老人都不愿意出门。现在交通很便利，大多数知名景点都有直达的飞机，城市间高铁、动车、大巴等交通也很方便；五是身体状态良好。随着生活水平的提高，老人越来越重视生活的质量，往往很注意饮食、锻炼，身体条件都比较好；六是社会进步。尊老敬老的风气浓烈，大部分子女都愿意自己的父母出去走走，社会也愿意给老年人提供各种方便，如减免门票、交通费优惠等；旅行社也针对老年人时间上的方便，在一些旅游淡季组织老年旅游团，住宿交通都比较便宜，景点内游客少，很适合老年人的心理和身体特点。在这么多的便利条件下，银发旅游市场势必成为旅游市场的新星。

(三)老年玩具市场

这是一个新兴的老年用品产业。医学专家曾做过科学分析，得出结论：老年人和儿童是一样的，他们也渴望呵护，渴望关怀，渴望抚慰，渴望集体游戏等。也就是说，老年人也和孩子一样的，同样需要一个巨大的老年玩具市场。调查表明，近年来老年人玩具需求有着明显的上升趋势，然而，市场针对老年人玩具产品的开发都比较少。老年玩具不但可以益智，锻炼老人的思维，更可以健身，增进老人的健康。

(四)老年 IT 市场

老年 IT 市场同样也是前景光明。现在很多老人都已经开始在子女的帮助下接触到互联网，开始了新潮的网上生活。他们开始上网炒股、上网聊天、上网追剧、上网游戏、上网看咨询，等等。很多老年人喜欢这样的网络生活，他们在网络世界里能够找到年轻的感觉。网上的聊天功能、电子邮件、随时可以掌握的最新资讯让他们觉得进入了年轻人的生活世界。现在的老人思想观念逐步革新，越来越多的老年人愿意学习电脑和网络知识。然而现在的老年网络 IT 市场基本也是空白的，老年人在 IT 领域缺乏足够的支持。大部分老人都是依靠自己的子女教授，社会上缺乏培训老年人 IT 知识的地方；同样网络上适合老年人的慢节奏、大图标、大字号的搜索、浏览以及交流的软件产品更是少之又少；市场上更是欠缺专门针对老年人研究开发的理解简单、操作方便、功能实用、图片化的"老年电脑"。

拓展训练

吴奶奶，70岁，退休在家，医院诊断为渐进性、神经性、老年性耳聋，双耳基本失去听力；身体状况尚好，具有自我照顾能力；最近忽然开始视力下降，经常看不清楚东西，子女照顾困难。吴奶奶家人求助小李，希望能够根据吴奶奶情况推荐一些有帮助的产品。

请问：

1. 应该如何评估吴奶奶的健康情况？

2. 如果想要帮助吴奶奶，小李应该从哪些方面入手？

3. 应该如何向吴奶奶及家人推荐产品？

请同学们分组讨论、分析，并以小组为单位展示讨论结果，或角色扮演评估过程。

 推荐阅读

1. 本研究课题组. 发展中的老年保障事业：制度与政策——浙江省老龄事业发展战略研究报告[M]. 杭州：浙江大学出版社，2013

2. 柯禹生. 从了解自己做起老年人学看体检报告[M]. 北京：科学出版社，2013

任务二
掌握老年用品营销技巧

学习目标

知识目标：具有正确的老年用品营销观念和营销策略；

掌握好老年用品的选择和市场营销方式。

能力目标：能快速、熟练地帮助老年人选择适合自己的老年用品；

熟悉老年人消费的特点和服务老年人体验礼仪。

工作任务描述

张奶奶，63岁，文化局退休干部。身体素质一直不错，文化素养较高，爱好书籍、书法、古典音乐等，喜静不喜动；近一段时间休息不是很好，精神很差，经常失眠、健忘、情绪不好；医生诊断为神经衰弱，需要适当运动，给老人开具了老人适用的安眠药。老人子女很关心老人的精神状况，就求助于老年用品连锁商店的店长小王，希望他能邀请张奶奶到店里体验一下合适的老年用品。

问题思考：

1. 小王邀请张奶奶到店沟通应该注意什么细节？

2. 小王在老人用品店里接待张奶奶时应该注意什么礼节？

3. 小王应该如何为张奶奶选择适合自己的老年用品？

工作任务分解与实施

一、郑重邀请

（一）提前预约

首先需要和老人提前联系，告知老人自己的身份、致电的原因，然后询问老人的具体情况。"张奶奶，您好，我是您小区附近的老人用品店的店长小王，您的子女给我打电话说您最近身体不是很舒服，希望我给您推荐一些老年用品帮助您，您能给我说一些您的具体情况吗？"

在详细了解老人的具体情况以后，郑重邀请老人到店体

验，一定要注意邀请老人的礼节。"张奶奶，我现在已经了解了您的具体情况，我们店里还是有适合您的产品的，对您现在的身体情况是有所帮助的。但是因为产品不方便携带，您看您能不能到我们店里面来体验一下呢？"

在得到老人的同意以后，需要和老人确定到店的时间和交通方式，以及老人是否需要人陪同。"张奶奶，您看您什么时间方便来我们店里呢？您过来的时候需要什么交通工具呢？您是自己过来？还是跟您的子女一起呢？我建议您最好有家人一起过来，这样对产品的选择可能会有所帮助。"得到老人的肯定答复以后，跟老人预约完成，通知老人的子女已经和老人沟通完毕，告知他们预约时间，征得他们的同意。

(二)再次确认

在和老人约定的到店时间前，给老人打电话，确认老人到店的大概时间和路线，方便掌握老人的行踪，并估算时间，方便提前去迎接老人及防范意外事故发生；问清楚老人到店时的穿着打扮以方便接待。"张奶奶，您好，我是前几天跟您约好的小王，我给您打电话是想问您大概准备什么时间出门呢？您到我们这里来的交通方式是什么？大概什么时间到呢？今天您穿什么衣服？什么颜色？什么样式？我好提前去接您。"

老年人出门往往容易出现意外，因此，如果老人到店的距离相对较远，一定要建议老人在家人的陪同下到店。如果是老人自己到店，一定要问清楚老人的详细情况，第一是让老人对你的细心有好感，会让老人觉得你负责任，第二可以掌控老人的行动路线，预防老人出现意外。

(三)迎接老人

在与老人沟通后及时与老人的家人沟通报备，说清老人大概到店时间，让老人的家人放心；估计老人快要到达时提前出店迎接，在第一时间认出老人，见到老人后礼貌地问候，确认无误后主动地再次和老人做自我介绍，介绍自己的姓名、职位、职责以及工作经验。礼貌地沟通后恭敬地请老人入店。"张奶奶，您好，我是小王，看到您安全到达这里我就放心了，我马上就给您家人打电话告知您已经到了，让他们放心。我是这个店里的店长，主要负责老年用品的销售。我已经从事这个职业很多年了，我相信我今天一定能服务好您，请您放心。您出门这么远一定累了吧，我已经给您准备好了茶水，先休息一下，我们再慢慢聊。"

(四)安排进店

老人入店后，亲切地安排老人在舒服的位置坐下，并奉上茶水、水果、点心等，缓解老人一路的辛苦。当着老人的面和老人家属沟通，告知他们老人已经到店并且已经接到，请他们放心。

在告知老人安全抵店以后，在老人休息的同时和老人亲切聊天，应该缓慢进入主题，不能操之过急。一方面老人需要建立信任，另一方面老人经过路途的劳累需要适当地调整。在和老人聊天的同时，首先介绍商店的情况，让老人对商店从经营规模、经营时间、产品方面有一个深切直观的了解，最好能够把自己商店产品的优势体现出来，让老人在对自己产生信任的同时也对商店产生好感。

> **小贴士：老年产品需求认识误区**
>
> 一般认为，老年用品的主要购买者是老年人自身。这是一个错误认识。调查发现：如果把老年用品市场划分为 100 份的话，那么其中 60％的购买者是青年人，只有 30％是老年人自己，10％是亲朋好友之间相互的赠予。

二、安排体验

(一)介绍方案

老人得到适当的休息以后，就可以和老人确认身体情况了。问候老人最近的身体，着重询问老人身体健康情况，了解病情是否有所好转。确认老人情况后(如果老人情况发生变化，可以考虑根据老人最近的情况适当调整推荐产品)。"张奶奶，怎么样？还累吗？需不需要再休息一会呢？如果差不多了，我们来谈谈您的情况吧。现在您的身体情况怎么样了？和上次打电话时相比有没有好转呢？根据您的情况，我考虑了几个方案，我觉得以下几款产品还是比较适合您的，对您的身体应该是有帮助的。"

根据老人的具体情况向老人提出解决方案，最好是拿出不同的几套方案，并说明这几种选择的优劣所在，从横向、纵向几个方面进行对比，让老人对自己的解决方案有一个深切的了解。在老人对某款产品表示出兴趣以后，拿出自己推荐的产品，详细地向老人介绍这款产品的特性和功能，以及这些产品哪些功能效果是适合老人的，同时准备好产品的质量保证书、说明书、专利证书、获奖证明、成功案例等材料，最好有视频材料的辅助让老人有更深入的了解和信任。

(二)体验产品

老人对产品有一定的了解后就开始进入体验阶段。老人体验产品以前，要向老人演示产品的操作及功能，一定要自己亲自操作示范一次，一方面增加老人的信任感，另一方面可以加强产品的可信度。在征得老人同意后让老人亲自体验产品。老人体验产品时一定要在旁边陪同，随时注意老人的状态。老人有任何的操作困难，要随时做出指导，老人有任何不适的表现，要随时终止
体验。老人体验完毕以后，恭敬地邀请老人回座位休息，礼貌并且详细地向老人咨询本次产品体验的感受、感觉，问清楚老人对产品的直观感受，舒适度、便利性、力度大小等，问清楚产品的优缺点，并详细记录，以便将来可以向厂家提供产品的改进建议。

(三)推荐产品

当老人把推荐的几款产品全部体验完毕后，如果老人对产品都比较满意，就根据自己的专业意见向老人建议选择某一款自己觉得最适合的产品，告知老人这款产品的价格及选择该产品的原因(比如性价比比较高，功能比较实用等)，询问老人是否能够接受。如果老人对这款产品的价格或者功能不满意，可以向老人推荐相比这款产品价格更好、功能更齐全的产品，或者是价格更低但功能也能适用的产品。最好是多推荐几款产品，高中低价位都有，方便老人选择。在老人再次选择后，如果没有体验过要还要进行体验。

体验完毕后，确认老人对产品的满意度，如果价格也能够接受，及时向老人家属沟通，详细地向老人家属介绍老人选定产品的功能、价格以及哪些功能适合老人，征得老人及家人同意后最终完成销售。

三、完成销售

（一）付款

完成销售后进入付款阶段，付款前最好是跟老人家属再次确认后再收费；然后向老人确认缴费的方法，是现金交易还是刷卡付费，如果是现今支付，一定要当着老人的面点清金额，如果需要找付，需要当老人的面把零钱清点清楚；如果是刷卡，在刷卡前一定要让老人确认金额的数目再刷卡。

（二）送别

付款完成后，需要告知老人大概什么时间可以送货，告知老人送货上门的方式，以及跟老人确认送货的时间。送货前要跟老人电话沟通，方便老人在家等待。给老人留下联系方式，方便随时沟通。一切完成后，问老人是否还需要帮助。确认无误后，亲切地送老人出店，一定要送出门口，送的距离不能比接老人的距离近，最好是能够看着老人上车。在送老人走后，及时与老人家人沟通报备，详细告知老人离店时间与回家方式，以及大概到家的时间；在估算老人已经到家后需要跟老人电话联系，确认老年人安全到家，从情感和礼仪上做到尽善尽美。

（三）回访

在老人收到货物后，电话咨询老人是否有使用上的问题；确认产品是否已经安装完毕，使用正常；如果老人不会操作，告知老人说明书上面使用介绍的页码，可以进行电话指导。在电话指导不顺畅的情况下要去老人家中做指导，确保老人可以正常使用产品；最后和老人确认使用的感受是否满意，一定做到从产品到服务的完全满意。

> **小贴士：体验营销**
>
> 体验营销是指商家采用通过让目标顾客观摩、聆听、尝试、试用等方式，使其亲身体验商家提供的产品或服务，让顾客实际感知产品或服务的品质或者性能，从而促使顾客认知、喜好并购买的一种营销方式。

 拓展阅读

一、老年用品市场分析

我国正在朝着老龄化社会发展，人口老龄化形成了巨大的新市场潜力。在这样的背景下，随着中国经济的快速发展，市场产品越来越成熟，老年用品市场也在逐步地丰富起来。

目前，随着中国市场经济的繁荣发展，物品的品种也越来越丰富。我国市场上的老年用品仅从品种上已经增长到将近2000余种，价格也从几元到几万元不等，而其中老年保健品和老年护理产品是整个老年用品市场中比重最大的。老年用品市场内容十分广泛，不仅涉及老年人的衣、食、住、行、健康、保健，还包括老年人的学习、休闲、娱乐、保险、理财、电子产品等。随着老年消费者在市场中比例的不断提高，整个市场的企业和社会服务业都应该根据市场老年人的特殊需求，调整产品供给，提供让老年人满意的产品。

老年用品市场产业链已经不再仅仅是满足老年人的物质生活、药物营养、保健健身等基础产业了，而是向细分化市场发展。著名品牌欧莱雅公司就开发了一系列针对老年人的护肤品和抗皱霜，联合利华也推出了适合老年消费者的低糖、低胆固醇的饮料，受到市场的广泛欢迎，销量非常好。很多手机大牌公司也推出了专门为老年人设计的老年智能手机。随着社会进步和经济收入的提高，老年人的收入也在逐渐增加。目前老年人的消费能力变得相当可观，加上消费观的转变，老年人正在逐步抛弃"钱不花，存起来""为了下一代，自己省一点"的传统观念，开始朝着健康、养生、积极、进取、乐观的新时代思维转变，"要健康、要舒适、要美观、要潇洒"的现代生活方式正成为现今老人的时尚追求。这样的思想进步无疑给老年市场的蓬勃发展奠定了坚实的基础。老年用品市场将会发展得越来越迅速。

二、老年人消费行为特征

尽管现代老年人的思想正在逐步开放进步当中，但是与年轻消费群体相比，老人由于其特殊的生理特征、心理状况、实践经验等各方面有着明显的时代差异，因此老年人在消费市场上自然也就具有其自身的显著特点。其主要表现如表13-1所示。

表 13-1

习惯性	老年人具有多年的消费经验，因此他们不认广告只认产品。几十年的实践经验，使得老年人有足够的理由相信自己的经验，他们在长期对商品的选择和使用过程中，积累了丰富的经验，因此也形成了比较固定的消费习惯。比如对某些商品和品牌具有相当高的忠诚度，往往几十年都用一种产品从不更换品牌，即使最新最好的产品广告打得再多，老年人都不会相信。据媒体调查显示，现在的老年人对广告相信度是非常低的，在众多的广告媒体中，电视、网络等广告信息老年人很少关注，但是老年人却对平面媒体的促销广告，商场打折信息等纸质广告形式容易接受；也有一些老年人早晚喜欢听收音机，所以广播也是老年人产品的一个重要的消息传播渠道。
随机性	由于年龄和心理的因素，老年人的消费观念非常成熟，老年人冲动消费相对来说比较少。他们往往会根据自己的长期积累的经验和标准，再三思量以后才会考虑消费；他们不考虑时髦、花哨等因素，实惠和性价比往往是他们首先考虑的。他们不会被一些商家的花哨的促销手段打动，非常理智冷静。当然也有不理智的时候，老年人具有天生的善良和同情心，很容易被商家的小恩小惠感动，往往一些小礼品就使得他们最后成为购买者。也有一些老年人容易贪小便宜，容易跟风，很多老年人在经济上受到损失就是因为一些商家抓住了老年人的这些不理智的特点。
便利性	由于生理变化导致老年人行走不便，所以老年人的消费讲求便利性。首先他们在消费时不喜欢太远的消费地点，习惯就近消费，因此通常老年人会选择在居住地附近的商店。其次，老年人在消费目标上也定位于方便实用上，质量好、售后服务好的商品往往能够得到老年人的欢心。用得放心、不必为保养和维修消耗太多精力是他们最看重的。同时，老年人不喜欢购买使用很烦琐的商品。他们在使用商品的过程中喜欢简便，烦琐的说明和复杂的使用程序类的产品老年人不喜欢。他们要求商品易学易用、操作方便。

群体性	老年人由于年龄比较大，反应不是很灵活，加上老年人大多不喜欢寂寞，而子女经常由于工作等原因闲暇时间比较少，所以老年人出门消费的时候喜欢结伴而行，选择与老伴或者同龄人一起购物。出门购物结伴而行，一方面让购物变得不再枯燥，大家一起可以相互照应，心里比较踏实；另一方面，老年人结伴购物，在购买商品的时候可以互相参考，大家可以互相出谋划策。因此老年人之间相互口碑也是影响老年人营销的重要因素。
重感性	老年人与其他年龄层的消费者比较，购物比较理性，往往对价格比较敏感。他们一般不会去比较高档的购物商场去购物，勤俭节约的思想制约着他们的消费行为，但是如果他们觉得家里会用得到，即使是目前不是立刻就需要，但是如果商家有降价、折扣、买赠等促销活动的时候，老年人也会进行大量消费行为。另外，老年人购物非常看重服务消费，他们在销售过程中非常注重导购人员的热情接待、详细的介绍、周到的服务和无微不至的贴心关怀，以及送货上门、免费安装调试、简单易懂的使用解说以及使用示范等售后服务，这些服务可以让老年人觉得购物的时候物有所值而愿意买单。

三、老年用品需求分析

目前经营老年用品成为市场很多人的选择，然而销售老年用品并不能仅仅依靠市场潜力，更重要的是营销手段。如果想要优秀的老年用品销售业绩，势必要分析老年人对产品需求的特殊性。

(一)老年人产品需求

老年人是当代社会的一个特殊消费群体，所以在营销老年用品时必须考虑到老年人的生理、心理特征，有针对性地选择老年用品。因为老年人用品需求的差异化非常明显，他们在衣食住行娱乐方面的需求特点和其他年龄的消费群体有着较大差异。选择经营老年用品，当然也需要"对症下药"。老年人的生活需求离不开生活辅助物品，老年人要的不是花哨华丽的东西，现代年轻人追求的现代产品不是老年人的选择。他们要的是真真正正能够帮助他们生活、改善他们生活品质的产品。总之，在选择老年用品时，一定要考虑到老年人的需求特征，实用、物美价廉、性价比高的产品才是他们的需求。适合老人的老年用品是营销良好的基础，因此商家在营销老年用品之前，首先要多层面考虑老年人的需求。

(二)老年用品价格需求

老年消费者选择物品时，首先追求的是物美价廉。他们认为勤俭节约是中国的传统美德。正是因为老年人有这样的勤俭传统，在选择商品时，他们一方面会注意价格，往往要货比三家，择廉而选，很多时候会因为很少的差价而改变老人的选择；另一方面是要求实惠，价低量大会让他们更满意。从老年人的心态上来说，钱存之不易，所以选择商品时一定是要花钱买实用，买质量。

当然，现在很多老年人的消费观念也在与时俱进，经济型的老年消费者的比重也在逐渐减少，很多老年消费者已经不再是以前的那种只追求价格便宜的消费者了。他们现在购买商品时虽然还是会综合考虑各方面的因素，但不再是一味地追求低价格，品质和实用性才是他们着重考虑的因素。当商品的质量和价格不能兼顾的时候，这些老年消费者会更倾向于质量。因此在选择产品上一定要注意性价比，在保证质量的同时也要考虑到价格，才能保证老年人的认同。

(三)老年用品销售需求

老年人消费的时候讲求方便，就近购买的需要十分明显。为了满足老年人求方便的需求，在店面各方面的选择上也要深思熟虑。如表13-2所示。

表 13-2

店面选址	选址一定要注意周边环境。最好是选择比较成熟的区域，周围的小区、商圈要相对成熟，人流量大，附近消费者群体最好是以30岁以上和中老年群体为主；老年用品瞄准的消费群体应该是具有一定的购买力和对父母健康和生活质量有较高要求的30岁以上的人。老年人的消费习惯和年轻人是不同的，他们不喜欢大型的商场和吵闹的商业区，他们往往喜欢在居民小区附近、公园、老年活动中心、超市、早市等中老年人比较聚集的地方。这些地方中老年人比较多，人流量大、辐射范围宽泛，但是相对的来说推广成本相对就大一些。因此，老年用品的销售地点选择就一定要多方面综合考虑。
店面大小	店面租赁面积要在20平方米以上，不宜过小，但是也不宜特别大，足以摆放所有产品就可以。太小老人会觉得很紧凑，不舒服；太大老人也会觉得累。要根据区域环境适当考虑。
店面装修	最好是干净大方，光线良好，用色彩温和、大方防滑的地板装饰，不能太过花哨影响心情；门口最好不要有太高的门槛或者阶梯，要方便老人行走，不是很方便行走的路段一定要避免；要有大量的可以随时休息的地方，老人往往活动不能太久，老人累了随时就可以找到地方坐一坐，老人休息时还能增加销售人员与老人沟通的机会，更适合向老人推销产品。
商品摆放	尽管一些小东西没有什么利润，但是对老人来说很有用，很吸引人，就需要摆放在显眼的地方，方便老人选取。因为老年用品的产品很多，每个地方的消费人群的习惯不同，产品的销量也不同，所以需要经常做一些问卷调查，以了解老年消费者的需求。

(四)老年用品服务需求

老年人非常看重产品的服务体验。在营销过程中，销售人员的服务直接影响到老年人的消费选择。老年人反应比较迟钝，理解能力较慢，行动不方便，这就需要销售人员用心服务。因此，一定要选择沉稳大方、五官端正的销售人员，最好有一定的年纪，不能太过年轻，一方面是能够了解老人的喜好，有着共同的生活感受，也有共同话题；另一方面，年纪稍大的销售人员耐心，善于和老人沟通。如果老人的子女和老人同行，年纪大的销售人员说的话可信度比较高，同时也可以给老人子女提供可靠的方案，让他们更快地产生亲近感和信任感。如果销售人员能够"温柔大方、善解人意"，在对老年人的服务中，热情接待，不厌烦，用亲切的语言和真诚的服务给老人以家人式的体贴和关怀，就会淡化和消除老年人在选择商品时茫然无助的心理，比较容易取得老年人及家人的信任。并且，对销售人员的服务水平也一定要严格要求，最好能够定期培训，保持长期有效的高端服务水平；好的销售人员是老年用品销售成功的基础条件。其他配套服务也要跟上，比如对于一些较重的产品和一次购物较多的老年消费者，应该提供送货服务等。如果再能够配合"外卖、外送"等服务，让老年人足不出户，一个电话所需物品很快送达，对老年人来说就更贴心了。

(五)老年用品促销需求

大多数老年人都是离退休人员，相对来说空余时间较多，但是精神生活往往也会比较空虚，很多老年人的退休文化生活仅仅是打打太极拳、下棋、打牌、跳舞等。销售者应该考虑到老年人的这种心理，推出符合老年人消费需求的产品，丰富老年人文化生活。如果能够经常举行一些活动，赞助老年人定期举办有益身心的活动，比如联谊会、舞会、棋牌比赛等，向比赛获奖者发送自己的产品奖品，还可以扩大影响，促进销售。

老年人子女平时很忙，没有时间陪老人，因此多举办一些"送健康、送温暖、送祝福、送关怀"的关爱活动，积极开展以"孝敬父母、关爱老人"为主题的宣传活动，举办老人子女家庭亲情日，既可以给老年人带来温暖，也可以带动子女为老年人尽孝心，在营销的同时，促进社会和谐。

中国自古是礼仪之邦，很看重礼数，逢年过节、走亲访友、礼尚往来，礼品是不可缺少的，因此一定要充分利用节假日的销售旺季，举办一些活动，比如舞龙舞狮、乐队表演、发放礼物等营销活动，往往会取得较好的效果。

在外出旅游方面，可以开设一些旅游项目引导老年人走出去。由于老年人平时出门较少，可以适当安排徒步旅行，让老年人更多地亲近大自然；也可以组织参观一些具有历史意义和教育意义的景点，并在行程中安排一些老年人喜欢的戏曲、书法、交谊舞等活动，尽可能丰富行程，既达到锻炼身体的目的，也可以陶冶心性，还可以消除孤独感，增进老年人的群体友谊。

四、防范老人营销欺诈

当今中国的老年用品市场尚未成熟，国家的法律也不是十分健全。不少老年用品市场鱼龙混杂、乱象丛生，出现了一些以次充好、坑蒙拐骗的欺诈行为。比如目前市场上有一些不良的商家经常会夸大自己产品的功效，在老年保健品上尤为严重。很多老年保健品往往被夸大作用，甚至是以保健品代替药物进行虚假广告宣传，一些美容仪也被商家代替老年治疗仪进行欺诈销售；用一

些小利益为诱饵，然后对老年人用感情手段进行连哄带骗，老年人往往又比较心软，很容易相信这些不良商家的欺骗手段而上当受骗。这些欺诈行为严重损害了老年人的合法权益，常常使他们蒙受巨大的经济损失。下面我们介绍一些常见的老年用品的欺诈手段，作为有良知的老年用品销售人员，要注意引导老年人加以防范。

(一)免费消费

老年人经常容易受到一些"免费"的诱惑，一些不法商贩经常会利用老年人喜欢占小

便宜的心理特点，打着"免费"的旗号，送一些"免费"食品、"免费"体检、"免费"试用等，让老年人逐步进入圈套。尤其是"免费"体检，现在的老年人都比较注重健康，而去医院体检往往需要花不少钱，不法商贩就利用这一点，假装送"免费"体检，让老年人去体检，然后经过一些简单的血压、血脂等常规检查以后，用伪装的检测结果恐吓老年人，夸大情况，恐吓老年人有某某"疾病"，必须使用他们有着特殊疗效的产品。老年人在看到检测结果后，再被假装的医生一吓，往往就会上当受骗。"免费体验"这种手段更多地出现在保健用品上。老年人在经过了免费体验以后，被不法商家用语言诱惑，加上打感情牌，往往碍于面子并没有仔细考虑后就购买回家，但是买回去后才发现很多问题，不是用品效果不好，就是价格特别贵。

(二)发放赠品

一些不法商家为了吸引老年人的注意，经常会搞一些优惠活动，准备一些纸巾、小吃食、生活小用品等小礼品在路边发放，或者是在活动现场赠送，以吸引比较有空闲的老年人参加。当老年人到了活动现场以后，就开始鼓吹买一送一、买多少送多少等力度很大的优惠活动。然后在会场上鼓吹老年人只需购买产品可以参加"抽奖"，并且奖品丰富，中奖率极高，等等。老年人在受到这些接踵而来的手段诱惑后，经常就会上当受骗，买回去的东西往往不是假货就是价格很贵。

(三)雇"托儿"销售

有一些不法老年保健用品商贩会搞一些营销活动，高价雇用一些所谓的"专家、权威"来进行演讲或者传授一些养生知识，然后开始介绍产品的"特殊疗效"，并且用某某国家级的"权威检测报告"来进行佐证。另外安排一些被"治好"的"托儿"上台现身说法，宣称该产品疗效出众，困扰多年的病痛很快治愈，声情并茂，感人至深。加上"专家""权威"在旁边吹风，老年人往往就会被这些欺骗手段蒙蔽，上当受骗。

(四)夸大疗效

一些不法商家经常打着"健康、医疗"的旗号，宣传自己的产品是"百治百灵、治病健身"的灵丹妙药，夸大自己的产品功效，甚至宣传自己的保健品获得多项国际认证，或者是国外进口良药。打着"国际品牌"的旗号，让老年消费者以为这些保健品可以替代药物，吃了以后就可以不用去看病。通过各种夸大手段让老人购买这些保健品。一般的保健品吃了最多是没有疗效，顶多损失金钱，但是严重的情况会使得老年人觉得吃了这些药就可以不用去看病，耽误了治疗的最佳时机。

(五)大打"感情牌"

一些老年人子女工作繁忙，无人陪伴导致感情空虚，就被不法商贩利用。他们用一些年轻的推销人员，打着"送爱心、送关怀"的旗号到老人家里推销。他们面对老年人的时候往往以小辈自居，口舌蜜饯，甚至以老年人的"子女"自称，言语关爱，话语贴心，对老人嘘寒问暖、充满关怀。老年人往往会因为这些诈骗分子的感情欺骗

而动摇，心软加耳根软，觉得这些人是为了他们好，是在关心他们，就因为相信而去购买虚假产品，上了当而不自觉。

（六）连哄带吓

不法人员经常假扮"专家、教授、医生"开展一些公益医疗活动，在现场准备一些医疗资料，或者是"专业数据"，再用一些吓人的照片和视频短片，夸大一些老年人的心血管等常见疾病，从发病率、危险性到夸大这些疾病的死亡人数的比例。在老人受到惊吓的时候，这些专家教授就推出某某新产品，获得某某级别的专利等，让他们相信自己的产品可以减小发病率，甚至可以治愈等。老年人容易受到惊吓，再被销售人员哄骗，加上老年人容易跟风，商家再安排一些人抢先当托购买，老人就会购买，就会上当受骗。

总之，老年人随着年龄变大，思维不是很灵活，防范意识降低；加上由于获得新信息的渠道比较少，对新技术不了解，老年人很容易就成为犯罪分子实施诈骗的主要目标，针对老年人的各种诈骗手段更是层出不穷。尽管政府经常发出各种警告，提醒老年人防范诈骗，但还是有不少老年人经常落入犯罪分子的陷阱，受到金钱和精神上的伤害。

作为老年用品营销者一定要恪守本心，具有良好的职业操守和道德素养，不仅自己要杜绝对老年人进行欺诈销售，违背自己的职业道德良心，更要做到在遵守自己的职业操守的同时还要提醒老年人要严防欺诈，告知老年人现有市场不法商贩的欺诈手段，以免上当受骗。如果在社会上见到这种欺诈行为，更要勇敢地指出来或者是及时报警，维护老年人和正规老年用品销售者的合法权益及名誉。

生命总是有始有终，老年人须珍重身体颐养天年，儿女须孝敬父母关爱长辈，社会更是要尽到责任。目前老龄化社会是这一代年轻人必须面对的问题，老年人的晚年生活并不仅仅需要子女的关怀，同样也需要老年用品的辅助。关注老年人，让老年人能够方便地买到老年用品，才是对老年人真正的关心。让老人享受到盛世阳光，让老年人"老有所养、老有所医，老有所乐，老有所用"才是老年人真正的幸福晚年生活。

拓展训练

李爷爷，70岁，医生诊断为老年骨质增生，双腿不能站立，上厕所困难，情绪不稳定。家人照顾困难，家中有保姆但晚上不能妥善照顾。李爷爷子女想请店长小王推荐一些适合他的产品。

请问：

1. 如果需要和李爷爷沟通，像李爷爷现在这种情况应该如何开始沟通？

2. 李爷爷需要哪方面的帮助？如果向李爷爷推荐产品，哪些方面的产品比较适合？

请同学们分组讨论、分析，并以小组为单位展示讨论结果，或角色扮演评估过程。

参考文献

[1]孟令君，贾丽彬．老年服务伦理与礼仪[M]．北京：北京大学出版社，2013

[2]詹洋．礼仪的力量[M]．北京：中国长安出版社，2011

[3]黄辛隐．社交礼仪概论[M]．苏州：苏州大学出版社，2008.8

[4]蒋碌萍．礼仪的伦理学视角[J]．船山学刊，2007.4

[5]刘厚琴．汉代孝伦理行为的礼仪形式化[J]．孝感学院学报，2007.1

[6]孙春晨．中国传统丧祭礼仪的伦理意蕴[J]．晋阳学刊．2013.5

[7]付红梅．中国传统女性伦理与礼仪及其现代价值[J]．伦理学研究．2006.11

[8]辛国欢，董红．社会工作介入城市高龄空巢老人服务需求分析——以广州市长洲街为例[J]．济源职业技术学院学报．2013.6

[9]姚红玉．孝道文化与社会主义核心价值观建构的新思路[J]．人民论坛，2013(2)中．

[10]李剑国．略论孝子故事中的"孝感"母题[J]．文史哲，2014(5)

[11]曲文勇．孝道文化传承与养老方式变迁 学理论 2008(4)

[12]张文范．顺应老龄社会的时代要求，建构孝道文化新理念[J]．孝感学院学报，2004(3)

[13]陈柏清．"中华孝道文化的内涵"实质与当代价值[J]．成都大学学报(社科版)，2012(2)

[14]肖群忠．孝与中国文化[M]．北京：人民出版社，2000

[15]潘剑锋．论中国传统孝文化及其历史作用[J]．船山学刊，2005.(3)

[16]李光耀40年政论选[M]．北京：北京现代出版社，1994

[17]王晓芳．中国农村养老保障模式创新研究[D]．湘潭大学学报，2008

[18]李新．转型中国农村养老模式研究[D]．兰州大学学报，2008

[19]陈皆明．中国养老模式：传统文化、家庭边界和代际关系[J]．西安交通大学学报(社会科学版)．2010(06)

[20]曹立前，高山秀．中国传统文化中的孝与养老思想探究[J]．山东师范大学学报(人文社会科学版)．2008(05)

[21]丁艳平．传统孝道对解决我国农村养老问题的现实意义分析[J]．临沧师范高等专科学校学报．2009(03)

[22]林闽钢，梁誉，刘璐婵．中国老年人口养老状况的区域比较研究——基于第六次全国人口普查数据的分析[J]．武汉科技大学学报(社会科学版)．2014(02)

[23]寇东亮．公民荣辱观教育[M]．北京：人民出版社，2011

[24]马克思，恩格斯著．马克思恩格斯全集[M]．北京：人民出版社，1956—1986 第39卷第251页

[25]程祥国，詹世友．荣辱观与和谐文化研究(第1版)[M]，北京：人民出版社，2008

[26]钱雪飞．城乡老年人尊重需求的满足现状及影响因素——基于江苏省南通市1440份

问卷调查[J]. 南京人口管理干部学院学报，2011(4)：33—39

[27]张宏志，刘中旭. 中国老年人精神赡养问题研究[J]. 社会科学家，2012(1)：36—37

[28]孙科炎. 客户服务技能案例训练手册2.0[M]. 北京：机械工业出版社，2013

[29]谭建光. 志愿服务：理念与行动[M]. 北京：人民出版社，2014

[30]陈成文，孙秀兰. 社区老年服务：英、美、日三国的实践模式及其启示[J]. 社会主义研究，2010(1)：116—120

[31]田北海. 香港与武汉：老年福利服务模式比较[J]. 学习与实践，2007(2)：131—139

[32]董顺荣，杜洪策，于海芳，徐学增，杜志军. 老年人对老龄服务业发展需求调查[J]. 调研世界，2014(2)：22—25

[33]贺卓人. 老年服务机构的类型界定与政策支持[J]. 内蒙古民族大学学报，2007(6)：15—16

[34]况成云，邓平基，马菊华，杨琳. 失能老人照护服务人才培养模式及其伦理跟进[J]. 中国医学伦理学，2012(12)

[35]赵向红. 城市失能老人长期照料问题的应对之策[J]. 贵州社会科学，2012(10)：129—132

[36]于涛，黄加成. 基于职业能力培养的老年服务与管理专业社会实践模式探究[M]. 社会工作·学术，2011：73—76

[37]邱美芝，田晏. 慎独精神在社区卫生服务护理中的重要体现[J]. 中国社区医师医学专业半月刊，2008(18)：27—30

[38]李明娥，霍红梅，王芸. 慎独修养在老年病区护理工作中的重要性[J]. 健康必读(下旬刊)，2013 (3)

[39]田超颖. 情商决定人生[M]. 北京：朝华出版社，2009

[40]黄卉. 高职院校开设仪态训练的必要性[J]. 科技信息，2010(10)：212

[41]李平. 仪态文明琐谈 [J]. 领导之友 2003(6)：51

[42]何晓涛. 跨文化视角下目光语研究 [J]. 边疆经济与文化，2012(2)：128

[43]张东波. 目光语探析 [J]. 郧阳师范高等专科学校学报，2005(5)：122

[44]韩雪. 浅谈大学生仪态礼仪的训练方法[J]. 科技创新导报，2008(30)：188

[45]王宏宝. 浅谈社交礼仪中的坐、立、行[J]. 科技资讯，2010(9)：223

[46]吴亚萍. 跨文化非语言交际——手势语 [J]. 河西学院学报，2006(3)：106

[47]潘宏. 浅谈手势语的文化内涵 [J]. 经济研究导刊，2012(30)：258

[48]金正昆. 社交礼仪[M]. 北京：北京大学出版社，2008

[49]金正昆. 礼仪金说(实践篇)[M]. 陕西师范大学出版社，2012

[50]熊经浴. 现代文明礼貌用语手册 [M]. 北京：金盾出版社，2012

[51]周思敏. 你的礼仪价值百万[M]. 北京：中国纺织出版社，2012

[52]黄小元、刘小春. 中国民俗文化概论[M]. 北京：中国财富出版社，2012

[53]傅琴琴. 业务拜访礼仪漫谈[J]. 秘书之友，2011(10)，39

[54]张东铭. 社交礼仪之——会面礼仪[J]. 光彩，2014(5)，5

[55]郭念锋. 心理咨询师(三级)技能[M]. 北京：民族出版社，2011 年 6 月版。

[56]邢学亮，汪莹. 老年心理问题与社区老年心理服务[J]. 宁波大学学报，2008 年

02 月

[57]吴玉韶，党俊武，刘芳，奥彤，王莉莉．老龄蓝皮书：中国老龄产业发展报告
（2014）[M]．北京：社会科学文献出版社，2014

[58]中商华研研究院．2013－2017 年中国中老年用品市场销售策略及发展发展趋势预测
报告（最新版）[R]．2013

[59]中华人民共和国民政部．中华人民共和国民政行业标准：老年人能力评估（MZ/T
039－2013）平装 [M]．北京：中国标准出版社，2014

[60]中商经济研究院，2013－2017 年中国中老年用品行业竞争态势及投资盈利分析报告
[R]．2013

[61]服务理念 20 条[EB/OL]．http：//wenku. baidu. com/view/6c7f611b10a6f524ccbf
859d. html

[62]王小宁，许健．学者：异质文化的"母亲节"难于传承中华孝道[EB/OL]（2009－04－
27）[2009 － 08 － 29]，http：//www. chinanews. com. cn/cul/news/2009 /04）27
/1666147. shtml

[63]周文彰．领导干部要自省——在第二期中央机关处长任职培训班结业式上的讲话
（2011 年 11 月 29 日）人民网，2013 － 05 － 28 [EB/OL]．http：//
theory. people. com. cn/n/2013/0528/c180811－21647378. html

[64]护士在工作中"慎独"的重要性[EB/OL]．http：//www. zhengxing. com. cn/Article-
Show1373. aspx

[65]中国文明网，http：//gz. wenming. cn/zt/20140501 _ festival/

[66]（法）帕斯卡尔·布吕克内著，陈太乙译．幸福书[M]．上海：华东师范大学出版社，
2014－1－1

[67]高清海．价值与人：http：//www. docin. com/p－692591972. html

[68]马斯洛．动机与人格（Motivation andPersonality）[M]．北京：北京燕山出版
社，2013

[69]张宁，郑懿．山东省某农村"空巢老人"卫生保障现状调查及护理伦理分析[J]．中国
医学伦理学，2012(6)

[70]老年人的人格尊严应受到社会的尊重和保护[EB/OL]．http：//www. weibin. gov. cn/in-
for. php？642－16613

[71]李友芝．尊敬老人关爱老人和照顾老人构建和谐社会 [EB/OL] http：//
www. timehealth. cn/web

[72]为了夕阳更美好 童文柄热心为老年人服务的故事．中国赣州网，2005－03－14[EB/
OL]http：//news. sohu. com/20050314/n224680120. shtml

[73]2014 年甘肃最美人物网络展播．中国甘肃网，2014－08－14，[EB/OL]．http：//
gansu. gscn. com. cn/system/2014/08/14/010782879. shtml

[74]百度文库．护理伦理教育修养[EB/OL]．http：//wenku. baidu. com/link？url＝
IJJk1d90YmyaqVvzs ＿ qumL3tUBBc9SlIlrVbgAH6eZVRGaCZWk8lXmkRJySvsd ＿
nLHun0c2e9X1xq4SqH24RnzVEx7lzQOTsIeoBQHZczwa

[75]称谓礼仪 http：//baike. so. com/doc/5745887. html

［76］中国称谓礼仪大全 http：//www. 360doc. com/content/13/0824/21/7814681 _ 309642911 shtml

［77］金正昆社交礼仪·称呼 http：//v. youku. com/v _ show/id _ XMjY5NjEyOTY＝. html

［78］自省——在反思中走向成功［EB/OL］. http：//wenku. baidu. com/view/7fcf1ade5022aaea998f0f84. html

［79］社区角色伦理及其实现途径［EB/OL］. http：//www. xzbu. com/4/view－4455730. htm

［80］百度百科［EB/OL］. http：//baike. baidu. com/subview/8261/11233800. htm？ fr ＝aladdin

［81］怎样才叫做真正的坚持［EB/OL］. http：//www. lz13. cn/lizhiwenzhang/6775. html

［82］怎样才叫做真正的坚持［EB/OL］. http：//www. lz13. cn/lizhiwenzhang/6775. html

［83］俺家多了个孝顺的"儿媳妇"［N］. 大众日报，2014－10－23

［84］爱洒社区情暖夕阳［EB/OL］. 2011－6－5. http：//www. 022net. com/2011/6－5/501426152727132. html

［85］安乐死及我国关于安乐死的法律规定［EB/OL］. http：//wenku. baidu. com/link？ url ＝ VcWmzx5EmK98jVNuouV2uSXMncbmOtpFG0PnoGi0uWPLFCXg5E3c _ meiUD1XgS6LUHJm7B _ 2QcYuqDReLLFGzTpkxIJyhqj23Xko－svFHra

［86］我们将如何对待安乐死［EB/OL］. http：//hb. qq. com/zt/2008/euthanasia/

［87］卫建国. 简论服务伦理［N］. 光明日报，2006－12－25. http：//www. gmw. cn/01gmrb/2006－12/25/content _ 526882. htm

［88］上海市老龄科学研究，http：//www. shrca. org. cn/en/4461. html

［89］董丽娟. 中老年生活百视通［M］. 大连：大连理工出版社，2013

［90］在心. 老年保健安产业市场营销金典［M］. 北京：北京大学出版社，2013